高等工科院校无损检测专业规划教材

质 量 控 制

张小海　龙盛蓉　编

机械工业出版社

质量控制是以概率统计为基础,质量技术与管理科学相结合的应用性很强的学科,是企业产品、服务质量保证的基础。本书强调理论与应用相结合,以质量控制理论、应用实例贯穿全书。本书在编排上注重产品质量有关过程的逻辑关系,结构层次清晰,全面介绍了与产品质量分析、检验、控制、可靠性、管理、认证等有关的知识,同时简要介绍了质量控制技术的最新发展。全书共 9 章,内容包括绪论、质量数据及统计分布、质量数据分析的常用工具、工序能力与统计过程控制、统计抽样检验、计量基础、其他质量控制技术介绍、可靠性工程基础、质量认证。

本书可作为高等院校机电工程、材料工程、工业工程、管理工程、测控技术等专业的教材,也可作为企业质量管理、生产管理、质量检验、工程技术以及质量管理体系咨询与审核认证等人员的参考用书。

本书配有电子课件,凡使用本书作为教材的教师可登录机械工业出版社教育服务网 www.cmpedu.com 注册后下载。咨询电话:010-88379375。

图书在版编目(CIP)数据

质量控制/张小海,龙盛蓉编. —北京:机械工业出版社,2019.7
高等工科院校无损检测专业规划教材
ISBN 978-7-111-63121-7

Ⅰ.①质… Ⅱ.①张…②龙… Ⅲ.①无损检验-质量控制-高等学校-教材 Ⅳ.①TG115.28

中国版本图书馆 CIP 数据核字(2019)第 133868 号

机械工业出版社(北京市百万庄大街 22 号 邮政编码 100037)
策划编辑:薛 礼 责任编辑:薛 礼
责任校对:王 欣 封面设计:陈 沛
责任印制:郜 敏
北京圣夫亚美印刷有限公司印刷
2019 年 8 月第 1 版第 1 次印刷
184mm×260mm · 17.25 印张 · 427 千字
0001—1000 册
标准书号:ISBN 978-7-111-63121-7
定价:42.00 元

电话服务 网络服务
客服电话:010-88361066 机 工 官 网:www.cmpbook.com
　　　　　010-88379833 机 工 官 博:weibo.com/cmp1952
　　　　　010-68326294 金 书 网:www.golden-book.com
封底无防伪标均为盗版 机工教育服务网:www.cmpedu.com

序

无损检测是一门综合性科学（边缘科学），它利用声、光、热、电、磁和射线等与物质的相互作用，在不损伤被检对象使用性能的前提下，探测其内部或表面的各种宏观缺陷，并判断缺陷位置、大小、形状和性质。无损检测的研究领域涉及物理学、材料学、力学、电子学、计算机、声学、自动控制和可靠性理论等多门学科。随着现代工业和科学技术的发展，该技术已在愈来愈多的行业得到了广泛的应用，其水平高低已在很大程度上反映了一个国家的工业和科技发展水平。

随着对无损检测技术人员在知识结构、理论基础、工程实践能力方面提出更高和更广的要求，对无损检测技术人才的培养也提出了不少新的和特殊的要求。南昌航空大学是我国最早创办无损检测本科专业的高等学校，多年来，为我国航空、航天、石油、化工、核工业、电力、机械等行业输送了大批无损检测专业技术人才，有力地促进了我国无损检测事业的进步和发展，也为我国无损检测教育事业的发展做出了突出贡献，在国内无损检测界享有很高的声誉。

南昌航空大学在无损检测人才培养过程中，始终关注专业教材的建设，不仅编写了一套校内教学讲义，还先后正式出版了《射线检测工艺学》《电磁无损检测》《激光全息无损检测》《无损检测技术》等教材，推动了我国的无损检测高等教育工作的发展。2007年，南昌航空大学无损检测专业通过了教育部评审，被批准为国家特色专业建设点。在国家特色专业建设中，该院校继续把编写和出版无损检测高等教育系列教材作为主要任务之一。这次由机械工业出版社出版的这套教材，就是该院校在原教材的基础上，结合多年来教学改革的经验体会，融入近年来无损检测技术发展成果并重新编写的。

这套教材对无损检测常规方法和几种非常规方法进行了系统介绍，不仅突出了各种检测方法的基本理论体系、方法工艺和检测技术这一架构，还对该领域的最新研究成果及应用前景做了系统介绍和分析，它既可作为无损检测高等教育的本科生教材，也可作为以无损检测为研究方向的硕士和博士研究生的参考教材，对从事无损检测专业的工程技术人员也必然会有重要的参考价值。相信这套教材的出版一定会为促进我国无损检测高等教育事业和推动我国无损检测技术的发展发挥重大作用。

中国无损检测学会

丛 书 序 言

无损检测是一门涉及多学科的综合性技术，其特点是在不破坏构件材质和使用性能的条件下，运用现代测试技术来确定被检测对象的特征及缺陷，以评价构件的使用性能。随着现代工业和科学技术的发展，无损检测技术正日益受到人们的重视，不仅它在产品质量控制中所起的不可替代的作用已为众多科技人员所认同，而且对从事无损检测技术的专业及相关人员提出了相应的要求。本套教材正是为了满足各方面人士对无检测技术学习和参考的需要，促进无损检测技术的进一步发展，根据高等工科院校专业课程教学基本要求，结合南昌航空大学无损检测专业多年来的教学经验，在不断探索教学改革的基础上编写的。

南昌航空大学无损检测专业是1984年经原国家教委批准在国内率先创办的本科专业，经过30多年的建设与发展，随着本科专业名称的多次调整，南昌航空大学无损检测专业归类为"测控技术与仪器"专业。但学校始终坚持以无损检测为特色，始终坚持把**"培养具有扎实理论基础和较强工程实践能力的高级无损检测技术专业人才"**作为专业的培养目标。经过多年努力，把"测控技术与仪器"（即原无损检测）专业建设成为国家级特色专业。结合专业教学，在全国无损检测学会的支持下，经过多年的艰苦努力，我们编写了国内首套无损检测专业教材。该套教材曾被国内多所高等院校同类及相近专业采用，其中，《射线检测工艺学》和《电磁无损检测》等教材已正式出版。近年来，在国家特色专业建设过程中，为了紧跟无损检测技术进步对人才培养提出的新要求，我们按照新的教学计划对教材进行了重新规划和编写。本套教材不仅汇集了当前无损检测技术的最新成果，有一定的深度和广度，注重理论联系实际，而且更加注意教材的系统性与可读性，以满足各层次读者的需要。

本套教材共10册，包括《超声检测》《射线检测》《磁粉检测》《涡流检测》《渗透检测》《声发射检测》《激光全息与电子散斑检测》《质量控制》《无损检测专业英语》《无损检测技能训练教程》。

由于无损检测技术涉及的基础学科知识和工业应用领域十分广泛，而且，新材料、新工艺不断涌现，以及信息、电子、计算机等新技术在无损检测中的应用越来越多，许多内容很难在教材编写中得到及时反映，因此所编教材难免会有疏漏和不足之处，恳请读者批评指正。

在编写过程中我们参考了国内外同类的教学和培训教材，得到了国内诸多同行专家、教授的指导和支持，在此一并致谢！愿本套教材能为提高及促进无损检测专业的发展起到积极的推动作用。

无损检测专业教材编写组

前　言

质量控制是在企业产品及工程质量控制、管理领域应用非常广泛的工程技术。质量控制课程以产品检测理论、检测技术、可靠性技术应用为主要内容，是高等院校培养质量检测、质量工程及质量管理、工业工程等人才的一门主要课程，也是测控技术与仪器专业（无损检测专业）的重要课程。

本书是在南昌航空大学测控技术与仪器专业使用多年的《质量控制讲义》的基础上，经过对内容、结构进行修改、补充后编写而成的。本书注重理论基础与工程应用，融合了质量分析、质量检验、质量控制、产品可靠性、质量管理、质量认证、计量学等质量知识，以适应培养质量领域高层次人才的需要。

全书共9章。第1章绪论，介绍质量控制的发展历程以及质量相关的概念；第2章质量数据及统计分布，介绍质量数据的类型、误差、修约、采集和典型分布等；第3章质量数据分析的常用工具，主要介绍质量数据处理和分析的典型方法，包括排列图、回归分析、方差分析等；第4章工序能力与统计过程控制，主要介绍工序能力分析、计算与评价、6σ设计与管理、常用控制图的原理及应用；第5章统计抽样检验，介绍计数抽样检验的原理、三种常用计数抽样检验方案及应用，并简要介绍了计量抽样检验；第6章计量基础，对计量学的基础知识做了简要介绍，并详细介绍了测量不确定度评定方法与测量系统的 $R\&R$ 分析；第7章其他质量控制技术介绍，简要介绍了正交试验、质量功能展开、稳健设计等近年来应用较多的新技术；第8章可靠性工程基础，对产品可靠性指标、故障密度分布、可靠性设计、分析、试验等方面均进行了介绍；第9章质量认证，从实际应用出发，重点介绍了产品认证、质量管理体系认证、计量认证，并简要介绍了卓越绩效模式，以及其他管理体系的概况。每章均配有一定数量的习题，包括问答题和计算题。书中带"＊"的章节可作为选读内容。本书具有以下特点：

1) 教材系统介绍了各种质量控制技术依据的数理统计知识，深入浅出，以提高读者对质量技术的理解及应用能力。

2) 以产品质量形成及控制的逻辑过程为主线和顺序，以质量技术方法为单元，分类介绍了各种质量技术，并突出介绍了不同质量技术的特点。

3) 将质量技术与工程应用案例紧密结合，以"质量技术＋应用实例"方式强化质量控制内容的实用性和工程性。

4) 引入新的质量技术和方法，体现新颖性。

5) 介绍质量管理体系、质量认证内容，使本书与企业质量管理工作的实际需要相对接。

本书由南昌航空大学测试与光电工程学院测控技术与仪器专业张小海、龙盛蓉编写，张小海负责统稿。其中第1、3、8、9章由张小海编写；第2、4、5章由张小海、龙盛蓉共同编写；第 6、7 章由龙盛蓉编写。本书在编写过程中，得到了质量控制领域有关专家和学者的帮助和支持，书中多处参考了他们著作中的一些资料、数据、案例，其中主要参考文献列于书后。本书还得到了南昌航空大学教材建设基金的资助，在此一并表示衷心的感谢。

由于编者水平有限，书中难免有不足之处，希望广大读者批评指正。

编　者

目 录

序
丛书序言
前言

第1章 绪论 1
1.1 质量控制的发展 1
1.2 与质量有关的概念及阐述 3
习题 10

第2章 质量数据及统计分布 12
2.1 质量数据的类型 12
2.2 质量数据的误差 13
2.3 质量数据的修约 14
2.4 质量数据的采集 16
2.5 质量数据的典型分布 18
习题 30

第3章 质量数据分析的常用工具 32
3.1 调查表 32
3.2 分层法 34
3.3 直方图 35
3.4 排列图（柏拉图） 42
3.5 因果图 44
3.6 散布图 47
3.7 回归分析 55
3.8 方差分析 61
习题 66

第4章 工序能力与统计过程控制 68
4.1 质量波动的产生原因 68
4.2 生产过程的质量状态 69
4.3 工序能力 70
4.4 6σ 设计与管理 77
4.5 统计过程控制 80
习题 116

第5章 统计抽样检验 118
5.1 概述 118
5.2 基本概念 119
5.3 抽样检验方案的分类 120
5.4 计数抽样检验原理 122

5.5 计数抽样方案及应用 127
*5.6 计量抽样检验介绍 140
习题 150

第6章 计量基础 151
6.1 概述 151
6.2 量值溯源、校准与检定 154
6.3 计量基准与计量标准 156
6.4 测量仪器 157
6.5 测量结果分析 159
习题 178

第7章 其他质量控制技术介绍 180
7.1 正交试验设计 180
*7.2 质量功能展开 185
*7.3 稳健设计（田口方法） 187
习题 189

第8章 可靠性工程基础 190
8.1 可靠性工程发展 190
8.2 可靠性概念及指标 190
8.3 常用故障密度分布函数 197
8.4 可靠性设计 201
8.5 可靠性分析 212
*8.6 可靠性试验 227
习题 228

第9章 质量认证 230
9.1 质量认证的起源与发展 230
9.2 产品质量认证 231
9.3 质量管理体系认证 233
9.4 计量认证与实验室认可 245
9.5 认证与认可 248
习题 249

附录 251
附表A 标准正态分布累积概率表 251
附表B F 分布上侧分位数表 253
附表C C_p 值与偏移系数 k 对应的不合格品率表（%） 255
附表D 计量控制图控制限系数表 256
附表E 计数标准型一次抽样检查表——主

　　　　　表及辅助表 ………………………… 257
附表 F　计数挑选型抽样方案 SL 表
　　　　　($p_1 = 3\%$) …………………… 258
附表 G　正常检验一次抽样方案
　　　　　（主表）………………………… 261
附表 H　加严检验一次抽样方案
　　　　　（主表）………………………… 262
附表 I　放宽检验一次抽样方案
　　　　　（主表）………………………… 263
附表 J　正常检验二次抽样方案
　　　　　（主表）………………………… 264
附表 K　加严检验二次抽样方案
　　　　　（主表）………………………… 265
附表 L　放宽检验二次抽样方案
　　　　　（主表）………………………… 266
附表 M　t 分布在不同置信概率 p 与自由度 ν
　　　　　时的 $t_p(\nu)$ 值（t 值）………… 267
参考文献 ……………………………………… 268

第1章 绪　　论

1.1 质量控制的发展

产品的质量是随着产品的产生而存在的。人们对产品质量的需求需要通过质量控制活动来实现。从质量控制产生至今，已经经历了100多年。在质量控制的发展中，质量控制技术和方法随着科技和生产力的发展而不断改进和完善。有关质量控制的发展，国内外普遍认为经历了以下三个阶段：

1）20世纪初~20世纪40年代：质量检验阶段。
2）20世纪40年代~20世纪60年代：统计质量控制阶段。
3）20世纪60年代至今：全面质量管理阶段。

1. 质量检验阶段

19世纪中期，美国的标准化生产模式引起了欧洲各工业国家的广泛关注。人们认识到产品质量特征不可能只取一个数值，于是提出了公差界限的问题，认为超出公差界限即为不合格品，从而保证装配的零部件的通用性、互换性。公差界限概念的提出，实际上反映了人们追求质量水平和经济性最佳组合的一种新观念。

对质量水平的要求依赖于产品质量控制。20世纪初，人们对质量水平的控制还处于质量检验的阶段，也就是对产品生产完成后的全数检验。最初的质量检验都是由操作者自己完成的。20世纪20年代，美国著名管理学家泰勒提出在人员中进行科学分工的概念，主张把检验从生产中独立出来，形成专职检验。因此，可以把这个阶段的质量检验分为三种类型，即操作者质量检验、工长质量检验、检验员质量检验。

（1）操作者质量检验　工人自己制造产品，又自己负责检验产品质量，制造和检验的质量职能均由操作者完成。

（2）工长质量检验　由工长行使对产品质量的检验，强化了质量检验的重要性，操作与检验职能开始分离。

（3）检验员质量检验　由检验员负责产品质量的检验，有专职的质量检验岗位、专职的质量检验员和专门的质量检验部门。

质量检验对于产品质量的提高起到了积极作用，但随着科技和生产力的发展，尤其是在大批量生产情况下，质量检验的不足也逐渐显现出来。这些不足主要表现为：①事后检验。质量检验阶段的产品检验是在产品生产已经完成后才实施的检验，这时产品的质量已经客观形成，检验实际上是把生产中已产生的不合格品挑选出来而已，不能起到预防控制作用；②全数检验。由于是全检，检验周期长，检验成本高，在经济上不合算；另外，有些产品根本无法实施全数检验，如检验过程会使产品遭到破坏的情况。

2. 统计质量控制阶段

质量检验阶段存在的不足，使得人们开始寻求更加经济、合理、科学的检验方法实施产品检验。一些质量管理专家、数学家已经注意到质量检验中的弱点，并设法运用数理统计的原理来解决这些问题。1924年，美国电报电话公司贝尔（Bell）实验室的休哈特（Shewhart）博士提出了"事先控制，预防废品"的理念，根据数理统计原理，给出了具有可操作性的"质量控制图"，应用控制图对产品制造过程质量进行控制，预防不合格品的产生。1929年，该公司的道奇（Dodge）博士，根据数理统计原理，提出了抽样检验的概念和方法，应用抽检方法对产品实施检验避免了全数检验的缺点。但由于当时的经济和生产力状况，致使这种方法未能得到广泛的应用，直到20世纪30年代末40年代初，绝大多数企业仍采用事后检验的质量控制方法。第二次世界大战爆发后，由于战争对大批量军火生产的需要，而全数检验不能满足军工产品的需要。因此，这才推动了统计质量控制和抽样检验在军工企业的应用。由于在军工企业保证产品质量、预防不合格品方面带来了巨大的效益，随后，它们才得以在民品企业得到推广。

生产过程的统计控制模式可以用图1-1来反映。

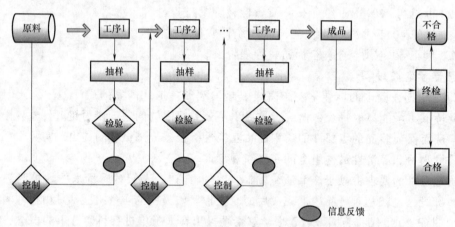

图1-1　生产过程的统计控制模式示意图

质量控制图和抽样检验方法的提出和应用，标志着质量控制在20世纪40年代从质量检验阶段进入了统计质量控制阶段。统计质量控制的方法在企业得到推广，提高了产品质量，为企业带来了巨大的利益。20世纪50年代起，日本企业开始引进统计质量控制的方法。为了推广使用统计质量控制方法，日本企业总结出一套简便易行的"质量改进七种工具"，并把"七种工具"与组织管理工作相结合，收到了巨大的效果。这"七种工具"的应用使得统计质量控制方法通俗易懂，便于推广普及，直到现在仍然在许多国家的企业中应用。

统计质量控制把产品质量的事后检验变为过程控制，从"事后把关"变为预先控制，并且很好地解决了全数检验问题。但是，这种方法也存在局限性。由于过多地强调了数理统计方法的作用，忽视了其他方法和组织管理对质量的影响，使人们误认为质量控制就是统计方法，而这种方法需要较深奥的数理统计知识，从而限制了统计质量控制的推广应用。

3. 全面质量管理阶段

产品质量的形成不仅仅与生产过程有关，还与设计、采购、储存、安装等各个环节有关。而统计质量控制强调的是对生产过程控制，因此，这种质量控制仍然是片面的。为了有效控制产品质量，应该对影响产品质量的各个因素都进行控制。全面质量控制（TQC）、全面质量管理（TQM）的理论和方法大多源于美国。美国对于质量控制与质量管理的发展起到了重要作用。20世纪60年代，美国通用电气公司（GE）质量总经理费根鲍姆（Feigenbaum，被誉为"全面质量控制之父"）和著名的质量管理专家朱兰（Juran，被誉为质量领域的"首席建筑师"）等人先后提出了"全面质量管理"的概念。这一概念的提出，开创了质量控制的一个新时代，一直影响到今天。

全面质量管理的核心思想是全员参与，形成全过程的质量管理，并全面综合应用专业技术和管理方法。朱兰提出的全面质量管理有三个环节：质量计划、质量控制和质量改进，也就是"朱兰三步曲"。1951年朱兰首次出版的《质量控制手册》，成为质量控制领域的权威著作。

日本在推进全面质量管理过程中做出了创新探索，提出了开展QC小组活动，使质量管理工作扎根于员工之中，正是在此时，提出了"质量改进七种工具"。1960~1970年，日本企业管理开始进入现代化阶段，推广开展质量月活动，全面质量管理工作在各企业中广泛实行，并取得了巨大成就，日本的产品不断向世界各国出口，日本的质量管理开始为世界所关注。从20世纪70年代开始，日本企业大力推行全部门参加的、全员参加的、综合性的质量管理（Company Wide Quality Control，CWQC）。以质量管理为中心，结合其他管理（包括成本、交货期管理等），开展QC小组活动，运用数理统计方法（包括SPC技术），同时广泛应用5S现场管理方法，即：整理（Seiri）、整顿（Seiton）、清扫（Seiso）、清洁（Seiketsu）、素养（Shitsuke）。这个时期，以日本田口玄一、石川馨等质量专家为核心的学者提出了质量经营战略、开展质量机能展开（QFD），创立了田口方法（三次设计），推出质量改进的七种工具，使日本的质量控制水平走在了世界前列。

为了使质量管理标准化和规范化，1987年国际标准化组织（ISO）发布了ISO 9000质量管理体系系列标准，使得企业的质量管理工作进入到标准化、系统化的管理阶段。通过多次修订和完善，ISO 9000系列标准已在全世界100多个国家得到了推广使用，该标准从产品质量形成的各个过程都提出了管理要求，是全面质量管理的标准化管理模式，为企业的质量管理体系建立和实施提供了依据。

随着人们对产品质量要求的越来越高，产品质量的控制也进入了新的时代。菲利浦·克劳士比提出的"零缺陷""质量是免费的"等概念，突破了传统上认为的高质量是以低成本为代价的观念，创新了质量的新观念；6σ管理的推广，把产品质量的提高又推向了一个新的高度；ISO 9001质量管理体系在全世界100多个国家的普及应用，使企业的质量管理工作向规范化、系统化、标准化、国际化逐步迈进；卓越绩效模式为企业改进、提升质量与经营绩效提供了指南。21世纪是质量的世纪，质量管理的发展迫切需要大量懂得质量控制与管理知识，有质量创新意识的质量工程人才。

1.2 与质量有关的概念及阐述

质量控制会涉及与质量有关的许多概念。为了便于理解本书中的内容，本章先对有关的最基本的通用概念，依据ISO 9000标准的定义进行解释，同时对某些易混淆或关联性较强的概念进行比较。另外，某些概念例如检验、质量成本、标准化等，由于本身就包含较多的知识内容，同时又局限于本书的篇幅未单独设立章节介绍，在此稍做展开阐述，以让读者对这部分内容有进一步的了解。

1.2.1 过程

过程是一组将输入转化为输出的相互关联或相互作用的活动。

过程有三要素即输入、输出和活动。过程是由输入、输出、活动构成的,是一组有相互关联的活动。过程强调的是输入、输出的转换。输入、输出是它的两个端点,也是监控点,依靠各过程两个端点的连接,形成了无间隙的过程系统或网络,如图 1-2 所示。产品生产的每道工序就是一个过程,例如焊接、热处理、抛光、喷漆等,上道工序的输出是下道工序的输入,

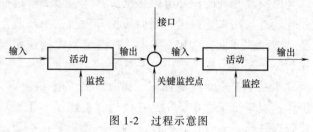

图 1-2 过程示意图

也是下道工序的"供应商",下道工序是上道工序的"顾客",由此形成了内部顾客关系。

1.2.2 产品

产品是过程的结果。

任何过程的结果都是产品。一般产品有以下四种通用的产品类别:服务、软件、硬件、流程性材料。

(1) 服务 它通常是无形的,并且是在供方和顾客接触面上至少需要完成一项活动的结果。汽车维修、空调安装、培训、医疗、民航运输、物业管理等都是服务,服务可能涉及:

1) 在顾客提供的有形产品(如需要维修的汽车)上所完成的活动。

2) 在顾客提供的无形产品(如为准备纳税申报单所需的损益表)上所完成的活动。

3) 无形产品的交付(如知识传授方面的信息提供)。

4) 为顾客创造氛围(如在宾馆和饭店)。

(2) 软件 它由信息组成,通常是无形产品并可以方法、报告或程序的形式存在。例如:计算机程序、知识产权、信息、字典等。

(3) 硬件 它通常是有特定形状的可分离的有形产品,其量具有计数的特性,如:计算机、发动机、机械零件、电子元器件等。

(4) 流程性材料 它通常是有形产品,其量具有连续的特性。流程性材料是通过将原材料转化为某一预定形态所形成的有形产品。其状态可以是液体、气体、粉状、块状、线状或板状,通常以桶、袋、瓶、卷等计量单位交付,例如燃料、冷却液、润滑油、面粉、水泥等。

另外,许多产品是由这四种类别产品当中的几种构成,其属性是服务、软件、硬件还是流程性材料取决于其主导成分。例如:产品"汽车"是由硬件(如轮胎)、流程性材料(如燃料、冷却液)、软件(如发动机控制软件、驾驶员手册)和服务(如销售人员所做的操作说明)所组成。

1.2.3 质量

1. 质量的定义

质量是指一组固有特性满足要求的程度。

可以从以下几方面去理解：

1）对质量的载体不做界定，说明质量可存在于各个领域或任何事物中。质量的载体主要是指产品。

2）质量由一组固有特性组成，特性是指可区分的特征。特性可以是定量的也可以是定性的。特性类别多种多样，如物理的（机械的、电的特性等）、感官的（嗅觉、触觉、视觉、听觉的等）、行为的（礼貌、正直等）、时间的（准时性、连续性等）等。

特性有固有特性和赋予特性之分。固有特性是指产品本来就有的特性，如轴的直径、材料的密度、电阻的阻值、节能灯的功率等；赋予特性是人为的，在产品完成后附加的特性，如价格、交货期等。

3）满足要求是指满足法律法规、标准、顾客或合同要求，并由其满足要求的程度加以表征。

4）满足要求是指应满足明示的（如合同上明确规定的）、通常隐含的或必须履行的需要和期望（如电热水器的防漏电功能）。

5）顾客等对产品质量要求是动态的和相对的。

质量的本质是用户对一种产品或服务的某些方面所做出的评价。因此，也是用户通过把这些方面同他们感受到的产品所具有的品质联系起来以后所得出的结论。事实上，在用户的眼里，质量不是一件产品或一项服务的某一方面的附属物，而是产品或服务各个方面的综合表现特征。

2. 实体产品质量

（1）实体产品（以下简称产品）质量的特性 产品质量是指产品能够满足使用要求所具备的特性。一般包括性能、寿命、可靠性、安全性、经济性以及外观质量等。

1）性能：即根据产品使用目的所提出的各项功能要求，包括正常性能、特殊性能、效率等。例如汽车的制动性、动力性等，计算机的运算速度、内存容量等。

2）寿命：即产品能够正常使用的期限，包括使用寿命和储存寿命两种。使用寿命是产品在规定条件下满足规定功能要求的工作总时间。储存寿命是指产品在规定条件下功能不失效的储存总时间，例如食品、医药产品对这方面规定较为严格。

3）可靠性：即产品在规定时间内和规定条件下，完成规定功能的能力。特别对于机电产品，可靠性是使用过程中主要的质量指标之一。

4）安全性：即产品在流通和使用过程中保证安全的程度。一般要求极其严格，视为关键特性而需要绝对保障，例如电子产品的绝缘性等。

5）经济性：即产品寿命周期的总费用，包括生产成本与使用成本两个方面。

6）外观质量：泛指产品的外形、美学、造型、装潢、款式、色彩、包装等。

产品质量的概念，在不同历史时期有不同的要求。随着生产力发展水平不同和由于各种因素的制约，人们对产品质量会提出不同的要求。

（2）产品质量的形成 产品质量有一个产生、形成、实现、使用和衰亡的过程。对于质量形成过程，质量专家朱兰称之为"质量螺旋"（Quality Spiral），它由13个环节（质量职能）构成，如图1-3所示。产品质量从市场调查研究开始，到形成、实现后，再交付使用，在使用中又产生新的改进，开始新的质量过程，产品质量水平呈螺旋式上升。

质量形成过程的另一种表达方式是"质量环"（Quality Loop）。它是瑞典质量专家桑德霍姆（LSandholm）提出的。质量环包括12个环节（见图1-4）。这种质量循环不是简单的重复循环，它与质量螺旋有相同意义。

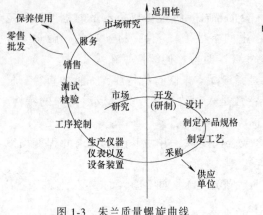

图1-3 朱兰质量螺旋曲线

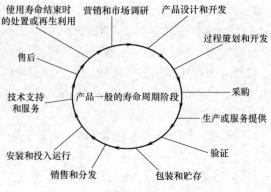

图1-4 质量环

3. 服务质量

服务质量是指服务满足明确和隐含需要的能力的特性总和。定义中的服务，主要指服务性行业提供的服务，如交通运输、邮电、商业、金融保险、饮食、宾馆、医疗卫生、文化娱乐、仓储、咨询、法律等组织提供的服务。由于服务含义的延伸，有时也包括工业产品的售前、售中和售后服务，以及企业内部上道工序对下道工序的服务。与实体产品质量不同，反映服务质量要求的质量特性主要有功能性、经济性、安全性、时间性、舒适性和文明性等。

1.2.4 检验和与验证

1）检验（Inspection）：通过观察和判断，适当时结合测量、试验或估量所进行的符合性评价。

2）验证（Verification）：通过提供客观证据对规定要求已得到满足的认定。

检验是对产品的一个或多个质量特性进行观察、测量、试验，并将结果和规定的质量要求进行比较，以确定每项质量特性合格情况的技术性检查活动。因此，需要有适用的检测手段，包括各种计量检测器具、仪器仪表、试验设备等，并对其实施有效控制，保持所需的准确度和精密度。检验活动一般包括检验准备（检验方法、检验规程等）、测量或试验、记录、比较和判定、确认和处置等步骤。

验证活动的实施，首先要提供能证实产品质量符合规定要求的客观证据，其次是对提供的客观证据进行符合性认定。产品验证的主要内容包括查验提供的质量凭证（如合格证、质保单等）、确认检验依据的正确性及有效性、查验检验报告或记录以及实施复验等。

产品检验是对产品质量特性是否符合规定要求所实施的技术性检查活动，而产品验证则是规定要求已得到满足的认定，是管理性检查活动，两者是性质不同的，是相辅相成的：产品检验是产品验证的基础和依据，是产品验证的前提；产品检验的结果是需要经过规定程序认定的，因此，产品验证则是产品检验的延伸，又是产品检验后放行必经的过程。例如，对采购产品验证时，产品检验出具的客观证据（如质量合格证）是供货方提供的，采购方根据需要也可以按规定程序实施复核性检验，这时产品检验是供货方产品验证的补充，又是采购方产品验证的一种手段。

1.2.5 合格、不合格与缺陷

（1）合格（Conformity） 满足要求，也称为符合。
（2）不合格（Nonconformity） 未满足要求，也称为不符合。
（3）缺陷 未满足与预期或规定用途有关的要求。

缺陷是特定范围内的不合格，应区分缺陷与不合格的概念。这是因为"缺陷"的使用包含有法律内涵，特别是与产品责任问题有关。因此，术语"缺陷"应绝对慎用。

缺陷又可分为设计缺陷、制造缺陷和警示缺陷。

1）设计缺陷。如果产品可预见的致害风险本来可以采纳合理的替代设计避免或减少，但该合理替代设计并未被采纳，使产品导致不安全，该产品的缺陷即为设计缺陷。例如结构零件设置不合理、材料或配方不适当等。

2）制造缺陷。制造缺陷是指产品在制造过程中产生的缺陷。例如材料或零件不合格、制造或装配失误导致的缺陷。

3）警示缺陷。警示缺陷是一种并非存在于产品本身的缺陷，是指产品提供者（制造商、销售商等）没有在产品的使用上以及危险的防止上做出充分的说明或警告，而对使用者构成的不合理危险。

例如，汽车制动系统存在故障，经确认是设计问题，这就是设计缺陷，而不是一般的不合格，消费者可以追究生产者的法律责任。建筑物在施工过程中采用了不符合设计要求的钢筋、劣质水泥导致房屋倒塌，这就是制造缺陷。再如，在药品的使用说明书中没有提及服用注意事项及服用禁忌，一旦病人服用不当造成安全事故，将导致产品责任的法律纠纷，这就是警示缺陷。

1.2.6 质量方针与质量目标

企业围绕自身的战略方针和经营宗旨，从质量管理角度应制定质量方针，并依托质量方针，制定质量目标，并通过一系列的质量管理活动来实现企业的质量目标。质量管理包括质量策划、质量控制、质量保证、质量改进等活动。

（1）质量方针（Quality Policy） 由组织的最高管理者正式提出的该组织总的质量宗旨和方向。

（2）质量目标（Quality Objective） 在质量方面所追求的目的。

质量方针通常与组织的总方针相一致并为制定质量目标提供框架。质量方针应形成文件，并得到理解和沟通。质量方针的内容应该包括满足要求和持续改进两方面的承诺。例如某机械加工企业的质量方针是"精密制造、精品交付、精益求精"，某物流企业的质量方针是"高效优质、安全及时、货主满意、运输规范"。

质量目标通常依据组织的质量方针制定，应分解到相关职能、层次和过程，应该是可测量或可考核的，其内容应考虑适用的要求并应与产品质量合格相关，例如产品一次交验合格率为95%、原材料缺陷率小于3‰、顾客满意率大于85%等。在策划质量目标时，应确定实现质量目标所需要的资源，以及完成的时间和评价方法。质量目标是动态的，适当时应予以更新。

质量方针是企业在质量方面的承诺，指明了在质量方面追求的方向。而质量目标是可测量的，反映了在质量方面需要实现或达到的目的。通俗地讲，"持续提高产品质量"相当于质量方针；"产品合格率每年提高3%"相当于质量目标。

1.2.7 质量策划

质量策划（Quality Planning）是质量管理的一部分，致力于制定质量目标并规定必要的运行过程和相关资源以实现其质量目标。

为了制定、实现质量目标，应进行质量策划活动，包括识别、确定运行过程、过程的顺序和相互作用、过程所需的资源及运行准则等。质量策划的结果可以是质量目标、质量计划、生产工艺、检验规范、质量体系文件等。

1.2.8 质量控制与质量保证

（1）质量控制（Quality Control） 质量管理的一部分，致力于满足质量要求。质量控制贯穿于产品形成的全过程，对产品形成全过程的所有环节和阶段中有关质量的作业技术和活动都进行控制，包括影响质量的5M1E即人（Man）、机（Machine）、料（Material）、法（Method）、测（Measure）、环（Environment）。例如规定原材料的验证方法、通过作业指导书规定工艺方法、对关键工序采用控制图控制等。质量控制的目的在于监视产品形成全过程并排除在产品质量产生、形成过程中所有阶段出现的导致不满意的原因或问题，使之达到质量要求，以取得经济效益。

（2）质量保证（Quality Assurance） 质量管理的一部分，致力于提供质量要求会得到满足的信任。通俗的理解就是获得信任，让人们相信能做得好、能满足质量的要求。它分为内部质量保证和外部质量保证。内部质量保证的目的是向企业最高管理者提供信任；外部质量保证的目的是向顾客或第三方提供信任。提供信任的方法例如质检报告、供应商的合格证明、第三方的审核、提供型式试验报告等。

质量控制和质量保证都是质量管理的一部分。质量控制是质量保证的基础和前提，质量保证是质量控制的目的。质量保证活动也可能是质量控制的一部分，例如产品的出厂检验等。

1.2.9 质量改进

质量改进（Quality Improvement）是质量管理的一部分，致力于增强满足质量要求的能力。

由于要求是多方面的，如有效性、效率或可追溯性等，企业应致力于主动寻求改进机会，识别需要改进的关键质量要求，而不是等待问题暴露，并通过适宜的质量工具和方法的应用，例如排列图、因果图、控制图等，实现改进的目的。此外，还应从产品质量、顾客满意度、过程效率等方面来评价质量改进的绩效。

1.2.10 质量成本

质量成本是指为确保令人满意的质量而导致的费用以及没有获得令人满意的质量而导致的有形的和无形的损失。

质量成本一般分为损失成本（外部和内部损失成本）、鉴定成本和预防成本。

(1) 损失成本

1) 外部损失成本：外部损失是指由于产品交付后不能满足质量要求所造成的损失。外部损失成本包括担保费用、处理投诉、调换产品或重新给用户提供服务所导致的损失、有关产品质量责任/诉讼赔偿或者有关残次品的折扣、顾客信任的丧失、与销售量下降有关的机会成本等的损失。

2) 内部损失成本：内部损失成本是指由于产品交付前不能满足质量要求所造成的损失。内部损失成本包括加工时间的浪费、修复和返工损失、调查质量事故所发生的费用以及可能发生的设备损失和操作人员的伤害。

(2) 鉴定成本 鉴定成本是指为发现不合格产品或服务或确保没有质量问题而进行的检查、试验和其他活动有关的费用。鉴定成本包括检查人员、检验试验、测试设备、实验室、质量审计、实地测试等的费用。

(3) 预防成本 预防成本是指与防止出现质量问题有关的费用。预防成本包括质量控制过程中所发生的与预防质量问题有关的费用，以及为减少出现质量问题所发生的费用支出，例如产品设计评审费、员工技能培训费、质量审核费等。

质量成本与质量水平之间存在一定的关系，如图1-5所示，它是质量成本特性曲线的基本模型。随着预防成本、鉴定成本的增加，损失成本随之下降。因此，图中总会存在一个最佳区域。在这一区域内总质量成本最低。对质量成本进行有效的分析，并根据分析结果采取有效的质量管理活动，就能为提高企业的经济效益做出贡献。图中显示了传统的质量改进的成本观念。在质量改进时，要找出内外部损失成本与预防、鉴定成本之和的总质量成本，要趋于质量成本最低，才是适宜的质量成本。

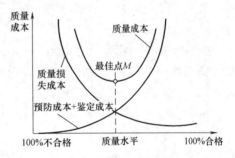

图1-5 质量成本特性曲线

1.2.11 标准与标准化

(1) 标准 标准是对重复性事物和概念所做的统一规定。它是企业生产、经营、检验产品的准则。标准定义为：为了在一定范围内获得最佳秩序，经协商一致制定并由公认机构批准，共同使用和重复使用的一种规范性文件。

制定标准的目的就是"获得最佳秩序"和"促进最佳共同效益"。"最佳秩序"是指通过制定和实施标准，使标准化对象的有序化程度达到最佳状态，而"最佳共同效益"指的是相关方的共同效益，而不是仅仅追求某一方的效益。标准产生的基础是科学、技术和经验的综合成果，制定标准的对象是"重复性事物"，标准由公认的权威机构批准发布。

按照《中华人民共和国标准化法》规定，我国标准分为四级，即国家标准（代号GB或GB/T）、行业标准（代号例如JB、NB）、地方标准（代号DB）和企业标准。国家标准分为强制性标准和推荐性标准，行业标准、地方标准是推荐性标准。对保障人身健康和生命财产安全、国家安全、生态环境安全以及满足经济社会管理基本需要的技术要求，应当制定强制性国家标准。强制性标准必须执行，鼓励采用推荐性标准。

按标准化的对象分，标准可分为技术标准、管理标准和工作标准三大类。

（2）标准化　其定义是：为在一定范围内获得最佳秩序，对现实问题或潜在问题制定共同使用和重复使用的条款的活动。

标准化是一个活动过程，主要是制定标准、实施标准进而修订标准的过程，它是一个不断循环、螺旋式上升的运动过程。每完成一个循环，标准的水平就提高一步。标准化是一项有目的的活动，除了为达到预期目的改进产品、过程和服务的适用性之外，还包括防止贸易壁垒，促进技术合作。标准化活动是建立规范的活动，所建立的规范（条款）具有共同使用和重复使用的特征。

（3）企业标准化　其定义是：为在企业的生产、经营、管理范围内获得最佳秩序，对现实问题或潜在的问题制定共同使用和重复使用的条款的活动。

企业标准化是在企业法定代表人或其授权的管理者领导和组织下，明确各部门各单位的标准化职责和权限，为全体员工积极参与创造条件，提供必要的资源，规定标准化活动过程和程序的规范化、科学化、系统化的活动。根据 GB/T 15496—2017《企业标准体系　要求》，企业标准体系由企业基础标准、技术标准、管理标准、工作标准构成，如图1-6所示。

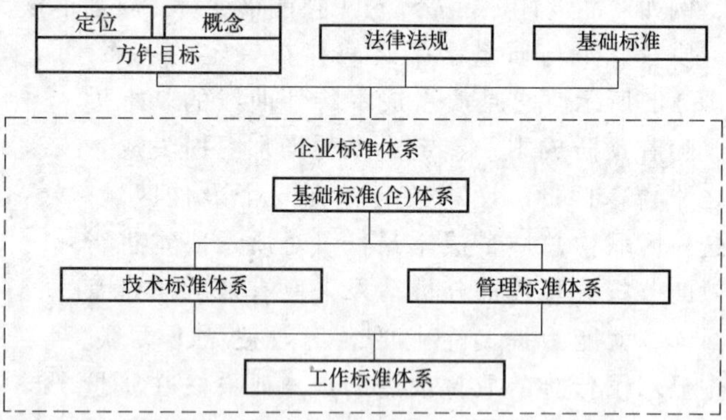

企业基础标准是企业采用或转化国家、行业基础标准而制定的基础性标准。

技术标准是对标准化领域中需要协调统一的技术事项所制定的标准，例如技术、工艺文件等。技术标准一般包括基础标准、方法标准、产品标准、工艺标准、工艺设备标准以及安全、卫生、环保标准等。

图1-6　企业标准体系组成形式

管理标准是对企业标准化领域中需要协调统一的管理事项所制定的标准，例如企业的管理制度、管理规定等。管理标准主要包括技术管理标准、生产安全管理标准、质量管理标准、设备能源管理标准和劳动组织管理标准等。

工作标准是对企业标准化领域中需要协调统一的工作事项所制定的标准，例如岗位说明书、岗位职责等。工作标准是按工作岗位制定的有关工作质量的标准，是对工作的范围、构成、程序、要求、效果、检查方法等所做的规定。

从定义可知，管理标准、技术标准分别是针对企业某一过程所需要的标准化管理文件、技术文件。而工作标准是针对岗位所需要的标准化文件，内容包括岗位条件、要求、职责、权限、考核指标等。企业在实施标准化过程中，应将企业的文件分类、划分成这三大类，以符合企业标准化的要求。

习　题

1-1　质量控制的发展分为哪几个阶段？

1-2　产品分为哪几类？各有什么特点？

1-3 产品质量与服务质量各有哪些质量特性？
1-4 简述检验与验证的关系与区别。
1-5 不合格与缺陷有何区别？
1-6 质量目标应该包含哪些要求？
1-7 简述质量保证的含义。
1-8 质量成本一般分为哪几类？
1-9 解释企业标准体系中的企业基础标准、技术标准、管理标准和工作标准。

第 2 章 质量数据及统计分布

2.1 质量数据的类型

产品的质量是否符合要求,或者生产过程是否处于正常状态往往需要通过生产过程、产品质量数据来反映。企业的质量分析、质量控制、质量策划及质量改进等一系列质量管理活动是建立在大量的质量数据基础上才能实现的。质量数据是用来定量描述质量特性值的数据,任何质量管理活动都应尽量实施定量化,否则就难以做出准确的判断。因此,企业的质量管理活动也可以说是一种以数据为基础的管理活动。质量数据按数轴上数的基本属性可以分为两大类,即计数值和计量值,其中计数值根据质量特性值本身的特点,又可以分为计件值和计点值。

计数值是数轴上的整数形式,可以用件数、个数、点数等整数计值的数据。例如,在实际质量活动中,统计产品的合格品及不合格品的件数,或者产品上的缺陷数或不合格项数,就用 0、1、2 等整数记录。假如有一批量 $N=100$ 件的产品批,在未经检验之前,其中的不合格品件数是未知的,那么我们可以用 X 表示其中不合格品件数,则 X 的取值范围为 $X=\{0, 1, 2, \cdots, 100\}$,$X$ 在概率论中称为离散型随机变量,因为它的取值范围虽然明确,但取值具有随机性,只有在检验之后才能确定下来;如果我们检验的是焊缝上的气孔数、铸件上的砂眼数、布匹上的疵点数,那么所统计的计点值也是离散型随机变量。

计量值表现为数轴上所有点的形式,是可带小数的、连续取值的数据。在质量控制中计量数据是用计量器具测量得到的数据。例如电阻的阻值、螺栓的长度、液体的密度等。既然是测量得到的数据,因此,只要用于测量的计量器具的精度能够达到,而且也有必要进行精密测量,那么就可以将测量对象的质量特性值测量到很精确,例如用游标卡尺测量某零件长度数值为 5.12mm,而用千分尺测量的结果是 5.124mm。所以计量值是可以随着测量精度的提高而进一步细化地连续取值。如果我们把电阻的阻值、螺栓的长度、液体的密度等质量数据作为随机变量 X,那么 X 称为连续型随机变量。

如上所述,质量数据分类可以概括为表 2-1。

表 2-1 质量数据分类及特点

质量数据		变量类型	特点	举例
计数值	计件值	离散型变量	整数,不带小数点的数据	不合格品数、射击命中次数等
	计点值			产品上的气孔数、疵点数、候车人数、织布机上织线断头数等
计量值		连续型变量	可连续取值、可带小数点的数据	电阻的阻值、产品的长度、密度、重量等

2.2 质量数据的误差

计量值数据是通过测量得到的，其结果受测量者、测量仪器、测量方法、测量环境等因素的影响，必然会产生测量误差。

1. 误差的基本概念

（1）误差 测量结果减去被测量的真值，具体表达式为

$$\Delta = x - t \tag{2-1}$$

式中 Δ——测量误差；
x——测量结果，即由测量所得到的被测量值；
t——被测量的真值。

（2）真值 与给定的特定量的定义一致的值。任何量在特定的条件下都有其客观的实际值，也即真值。有的量的真值是已知的，如圆的圆心角为 360°，直角三角形的直角是 90°，这种真值又称为理论真值。理论真值是已知的，但大多数的真值是不可知的、待估计的。

（3）约定真值 由于大多数真值是无法获得的，式（2-1）的误差就无法计算，因此，必须找出真值的最佳估计值即约定真值来近似真值。根据被测量的多次测量结果确定的量值，如算术平均值、加权算术平均值等，在某种条件下都可作为真值的最佳估计值，即可作为约定真值。

（4）残余误差 测量结果减去被测量的最佳估计值称为残余误差，简称残差。其具体表达式为

$$l = x - \bar{x} \tag{2-2}$$

式中 l——残差；
$\bar{x}$——真值的最佳估计值，即约定真值。

2. 误差的分类

根据误差的特点与性质，误差可分为系统误差和随机误差。

（1）系统误差 在重复条件下，对同一被测量进行无限多次测量所得结果的平均值减去被测量的真值，即：系统误差 = 均值 - 真值。

系统误差也等于误差减去随机误差。它是有确定性规律的误差，是由某一特定因素引起的大小和方向不变或大小按一定规律变化的误差。例如，标准砝码的实际值比标称值大导致的误差，游标卡尺未调零引起的误差，模具定位偏离引起的误差等都是系统误差。

（2）随机误差 测量结果减去在重复性条件下，对同一被测量进行无限多次测量所得结果的平均值，它是由一些偶然性的原因引起的误差，即：随机误差 = 测量结果 - 平均值，一些情况下，随机误差 = 误差 - 系统误差。

在重复性的测量条件下，误差的绝对值和符号在一定范围内变化，是没有确定性的非统计规律，但随机误差像其他随机事件一样服从统计规律，例如，测量时温度或气压的微小变化、测量仪器中转动部件的间隙和摩擦、多次测量时测量的部位、测量力大小不同等引起的误差是随机误差。

误差产生的根本原因是测量者、测量设备、测量方法、测量环境等，系统误差与随机误

差在一定条件下可以相互转化。对某项具体误差，在此条件下为系统误差，而在另一条件下为随机误差，反之亦然。

2.3 质量数据的修约

1. 有效数字

精密测量时，记录测得数据的位数有一定限制，不宜太多，也不宜太少，太多可能使人误认为测量精度高，太少则会损失精度，为此需要有效数字的概念。

当 x 有多位时，常常按四舍五入的原则得到 x 的前几位近似值 $\dot{x}$，例如：$x=1.2345678$ 取 3 位 $\dot{x}=1.23$，$\dot{\varepsilon}_3 \leq 0.005$；取 5 位 $\dot{x}_5=1.2345$，$\dot{\varepsilon}_5 \leq 0.00005$；它们的误差都不超过末位数字的半个单位，即

$$|x-1.23| \leq \frac{1}{2} \times 10^{-2}, |x-1.2345| \leq \frac{1}{2} \times 10^{-4}$$

现在我们将四舍五入抽象成数学语言，并引入一个新名词"有效数字"来描述它。若近似数 $\dot{x}$ 的误差极限是某一位的半个单位，该位到 $\dot{x}$ 的第一位非零数字共有 n 位，我们就说 $\dot{x}$ 有 n 位有效数字。如上述，取 $\dot{x}=1.23$ 作为 x 的近似值，$\dot{x}$ 就有 3 位有效数字（因为这样取舍得到的近似值，保证了误差不会超过 0.01 的一半即 0.005，因此是百分位到第一位不是零的数字即从"3"到"1"，有 3 位，有效数字是 3）。同样，取 $\dot{x}=1.2345$ 作为 x 的近似值，$\dot{x}$ 就有 5 位有效数字。

有效数字也可采用以下定义：

x 的近似数 $\dot{x}$ 写成标准形式为

$$\dot{x} = \pm 10^k \times (a_1 \times 10^{-1} + a_2 \times 10^{-2} + \cdots + a_n \times 10^{-n}) \tag{2-3}$$

其中，$a_1, a_2, a_3, \cdots, a_n$ 是 0~9 的一个数字，且 a_1 不为 0，k 为整数，若

$$|x-\dot{x}| \leq \frac{1}{2} \times 10^{k-n} \tag{2-4}$$

则称 $\dot{x}$ 有 n 位有效数字。

例 2-1 根据四舍五入原则，写出下列各数具有 4 位有效数字的近似数：

3.14159, 20.1736, 0.0668102, 9.000025

解：上述的 4 位有效数字的近似数分别为

3.142, 20.17, 0.06681, 9.000

注意：9.000025 的 4 位有效数字的近似值是 9.000 而不是 9，9 只有一位有效数字。

2. 数据修约

对产品质量指标进行测量时，要用数字记录测量结果，对规定的精确程度范围以外的数字，应当怎样合理地取舍，不能主观随意处理，也不能简单地采用四舍五入方法。在国家标准的有关文件中，对此做出了明确的规定。

（1）基本修约规则　例如，对产品质量指标进行测量时，所用计量器具有一定的刻度值，小于刻度值的估计数字是不准确的，超出了精确程度范围，要加以修约。对这类数字的修约，规定采用"4 舍 6 入 5 单双法"。阐述如下：

1）若拟舍去的数字第一位小于 5，则舍去拟舍数，应保留数字保持不变。

2) 若拟舍去的数字第一位大于 5，或等于 5 而这个 5 以后的数字不全为 0，则舍去拟舍数，应保留的数字末位数加 1。

3) 若拟舍去的数字的第一位等于 5，其后各位数字全为 0，则视这个 5 前一位数字（也即保留的数字末位数）是奇数还是偶数，决定如何修约。若是奇数，则舍去拟舍数，应保留的数字末位加 1；若是偶数（包括 0、2、4、6、8），则舍去拟舍数，应保留的数字保持不变。

这种修约法比习惯上采用的"4 舍 5 入法"更为科学。为了便于记忆和使用，可采用下面这个口诀："4 舍 6 入 5 考虑，5 后非 0 则进 1，5 后皆 0 视奇偶，5 前为偶应舍去，5 前为奇则进 1"。

例 2-2 将下面的数进行修约到保留 3 位小数。

解： 0.24168—0.242，　3.556387—3.556，　6.112500—6.112

2.2475—2.248，　10.778503—10.779，　8.001465—8.001

例 2-3 将下列数修约为百位整数。

解： 2628—2600，　　4371—4400，　　1250.6—1300，　　9550—9600，　　1650—1600

在对数据进行修约时不能连续修约。准确修约的数应在确定修约位数后一次修约获得结果，不得多次用修约规则连续修约。例如，将 11.4656 修约到两位有效数字，正确的方法是 11.4656—11，不正确的方法是 11.4656—11.466—11.47—11.5—12。

(2) 数据运算中的修约　在数字运算中为提高速度，注意到舍入误差特性，可考虑以下几点：

1) 当 n 个数做加减法运算时，在各数中以小数后位数最小的为准，其余各数均凑成比该数多 1 位，运算结果的位数与小数后的位数最小者相同。例如，有 4 个近似数相加

$$1.2+2.34+3.456+4.5678=11.5638$$

从上面看到，第一个被加数可能有 0.05 的误差，因此它的和最多能正确到小数点后第 1 位，小数点后第 2 位及以后各位已不可靠。因此在求和时，其他被加数小数点后面第 2 位及以后各位数字保留下来已没意义。运算中保留小数点第 2 位的目的是为了不因舍入而严重影响结果的精度。于是上例应取为

$$1.2+2.34+3.46+4.57=11.57\approx 11.6$$

2) 当几个数做乘法或除法运算时，在各数中以有效数字个数最少的为准，其余各数及积或商均凑成比该数多一位有效数字，运算结果的有效数字与参与运算的各数中最少有效数字者相同。例如，

$$811.21\times 0.61\div 5.601 \rightarrow 811\times 0.61\div 5.60=88.3\approx 88$$

上例中参与运算的各数分别为 811.21、0.61 和 5.601，其中 811.21 的有效数字的位数为 5 位，0.61 的有效数字的位数为两位，5.601 的有效数字的位数为 4 位。它们当中有效数字的个数最少者 0.61 的有效位数为两位，在运算时该数保持不变，而 811.21 及 5.601 分别变为 811 及 5.60，故运算结果 88.3 的有效数字的位数应取到两位，即为 88。

3) 将数平方开方后，有效位数不变。例如，

$$811^2=658\times 10^3$$

$$\sqrt{1997}=44.69$$

4) 用对数运算时，n 位数字的数用 n 位对数表。

5）查角度的三角函数时，所用函数值的位数随角度误差的减小而增多。角度误差为 10″、1″、0.1″、0.01″时，函数值的位数分别为 5、6、7、8。

6）平均数。对一个量在相同条件下独立测 n 次，得

$$x_1, x_2, \cdots, x_i, \cdots, x_n$$

各 x_i 末位应为同一量级，即它们末位在同一位置，相加后 $\sum x_i$ 和 x_i 的末位同一量级。

对于平均数

$$\bar{x} = \sum \frac{x_i}{n} \tag{2-5}$$

n 为 4 以下时，$\bar{x}$ 的末位与 x_i 的末位同一量级；n 为 5~20 时，$\bar{x}$ 的末位与 x_i 的末位同一量级或比 x_i 小一量级，当各 x_i 变化小（如仅在末位变化），则小一量级；当各 x_i 变化大，则同一量级。

$\bar{x}$ 取位还要顾及它的标准差

$$s(\bar{x}) = \sqrt{\frac{1}{n(n-1)} \sum (x_i - \bar{x})^2} = \sqrt{\frac{1}{n(n-1)} \sum l_i^2} \tag{2-6}$$

其中，$s(\bar{x})$ 应有 2 或 3 位有效数字，$\bar{x}$ 与残差 $l_i = x_i - \bar{x}$ 的末位应和 $s(\bar{x})$ 的末位保持在同一量级。

2.4 质量数据的采集

数据是分析产品质量，实施质量策划活动的重要依据。数据的采集能否具有代表性，能否客观地反映实际质量信息，在很大程度上取决于收集数据的方法。随机抽样，就是保证在抽取样本的过程中，排除一切主观意向，使产品批中的每个单位产品都有同等被抽取的机会的一种抽样方法。很显然，任何一批产品，即使是优质批也有可能存在极少数的不合格品，如果在抽样过程中有意挑选，或者只从某个局部抽取，就会使样本失去代表性。下面介绍几种常用的随机抽样方法。

1. 简单随机抽样法

当从批量为 N 的产品批中抽取大小为 n 的样本时，若该产品批中每个单位产品被抽到的概率相等，把这种抽样方法称为简单随机抽样，或单纯随机抽样。

（1）抽签法 举例说明：从批量 $N=500$ 的产品批中，抽取一个 $n=10$ 的样本。

先对这 500 个产品从 1~500 进行编号。制作签号为 1~500 的签，并随机混合，任意抽取 10 个签，得 10 个签号，然后按所得签号从产品批中抽取对应签号的 10 个产品，就是所需要的样本。

（2）随机骰子法 先对待检产品批中的每个产品一一编号，根据掷出骰子的点子数来确定哪一个产品被抽取到。

（3）随机数法 随机数法也是根据随机数表来进行取样的。随机数表也称乱数表，是由随机生成的从 0~9 十个数字所组成的数表，每个数字在表中出现的次数是大致相同的，它们出现在表上的顺序是随机的。它是统计工作者用计算机生成的随机数组成，并保证表中每个位置上出现哪一个数字是等概率的，利用随机数表抽取样本保证了各个个体被抽取的概率相等。

2. 分层随机抽样

分层抽样是事先按产品批已有的某些特征,将其分成几个不同的部分,每一部分就称为一层,再分别在每一层中随机抽样,合在一起构成一个样本,这种方法称为分层随机抽样。例如,将产品批按不同的生产班组、生产设备、生产时间等进行分层。这种方法充分利用了总体的已有信息,因而是一种非常实用的抽样方法。对于一个产品批如何分层,分多少层,要视具体情况而定。一个总的原则是,同一层内的单位产品的差异要少,而层与层之间的差异要越大越好。

如果按各层在整批中所占的比例分别在各层内抽取单位产品,就称为分层按比例随机抽样。

例 2-4 批量为 $N=1600$ 的某产品,由 A、B、C 三条生产线加工。其中 A 生产线加工 800 个,B 生产线加工 640 个,C 生产线加工 160 个。试用分层按比例随机抽样法抽取 $n=150$ 的样本。

解: 各生产线抽取的产品数分别为

A 生产线: $150 \times 800/1600 = 75$

B 生产线: $150 \times 640/1600 = 60$

C 生产线: $150 \times 160/1600 = 15$

然后,用简单随机抽样法在各生产线中抽取单个产品。

例 2-5 某批产品共 38100 件,由于来自 5 个不同的生产班组($N_1=30000$,$N_2=4000$,$N_3=3000$,$N_4=1000$,$N_5=100$),故分为 5 层,假定整批的检验条件是:检验水平 Ⅱ,$AQL=0.65$,一次正常抽样方案为(500,7),所需样本量为 500。试用分层法抽样。

解: 按题中抽样方案(有关内容见第 5 章),每层产品数量、每层抽样方案以及每层应抽样数见表 2-2。每层的实际抽样数是这样得到的:首先按题中给出的一次正常抽样检验水平 Ⅱ,$AQL=0.65$,查表(附录 G)获得每层产品的抽样数 n_i,并求出每层产品抽样数之和为 740 个,再求出每层抽样数占比即 $n_i/740$,乘以整批产品所要求的抽样数 500,取整后就得到每层的实际抽样数,见表 2-2。这样得到的每层抽样数相比采用每层产品批量在总批占比乘以 500 得到的每层抽样数更合理。

在本例中,如果各班组的质量差异较大,为了避免混批以后,当产品被拒收时,查找原因困难,可以把每层作为子批,按各自的批量大小和题中规定的检验水平选取各自的抽样方案(见表 2-2 中的"每层抽样方案"),分别检验判定。但这样会增大抽样样本量(共 740 个),工作量和检验费用也将明显增加。

表 2-2 分层抽样比例及抽样数量

分层序号	每层产品数量	每层抽样方案		每层抽样数占比	每层应抽样数(占比×500)
		n_i	Ac, Re		
1	30000	315	5,6	$315 \div 740 \times 500$	213
2	4000	200	3,4	$200 \div 740 \times 500$	135
3	3000	125	2,3	$125 \div 740 \times 500$	85
4	1000	80	1,2	$80 \div 740 \times 500$	54
5	100	20	0,1	$20 \div 740 \times 500$	13
总计	38100	740			500

分层总体抽样方案: $N=38100$,$n=500$,$Ac=7$,$Re=8$

3. 系统随机抽样法

这种方法也称为周期系统抽样。如果批中产品可以依次进行排列时，可给批中每个单位产品分别编上 1~N 号，以 N/n 的整数部分（N/n）作为抽样间隔或抽样周期，按简单随机抽样法，在 1~N/n 之间随机抽取的一个整数作为样本中的第一个样品号码，以后每隔（N/n）个产品抽取一个，这样就可抽得 n 个样品。

例 2-6 若批量为 $N=20000$，样本量为 315，采用系统随机抽样。

解：首先计算抽样间隔得 $N/n=20000/315≈63$，然后利用简单随机抽样法在 1~63 选取一个数，如用抽签法得到 20，则得到第 1 个样品，其他样品则每隔 63 个单位产品抽取一个（20，83，146，209，…），直到满足规定的样本量为止。

4. 分阶段随机抽样法

首先是将产品批分成若干群，按前述随机抽样法从中随机选出一些群，这是第一阶段抽样，由这些群的单位产品直接组成样本，这种方法称为整群抽样法；若进一步实施第二阶段抽样，从被选出的群中再进行随机抽样，由抽出的样品组成样本，则称此抽样方法为分阶段随机抽样法，也称为分群随机抽样法。这里分群的原则正好和分层抽样中分层的原则相反，这里要求各群内单位产品之间的差异尽量地大，而各个群之间就没多大的差异。

例 2-7 一批药品试剂，共有 30 箱，每箱 20 盒，每盒装有 10 支，该批药品试剂批量 $N=6000$ 支。试用分阶段随机抽样法抽取 $n=200$ 支的样本。

解：（1）整群抽样法 从 30 箱中用简单随机抽样法抽取 1 箱作为样本，即 $n=20×10$ 支 $=200$ 支。

（2）两段随机抽样法 从 30 箱中用简单随机抽样法抽取 5 箱，每箱中随机抽取 4 盒作为样本，$n=5×4×10$ 支 $=200$ 支。

（3）三段随机抽样法 从 30 箱中用简单随机抽样法抽取 8 箱，每箱中随机抽取 5 盒，每盒中随机抽取 5 支样品组合成样本，$n=8×5×5$ 支 $=200$ 支。

2.5 质量数据的典型分布

2.5.1 质量数据的统计规律

1. 质量数据的统计分析

对产品质量数据进行统计分析，寻找质量数据的分布规律是质量控制的基础工作。当测量数据较少时也很难发现它们的统计规律。因此，为了分析质量数据的分布规律，必须获得足够的数据并进行分析。例如，为了分析墙面混凝土强度的测量数据的分布规律，在同样的条件下测量了 100 个混凝土强度值，并将数据列于表 2-3 中。如果不采用统计工具对这些数据做进一步的处理和分析，就看不出它们具有什么规律。把这些数据分成若干数据组（本例是分成 9 组），每一组的间距大小是一样的，并统计落在每一组的数据个数即数据出现的累积频数，同时把结果记录在表 2-4 中。从累积频数的数据大小可以明显地看出这 100 个数据的统计分布规律，即出现在中间值左右的数据占多数，出现在较小值或较大值附近的数据占少数。如果再根据表 2-4 绘制成直方图去描述这一规律性，如图 2-1 所示，就使这种规律性更加直观了。同时，测量的数据越多，这种统计规律性越明显。

第 2 章 质量数据及统计分布

表 2-3 某墙面混凝土强度值 (单位：MPa)

28.1	24.1	24.4	28.1	24.9
25.6	29.0	25.8	22.6	24.7
27.5	25.8	26.6	30.7	26.5
25.4	30.1	28.2	29.7	24.5
28.3	29.1	25.2	29.2	29.7
27.9	27.6	26.8	29.8	31.4
25.9	25.0	29.0	25.9	22.7
24.7	31.1	25.6	28.0	27.3
26.6	24.8	28.4	27.6	23.2
26.2	30.8	25.9	27.2	29.7
31.4	23.7	27.0	26.1	25.6
27.3	24.4	28.6	27.9	27.2
26.9	24.1	31.4	29.2	25.6
22.6	22.8	29.4	27.7	30.5
28.6	27.4	25.5	27.4	26.5
29.5	28.0	28.4	27.7	26.2
27.3	26.7	24.6	27.1	24.4
30.5	25.6	25.1	27.2	23.5
26.6	26.1	28.6	28.9	25.2
28.1	27.4	27.2	27.5	29.0

表 2-4 墙面混凝土强度频数分布表

边界值	组内中心值	频数	累积频数
22.55~23.55	23.05	6	6
23.55~24.55	24.05	7	13
24.55~25.55	25.05	11	24
25.55~26.55	26.05	16	40
26.55~27.55	27.05	20	60
27.55~28.55	28.05	15	75
28.55~29.55	29.05	12	87
29.55~30.55	30.05	7	94
30.55~31.55	31.05	6	100
总数		100	

如果把每个混凝土强度值的出现作为随机现象来研究，那么这种大量随机现象呈现的集体性规律就称为统计规律。

在正常的生产状态下，质量特性值作为随机变量客观上服从统计规律（实际上就是正态分布）。这种统计规律不仅反映了产品质量特性值的波动性，更重要的是描述了分布的规律性，或者说是分布的某种稳定性。例如，仅从某墙面混凝土进行强度检测，从测试结果统计分析（见表 2-4）中看出该墙面强度值集

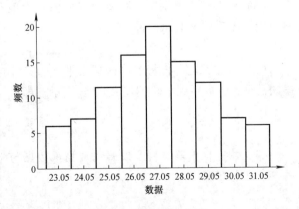

图 2-1 数据的直方图

中于 22.55~31.55MPa 之间，正因为这种客观的相对稳定性，我们才可以应用这种规律，通过工序能力指数的计算、控制图的制作等方法，及时发现质量特性值的变化趋势，从而控制产品的生产过程和产品质量。

2. 总体和样本

在应用概率统计原理分析质量数据时，要用到总体和样本的概念。把所研究对象的全体称为总体，也称为母体。通常总体的单位数用 N 来表示，样本单位数称为样本容量，用 n 来表示。相对于 N 来说，n 则是个很小的数。它可以是总体的几十分之一乃至几万分之一。

3. 数据特征值

数据特征值是数据分布趋势的一种度量。数据特征值可以分为下面两类：
1）集中度：平均值、中位数、众数等。
2）离散度：极差、平均偏差、均方根偏差、标准差等。

下面对质量数据的统计分析中常用的数据特征值介绍如下：

（1）频数和频率　计算各个值反复出现的次数，称为频数，用 f_i 表示。频数与数据总数之比称为频率，用 m_i 表示。

$$m_i = \frac{f_i}{\sum f_i} \tag{2-7}$$

（2）算术平均值　如果产品质量有 n 个测量数据 x_i（$i=1, 2, \cdots, n$），算术平均值为

$$\bar{x} = \frac{1}{n}\sum_{i=1}^{n} x_i \tag{2-8}$$

如果测量数据按大小分组，则算术平均值为

$$\bar{x} = \frac{1}{n}\sum_{i=1}^{n} f_i x_i \tag{2-9}$$

（3）中位数　数据按大小顺序排列，排在中间的那个数称为中位数。用 $\tilde{x}$ 表示。当数据总数为奇数时，最中间的数就是中位数；当数据总数为偶数时，中位数为中间两个数据的平均值。

（4）众数　众数是一组测量数据中出现次数（频数）最多的那个数值，一般用 M_0 表示。

（5）极差　极差是一组测量数据中的最大值和最小值之差。通常用于表示一组数据的离散度，用符号 R 表示。即

$$R = x_{\max} - x_{\min} \tag{2-10}$$

（6）平均偏差　将每个数据减去平均值，并把它们的差值的绝对值相加再除以测量数据的总个数，即得到平均偏差，用 A_D 表示。即

$$A_D = \frac{1}{n}\sum_{i=1}^{n} |x_i - \bar{x}| \tag{2-11}$$

（7）均方根偏差　均方根偏差是测量数据与平均值之差的平方和被总测量数平均，然后再求其平方根值，用 σ 表示。即

$$\sigma = \sqrt{\frac{1}{n}\sum_{i=1}^{n}(x_i - \bar{x})^2} \tag{2-12}$$

用均方根偏差作为离散的度量，可以直接比较两组数据的均方根偏差的大小，就可看出两组数据离散程度的大小。

（8）标准差　测量数据分布的离散最重要的度量是标准差，用 s 表示。对于大量生产的产品来说，不可能对全部产品进行检验，通常只对其中一部分产品（样本）进行检验。当把有限数量产品测量数据按标准方差的公式求得的样本方差和总体方差做一比较，会发现这个估计值将偏小。因此，必须用因子 $n/(n-1)$ 乘上样本方差来修正，则修正后的样本标准方差 s^2 为总体方差的无偏估计，即

$$s^2 = \frac{n}{n-1} \cdot \frac{1}{n}\sum_{i=1}^{n}(x_i - \bar{x})^2 = \frac{1}{n-1}\sum_{i=1}^{n}(x_i - \bar{x})^2 \tag{2-13}$$

把样本标准方差开平方后，可得样本标准差为

$$s = \sqrt{\frac{1}{n-1}\sum_{i=1}^{n}(x_i - \bar{x})^2} \tag{2-14}$$

当计算样本标准差时，随着样本大小 n 增大，便越准确，则标准差估计值的误差将会缩小。

2.5.2　计数值的统计分布

1. 超几何分布（Hypergeometric Distribution）

在抽样过程中，若批产品的总体数量是有限的，而不是无穷多的，同时抽取出的样本是不会放回批产品当中去，那么就可以采用超几何分布来讨论抽到不合格品的概率。也就是说，超几何分布的研究对象是有限总体无放回抽样，既然是无放回抽样，那么在抽取样本后，批产品中的总体数量包括合格品数与不合格品数，以及不合格率都会受到影响。这里所说的总体可以是一批数量有限的产品（如 $N=1000$ 件）。在进行产品检验时，从中随机抽取样本（如 $n=10$ 件）后，因为样本中可能含有不合格品，所以可能使总体批产品的不合格率发生变化，超几何分布是考虑了这类影响的一类概率分布，其应用条件是有限总体无放回抽样。

首先计算"在抽取样本中不合格品个数 x 等于 d"这个事件出现的概率 $P\{x=d\}$。设产品的批量为 N，不合格品率为 p，此批产品中不合格品的总数应为 Np，记为 $D=Np$。出现 $x=d$ 这件事，相当于在大小为 n 的样本中有 d 个单位产品是从 D 个不合格品中抽出的，同时在样本中的另外 $n-d$ 个合格品则是从批中 $N-D$ 个合格品中抽出。从 D 个不合格品中抽到 d 个不合格品的所有的可能组合共有 $\binom{D}{d}$ 种，从 $N-D$ 个合格品中抽出 $n-d$ 个合格品所有可能的组合有 $\binom{N-D}{n-d}$ 种。所以，在一个大小为 n 的样本中恰好包含 d 个不合格品的可能组合共有 $\binom{D}{d}\binom{N-D}{n-d}$ 种。另一方面，从批量为 N 的一批产品中，抽取 n 个产品的可能的组合共有 $\binom{N}{n}$ 种，因此

$$P\{x=d\} = \frac{\binom{D}{d}\binom{N-D}{n-d}}{\binom{N}{n}} = \frac{C_D^d C_{N-D}^{n-d}}{C_N^n} \tag{2-15}$$

式中　　N——产品批量；

D——N 中的不合格品数；

$N-D$——N 中的合格品数；

n——从 N 中随机抽取的样本大小；

d——n 中的不合格品数；

$n-d$——n 中的合格品数；

$P\{x=d\}$——在 n 中恰含有 d 件不合格品的概率；

C_D^d——不合格品的组合；

C_{N-D}^{n-d}——合格品的组合；

C_N^n——从 N 中随机抽取 n 件的组合。

这就是超几何分布概率的计算公式。

当 N、D 和 n 确定后，$P\{x=d\}$ 只依赖于 d。将不合格品率 p 代入式（2-15）中，用不返回法抽取 n 件产品进行检测，其中有 d 件不合格品的概率为

$$P(d) = \frac{C_{Np}^d C_{Nq}^{n-d}}{C_N^n} \tag{2-16}$$

其中，$d=1, 2, \cdots, n$；$q=1-p$。

符合超几何分布的随机变量 d 的数学期望 $E(d)$ 和方差 $\mathrm{Var}(d)$ 分别为

$$E(d) = np, \mathrm{Var}(d) = npq\frac{N-n}{N-1} \tag{2-17}$$

超几何分布主要应用于对某些只能做少量抽样检验的场合，例如需进行破坏性检测试验时。

例 2-8　有一批产品，数量为 50 个，其中有 40 个一等品，10 个二等品。若不返回抽样，从批中随机地抽取 5 个产品进行检测，求 5 个产品中包含 2 个二等品的概率。

解：2 个二等品只能在 10 个二等品中抽到，剩下的 3 个一等品只能在 40 个一等品中抽到，则：

箱中 10 个二等品中有任意 2 个被抽到的可能组合共有

$$C_{10}^2 = \frac{10!}{2! \times 8!} = 45$$

箱中 40 个一等品抽到任意 3 个的可能组合共有

$$C_{40}^3 = \frac{40!}{3! \times 37!} = 9880$$

从 50 个产品中任意抽取 5 个的可能组合共有

$$C_{50}^5 = \frac{50!}{5! \times 45!} = 2118760$$

根据式（2-16）得到从 50 个产品中任意抽取 5 个，其中含有 2 个二等品的概率为

$$P(2) = \frac{C_{10}^2 C_{40}^3}{C_{50}^5} = \frac{45 \times 9880}{2118760} = 0.21$$

2. 二项分布（Binormial Probability Distribution）

二项分布的研究对象是总体无限或总体有限有返回抽样。当产品批总体数量无限多，或总体数量有限，但进行返回抽样时，抽到不合格数 d 的概率服从二项分布。因为返回抽样，确保了每次抽样时产品批中的合格品数、不合格品数以及不合格品率是一样的，所以可用二项分布；若总体数量无限多，那么每次抽取一个产品对总体中的合格品数与不合格品数的影响并不大，可以视为返回式抽样。当研究的产品批量很大，例如 $N=1000$ 件或者 $N \to \infty$（实际中的一个连续的生产过程作为总体），在这种情况下，如果再用超几何分布去研究是十分困难或完全不可能的。然而，用二项分布解决这类问题就相对简单。根据概率论与数理统计推断的基本原理，当总体数量大于等于抽样数的 10 倍，即 $N \geq 10n$ 时（在工程上，近似认为总体无限多），超几何分布可以用二项分布来近似，两者计算结果的误差在工程上是允许的。由概率统计原理可以证明，在一定条件下超几何分布的极限形式是二项分布。

根据伯努利（Bernoulli）定理，二项分布的概率计算公式为

$$P(d) = C_n^d p^d (1-p)^{n-d} = C_n^d p^d q^{n-d} \tag{2-18}$$

式中　n——样本大小；

d——n 中的不合格品数；

p——产品的不合格品率；

q——产品的合格率。

符合二项分布的数学期望 $E(d)$ 和方差 $\mathrm{Var}(d)$ 可按下式计算：

$$E(d) = np, \mathrm{Var}(d) = \sigma^2 = npq \tag{2-19}$$

二项分布规律主要用于具有计件值特征的质量特性值分布规律的研究。例如，在产品的检验和验收中，批产品合格与否的判断，批产品的接收概率计算，以及在统计过程控制中所应用的不合格品率 p 控制图和不合格品数 np 控制图的控制限的计算等，都要用到二项分布规律。

二项分布的概率曲线图与超几何分布的概率曲线图类似，一般是非对称的，受样本容量 n 和不合格品率 p 的影响。图 2-2 与图 2-3 分别反映了不合格品概率随 p 和 n 的变化关系。可以看出，从 $np=5$ 开始，二项分布的概率曲线趋于对称分布，近似为正态分布。当 $N \geq 10n$，

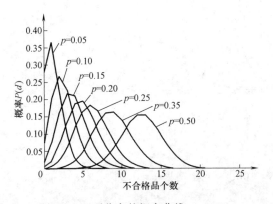

图 2-2　二项分布的概率曲线（$n=25$）

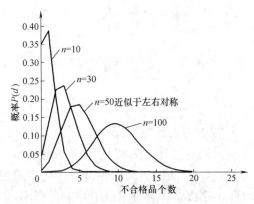

图 2-3　二项分布的概率曲线（$p=0.1$）

$p \leq 0.1$ 或 $np \geq 5$ 时,就可以用正态分布代替二项分布进行近似计算,实际上在一定的条件下,正态分布是二项分布的极限形式。

3. 泊松分布（Poisson Distribution）

泊松分布主要研究稠密性的问题,例如布匹上出现的疵点数、机床发生的故障数、零件表面的砂眼数等。自然界和生活中也有大量现象服从泊松分布规律,例如一定时间内原子核衰变放射的粒子数、每天超市的顾客人数、每分钟到达公共汽车站的乘客人数等。从以上例子可以看出,泊松分布研究的数据都是在某一单位内（单位时间、单位面积、单位长度等）的计点值数据,所以泊松分布主要是应用于具有计点值特征的质量特性值的分析。在抽样检验时,当抽样样本 n 很大,不合格品率 p 很小（$p \leq 0.1$）时,可用泊松分布近似二项分布计算。实际上,当 $np < 4$ 时,用二项分布和泊松分布计算可以得出几乎相同的结果,而用泊松分布计算显然更方便,可以查泊松分布表。泊松定理证明：当 $np \geq 5$ 时,正态分布是泊松分布的极限形式。

泊松分布的概率计算公式为

$$P\{d=k\} = \frac{\lambda^k e^{-\lambda}}{k!} \quad (2\text{-}20)$$

式中　λ——$\lambda = np$;
　　　n——样本大小;
　　　p——样本不合格率（缺陷率）;
　　　k——样本不合格品数;
　　　e——自然对数的底数,$e = 2.718281$。

符合泊松分布的数学期望 $E(d)$ 和方差 $\text{Var}(d)$ 可按下式计算：

$$E(d) = \lambda = np \quad (2\text{-}21)$$

$$\text{Var}(d) = np \quad (2\text{-}22)$$

泊松分布的概率曲线如图 2-4 所示。从图中看出,当 $np \geq 5$ 时,曲线趋于对称,正态分布是泊松分布的极限形式。

例 2-9　某批螺钉产品总体不合格品率 $p = 0.05$,按 $n = 100$ 随机抽取样本进行检测,按泊松分布求样本中包含 $d = 1$,2 个不合格品数的概率。

解：由题意 $\lambda = np = 100 \times 0.05 = 5$,根据式 (2-20),得

$$P\{d=1\} = \frac{5^1 \times e^{-5}}{1!} = 0.0337$$

$$P\{d=2\} = \frac{5^2 \times e^{-5}}{2!} = 0.0842$$

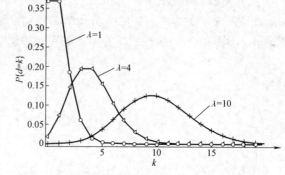

图 2-4　泊松分布的概率曲线

4. 三种分布计算比较

针对同一问题,采用三种不同的统计分布来计算,并比较计算结果。若一批产品 $N = 1000$,不合格率 $p = 0.01$。现从中抽取 $n = 10$ 件,求检验后发现 1 件不合格品的概率。

1) 超几何分布计算：

$$P\{d=1\} = \frac{C_M^d C_{N-M}^{n-d}}{C_N^n} = \frac{C_{Np}^d C_{N-Np}^{n-d}}{C_N^n} = \frac{C_{10}^1 C_{990}^9}{C_{1000}^{10}} = 0.092$$

2) 当 $N \geq 10n$ 时，可用二项式近似计算：
$$P\{d=1\} = C_n^d p^d (1-p)^{n-d} = C_{10}^1 (0.01)^1 (1-0.01)^9 = 0.091$$

3) 因为 $p<0.1$，$np = 10 \times 0.01 = 0.1 < 4$

可用泊松分布计算：
$$\lambda = np = 0.1, \quad P\{d=1\} = \frac{\lambda^k e^{-\lambda}}{k!} = \frac{0.1^1 e^{-0.1}}{1!} = 0.091$$

从计算结果可知，在一定条件下，三种方法的计算结果非常接近。如果需要计算至少有2件不合格品的概率，可用二项分布计算如下（采用其他分布计算类似）：

$$\begin{aligned} P\{d \geq 2\} &= 1 - P\{d < 2\} \\ &= 1 - P\{d=0\} - P\{d=1\} \\ &= 1 - C_{10}^0 (0.01)^0 0.99^{10} - C_{10}^1 0.01^1 0.99^9 \\ &= 1 - 0.904 - 0.091 = 0.005 \end{aligned}$$

2.5.3 计量值的统计分布

计量值质量数据通常服从连续型分布。在企业的生产和经营活动中，正态分布是应用最为广泛的一种连续型概率分布。实际生产中，在正常情况下，大部分质量数据服从正态分布。例如在机械加工的生产过程中，当质量特性值具有计量性质时，就应用正态分布去控制和研究质量变化的规律，包括公差规范的制定、生产数据的计算和分析、生产设备的调整、工序能力的分析、产品质量的控制和检验等。

1. 正态分布的概率密度函数

$$f(x) = \frac{1}{\sigma \sqrt{2\pi}} e^{-(x-\mu)^2 / 2\sigma^2} \tag{2-23}$$

该函数称为正态分布概率密度函数，代表全部数据中取值为 x 的比例，如图 2-5 所示。正态概率密度函数包括 μ 和 σ 两个参数。μ 是全部数据的均值（总体或母体平均值），σ 是全部数据的标准差（总体或母体标准差）。若随机变量 x 为计量质量特性值，并服从正态分布，则记作 $x \sim N(\mu, \sigma^2)$。当 $\mu = 0$，$\sigma = 1$ 时，正态分布称为标准正态分布，记作 $x \sim N(0, 1)$。

2. 正态分布的平均值和标准差

正态分布的平均值 μ 描述了质量特性值 x 分布的集中位置或出现概率最大的位置，如图 2-6 所示。而正态分布的标准差 σ 描述了质量特性值 x 分布的分散程度，σ 越大，说明质量数据的分散性越大，如图 2-7 所示。在直角坐标系中，概率密度函数式 (2-23) 关于 $x = \mu$ 对称，并且在 $x = \mu$ 处达到最大值 $\dfrac{1}{\sigma \sqrt{2\pi}}$。

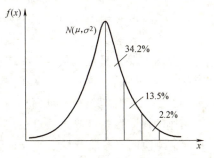

图 2-5 正态分布的概率密度曲线

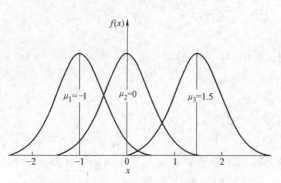
图 2-6　正态分布平均值 μ 的影响

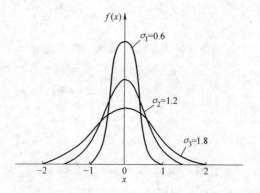
图 2-7　正态分布标准差 σ 的影响

从式（2-23）可知，均值 μ 和标准差 σ 为正态分布的两个重要参数，如果这两个参数一定，质量特性值服从的正态分布函数就确定不变，相应的概率密度分布、概率密度曲线均确定不变。μ 和 σ 两个参数任何一个发生变化，都会导致正态分布发生变化。因此，根据 μ 和 σ 两个参数的数据大小，就可以判断产品的生产过程是处于控制状态还是失控状态。例如，x 表示某个产品的质量特性值，假设平均值 $\mu = 0$ 的分布符合质量标准，也就是说，质量特性值集中在这个值附近，$\mu = 0$ 的分布就表示生产过程处于控制状态。那么当平均值 $\mu = 1.5$ 时，说明多数质量特性值已经偏大，并集中在 $\mu = 1.5$ 附近，生产过程已经处于失控状态。如果生产过程为这种状态，应当分析产生失控的原因，采取纠正措施，使生产过程恢复到 $\mu = 0$ 的控制状态，否则会出现大量的不合格品。同样 $\mu = -1$ 的分布状态也属于失控状态，此时生产过程的质量特性值显然偏小。不论质量特性值的平均值是偏大还是偏小，从正态分布曲线的偏移情况可以很直观地看出来，这时的生产过程都属于失控状态。可见，生产过程的失控状态是可以通过正态分布的平均值 μ 的变化反映出来。

再来看标准差 σ 发生变化的情况。若有三种不同的生产状态，在这三种状态中，均值 μ 没有发生变化（如 $\mu = 0$），然而标准差 σ 有三个不同的值，分别为 $\sigma_1 = 0.6$、$\sigma_2 = 1.2$ 和 $\sigma_3 = 1.8$。如果 $\sigma = 1.2$ 表示生产过程处于控制状态，那么 $\sigma = 1.8$ 的生产状态说明该质量特性值的分散性比较大。既然质量数据的分散性大，说明有的数据明显偏大，有的数据明显偏小，相对于产品质量规范而言，一定会出现超出上下质量规范的不合格品，这也是一个失控状态，是不允许的。这一点，从正态分布曲线的形状（见图2-7）也可以明显看出。因为分布曲线的空间积分即包围的总面积为1不变，由于 σ 偏大，导致分布曲线变得"矮胖"，偏大、偏小的质量数据或超出质量规范的数据变多，出现不合格品的概率增大。而标准差 $\sigma = 0.6$ 的情况说明产品质量特性值分布更集中了，出现不合格品的概率减少了，也就是加工的精度提高了。因此，与均值 μ 一样，标准差 σ 的变化也反映了生产过程的控制或失控状态。

因此，在实际中，如果质量特性值是服从或近似服从正态分布规律，那么可以通过 μ 和 σ 的变化控制生产过程状态，这也是工序质量控制的基本原理（见第4章）。

3. 正态分布的累积概率分布函数

正态分布概率密度函数 $f(x)$ 代表所有数据中取值为 x 的数据所占的比例或概率，取值小于等于 x 的比例或概率称为累积分布函数，记为 $F(x)$，其表达式如式（2-24）。显然，

$f(x)$ 在整个空间的积分 $\int_{-\infty}^{+\infty} f(x)\,dx = 1$，$F(x)$ 的取值一般在 $0\sim 1$。

$$F(x) = \frac{1}{\sigma\sqrt{2\pi}} \int_{-\infty}^{x} e^{-(x-\mu)^2/(2\sigma^2)}\,dx \tag{2-24}$$

式中 μ——总体平均值；
σ——总体标准差。

用标准正态分布研究实际问题是十分方便的，可以借助标准正态分布表查表计算。标准正态分布的概率计算公式为

$$\Phi(x) = \int_{-\infty}^{x} \frac{1}{\sqrt{2\pi}} e^{-\frac{x^2}{2}}\,dx \tag{2-25}$$

对于标准正态分布有

$$\Phi(-x) = 1 - \Phi(x) \tag{2-26}$$

4. 累积概率计算

在质量控制中，对工序能力分析、不合格品率的计算经常要用到质量数据在某个取值范围的概率。若质量特性值服从正态分布，其取值在 (a, b) 范围的概率记为 $P\{a<x<b\}$，则

$$P\{a<x<b\} = \frac{1}{\sigma\sqrt{2\pi}} \int_{a}^{b} e^{-(x-\mu)^2/(2\sigma^2)}\,dx = F(b) - F(a) \tag{2-27}$$

在概率计算时，根据定积分性质，计算连续型变量落在一个区间内的概率可不必区别该区间端点的开闭性即

$$\begin{aligned} P\{a<x<b\} &= P\{a\leq x<b\} = P\{a\leq x\leq b\} \\ &= P\{a<x\leq b\} = \int_{a}^{b} f(x)\,dx \end{aligned} \tag{2-28}$$

由于利用标准正态分布查表计算更为方便，因此可以用标准正态分布 $N(0, 1)$ 代替一般正态分布 $N(\mu, \sigma^2)$ 计算。$N(\mu, \sigma^2)$ 与 $N(0, 1)$ 的转换关系如下：

设 $x \sim N(\mu, \sigma^2)$，任意取 a, b，则有

$$P\{x<b\} = \Phi\left(\frac{b-\mu}{\sigma}\right) = F(b) \tag{2-29}$$

$$P\{x>a\} = 1 - \Phi\left(\frac{a-\mu}{\sigma}\right) = 1 - F(a) \tag{2-30}$$

$$P\{a<x<b\} = \Phi\left(\frac{b-\mu}{\sigma}\right) - \Phi\left(\frac{a-\mu}{\sigma}\right) = F(b) - F(a) \tag{2-31}$$

根据上面公式，设 $k>0$，计算 $P(|x-\mu|<k\sigma)$ 的概率：

$$P\{\mu-k\sigma<x<\mu+k\sigma\} = F(\mu+k\sigma) - F(\mu-k\sigma) = \Phi(k) - \Phi(-k) = 2\Phi(k) - 1$$

结果与 μ、σ 无关。若 $k=1$，$\mu-\sigma \to \mu+\sigma$，则

$$P\{\mu-\sigma<x<\mu+\sigma\} = \Phi(1) - \Phi(-1) = 2\Phi(1) - 1$$

查附录 A 得

$$\Phi(1) = 0.8413$$

则

$$P\{\mu-\sigma<\mu+\sigma\} = 2\times 0.8413 - 1 = 0.6826 = 68.26\%$$

同样可得

$$k=2, \mu-2\sigma \to \mu+2\sigma, 95.45\%$$
$$k=3, \mu-3\sigma \to \mu+3\sigma, 99.73\%$$
$$k=4, \mu-4\sigma \to \mu+4\sigma, 99.9937\%$$
$$k=5, \mu-5\sigma \to \mu+5\sigma, 99.999943\%$$
$$k=6, \mu-6\sigma \to \mu+6\sigma, 99.99999982\%$$

因此得到了连续型变量 x 落在标准差一定倍数范围内的概率，这些结果在第 4 章有关工序能力的讨论时要用到。以上计算结果如图 2-8 所示。

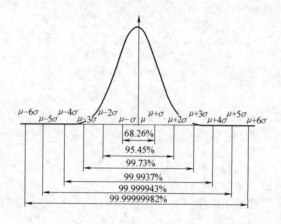

图 2-8　正态分布在不同范围内的累积概率示意图

5. 3σ 原则

由上面计算可知，对于正态分布，68.26% 的质量特性值落在 $\mu\pm\sigma$ 界限之内（见图 2-9），95.45% 的质量特性值落在 $\mu\pm2\sigma$ 界限之内，99.73% 的质量特性值落在 $\mu\pm3\sigma$ 界限之内（见图 2-10），而且计算结果与 σ 无关。尤其是在 $\mu\pm3\sigma$ 范围内包括了绝大多数质量特性值。也就是说，若质量特性值服从正态分布，那么，在 $\mu\pm3\sigma$ 范围内包含了 99.73% 的质量特性值，超出此范围的质量特性值只有 0.27%，是非常小的概率。这就是所谓 "3σ" 原则。因此，可以看出，在 $\mu\pm3\sigma$ 范围内几乎 100% 地描述了质量特性值的总体分布规律。所以，在实际问题的研究中，若已知研究的对象其总体服从（或近似服从）正态分布，就不必从 $-\infty$ 到 $+\infty$ 的范围去分析，只着重分析 $\mu\pm3\sigma$ 范围就可以了。

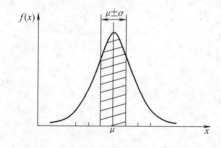

图 2-9　质量特性值落在 $\mu\pm\sigma$ 内的概率

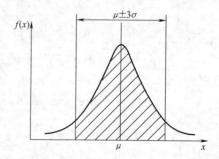

图 2-10　质量特性值落在 $\mu\pm3\sigma$ 内的概率

6. 正态分布特性值的统计分布

在工序能力评价与统计过程控制分析中（见第 4 章）经常会涉及一组数据的多种特性值参数。下面介绍这些特性值参数与母体分布参数之间的关系。

如果母体服从均值为 μ、标准差为 σ 的正态分布 $x \sim N(\mu, \sigma^2)$，若抽取容量为 n 的样本 $x_1, x_2, \cdots, x_n$，可得样本均值 $\bar{x}$、样本中位数 $\tilde{x}$、极差 R 和样本标准差 s。根据数理统计理论，可得这些特性值与母体正态分布参数 μ 和 σ 之间的关系。

（1）样本均值 $\bar{x}$　样本均值服从下述正态分布：

$$\bar{x} \sim N\left(\mu, \frac{\sigma^2}{n}\right) \tag{2-32}$$

则样本均值的期望值就等于母体均值 μ，而样本均值的标准差等于 $\sigma/\sqrt{n}$，其中 n 为样本个数。

（2）样本中位数 $\tilde{x}$　样本中位数的期望值就等于母体均值 μ，样本中位数的标准差 $\sigma_{\tilde{x}}$ 与母体标准差二者的关系为

$$\sigma_{\tilde{x}} = m_3 \sigma/\sqrt{n} \tag{2-33}$$

其中 n 为样本中的子样个数，m_3 是与子样个数 n 有关系的常数（见表 2-5）。则样本中位数 $\tilde{x}$ 服从下述正态分布：

$$\tilde{x} \sim N\left(\mu, \frac{m_3^2 \sigma^2}{n}\right) \tag{2-34}$$

（3）极差 R

样本极差的期望　　　　　　　$\bar{R} = d_2 \sigma$ （2-35）

样本极差的标准差　　　　　　$\sigma_R = d_3 \sigma$ （2-36）

其中，d_2 和 d_3 是与子样个数 n 有关的常数（见表 2-5），则极差 R 服从下述正态分布：

$$R \sim N(d_2 \sigma, d_3^2 \sigma^2) \tag{2-37}$$

（4）样本标准差 s

样本标准差 s 的期望　　　　　$\bar{s} = C_2 \sigma$ （2-38）

s 的标准差　　　　　　　　　$\sigma_s = C_3 \sigma$ （2-39）

其中，C_2 和 C_3 是与子样个数 n 有关的常数（见表 2-5）。则样本标准差 s 服从下述正态分布：

$$s \sim N(C_2 \sigma, C_3^2 \sigma^2) \tag{2-40}$$

表 2-5　系数 C_2、C_3、d_2、d_3、m_3 与样本子样数的关系

样本子样数 n	C_2	C_3	d_2	d_3	m_3
2	0.7979	0.6028	1.128	0.853	1.000
3	0.8862	0.4632	1.693	0.888	1.060
4	0.9213	0.3888	2.059	0.880	1.092
5	0.9400	0.3412	2.326	0.864	1.198
6	0.9515	0.3076	2.534	0.848	1.135
7	0.9554	0.2822	2.704	0.833	1.214
8	0.9650	0.2621	2.847	0.820	1.160

(续)

样本子样数 n	C_2	C_3	d_2	d_3	m_3
9	0.9693	0.2458	2.970	0.808	1.223
10	0.9727	0.2322	3.078	0.797	1.176
11	0.9754	0.2207	3.173	0.787	
12	0.9776	0.2107	3.258	0.778	
13	0.9794	0.2107	3.258	0.778	
14	0.9810	0.1942	3.407	0.763	
15	0.9832	0.1872	3.472	0.756	
16	0.9835	0.1810	0.532	0.750	
17	0.9845	0.1754	3.588	0.744	
18	0.9854	0.1702	3.640	0.739	
19	0.9862	0.1655	3.698	0.734	
20	0.9869	0.1611	3.755	0.729	
>20	$\approx 1-\dfrac{1}{4n}$	$\approx \dfrac{1}{\sqrt{2n}}$			

根据上述结论，只要知道样本的某个特性值，就可以得到母体分布的母体标准差 σ 值。如果有多组样本数据，则可采用这几组数据的特性值的平均值作为样本数据特性值。在进行工序能力指数评价时计算标准差，以及统计过程控制分析中确定不同控制图的控制限的计算公式时将要用到这些结论。

7. 计算举例

例 2-10 设某产品质量特性值服从标准正态分布，求小于等于 1.85 时的合格率。

解：查附表 A 得 $\Phi(1.85) = 0.9678 = 96.78\%$

例 2-11 求例 2-10 中的不合格率。

解：$p = 1 - \Phi(1.85) = 1 - 0.9678 = 0.0322 = 3.22\%$

例 2-12 例 2-10 中求界限值在 ±1.85 时的合格率。

解：$q = \Phi(1.85) - \Phi(-1.85) = \Phi(1.85) - [1 - \Phi(1.85)] = 2\Phi(1.85) - 1$

查附表 A 得 $\Phi(1.85) = 0.9678$，$q = 2 \times 0.9678 - 1 = 0.9356 = 93.56\%$

例 2-13 设某产品的质量特性值 x 服从正态分布 $N(1.406, 0.048^2)$，求 x 落在 (1.33, 1.44) 之间的合格率。

解：$q = \Phi[(1.44-1.406)/0.048] - \Phi[(1.33-1.406)/0.048] = \Phi(0.71) - \Phi(-0.96)$
$= \Phi(0.71) - [1 - \Phi(0.96)]$

查附表 A 得 $q = 0.7611 - (1 - 0.8315) = 0.7611 - 0.1685 = 0.5926 = 59.26\%$

习 题

2-1 质量数据如何分类？

2-2 什么是系统误差和随机误差？产生这两种误差的主要原因是什么？

2-3 简述数据修约的基本规则。

2-4 采集质量数据的方法有哪些？

2-5 质量数据的特性值有哪些？分别写出它们的表达式。

2-6 简述计数值的超几何分布、二项分布和泊松分布的适用条件，以及三种分布近似转换的条件。

2-7 写出正态分布特性值的期望值和标准差的表达式。

2-8 二项分布、泊松分布近似为正态分布的条件是什么？

2-9 某产品包装的质量平均值为 296g，标准差为 25g，假设该产品的质量服从正态分布，已知质量规格下限为 273g。

（1）求低于规格下限的不合格品率；

（2）若产品不合格率规定不超过 0.01，求生产过程中包装质量的平均值。

2-10 某产品的清洁度 X（单位：mg）服从正态分布 $N(48, 122)$。清洁度是望小特性（越小越好的特性），其规定的上规范限 $T_U = 85$mg，求不合格品率。

2-11 电阻器的规范限为 (80 ± 4)kΩ。已知该电阻器的阻值服从正态分布 $N(80.8, 1.3^2)$，求其低于下规范限和超过上规范限的不合格品率。

2-12 某金属材料的抗拉强度（单位：kg/cm²）服从正态分布 $N(38, 1.8^2)$，抗拉强度是望大特性（越大越好的特性），已知 $T_L = 33$kg/cm²，求其合格品率。

第3章 质量数据分析的常用工具

实际生产和工程实践中获得的质量数据大多是杂乱无章的,没有明显的规律性,直接根据这些数据还不能对生产过程、产品质量做出准确的判断。因此,要充分利用这些数据,把隐含在这些数据中的规律揭示出来,就必须采用一些质量控制方法和工具对它们进行整理、分析。常用的分析方法和工具包括调查表、分层法、流程图法、因果图法、对策表法等定性分析方法,以及直方图法、排列图法、散布图法、相关分析、方差分析、回归分析等定量分析方法。本章主要介绍在质量数据分析中用得较广泛的几种方法。

3.1 调查表

调查表是为了调查客观事物、产品和工作质量,或为了分层收集数据而设计的图表。把产品可能出现的情况及其分类预先列成调查表,检查产品时只需在相应分类中进行统计即可。为了能够获得良好的效果、可比性、全面性和准确性,调查表格的设计应简单明了、突出重点、填写方便、符号好记,调查、加工和检查的程序与调查表填写次序应基本一致。填写好的调查表要定时更换并保存,数据要便于加工整理,分析整理后要及时反馈。常用的调查表主要是针对不合格品、缺陷、工序能力、设备运行、质量检查、操作情况等设计的。下面举例简单介绍。

1. 不合格品调查表

质量控制中合格品与不合格品是相对于标准、规格、公差而言的。一个零件或产品不符合标准、规格、公差,则称为不合格品,不符合要求的质量指标或项目称为不合格项目。不合格品调查表示例见表3-1。

表3-1 不合格品调查表示例

产品型号		生产数量		调查周期	年 月— 年 月
不合格品类型	数量	不合格品率	不合格品描述		备注
次品					
返工					
报废					
退货					
小计					

填表人: 日期: 部门:

2. 缺陷位置调查表

缺陷位置调查表能充分反映缺陷发生的位置,便于研究缺陷为什么集中在那里,有助于进一步观察,探讨发生的原因,采取相应的措施。缺陷位置调查表可根据具体情况画出各种不同的缺陷位置调查表,图上可以划区,以便进行分层研究和对比分析。实际上缺陷位置调查表也是一种不合格品调查表。表 3-2 是某铸件零件缺陷位置调查表。

表 3-2 某铸件零件缺陷位置调查表

生产车间		生产班组		生产日期		检验日期	
产品批号		检验数量		零件型号		检验员	
缺陷类别	标记符号	出现部位	缺陷描述			缺陷分布示意图	
气孔	○						
夹砂	◎						
夹杂	★						
裂纹	—						
偏析	#						
冷隔	//						
其他							

3. 频数调查表

绘制直方图需要经过收集数据、分组、统计频数、计算、绘图等步骤。如果运用频数调查表，那就在收集数据的同时，直接进行分解和统计频数。频数调查表的调查对象涉及需要分析的各个方面，表 3-3 给出的是某电子元件不合格品频数调查表，表 3-4 是某设备日常点检表。

表 3-3 某电子元件不合格品频数调查表

产品批号		生产数量			元件型号			生产日期		
检验数量		检验日期			检验员			抽样方案		
不合格项	检查结果					小计	占百分比	备注		
	时间 9 点	11 点	14 点	16 点						
短路										
开路										
焊锡										
引脚										
印字										
倒胶										
其他										
总计										

表 3-4 设备日常点检表

编号	点检内容	点检日期														
		1	2	3	4	5	6	7	8	9	10	11	12	13	14	15
1	各部位油量是否正常															
2	操作按钮功能是否正常															
3	气缸操作手柄是否正常															

编号	点检内容	点检日期														
		1	2	3	4	5	6	7	8	9	10	11	12	13	14	15
4	电动机运转声音是否正常															
5	自动上料系统是否正常															
6	光电感应系统是否正常															
7	自动送料是否到位															
8	手动送料是否到位															
9	放松手柄功能确认															
10	各部位清洗情况															
	设备点检人															

备注:合格"○";不合格"×";未做"/";停机"△"

发现问题整改情况:

点检人: 　　　审核人: 　　　日期:

3.2 分层法

分层法就是把所收集的数据进行合理的分类,把性质相同、在同一生产条件下收集的数据归在一起,把划分的组称为"层",通过数据分层把错综复杂的影响质量因素分析清楚。根据研究的问题不同,分层法可以按照不同的角度分层,例如可按生产原材料、操作者、生产设备、操作工艺、时间和产品批次不同等分层。分层法常与其他质量控制工具如排列图、直方图、散布图等结合使用。

当分层法不合理时,将无法反映质量数据的规律性,甚至会造成假象。例如,作直方图分层不当时,就会出现双峰型和平顶型;排列图分层不当时,无法区分主要因素和次要因素,也无法对主要因素做进一步分析;散布图分层不当时,会出现几簇互不关联的散点群;控制图分层不当时,无法反映工序的真实变化,不能找出数据异常的原因,不能做出正确的判断;因果图分层不当时,不能搞清大原因、中原因、小原因之间的真实传递途径。

例 3-1 某飞机制造公司在进行飞机装配时发现一配气阀部件漏油,经现场分析得知①密封圈供应商不同,②涂胶粘剂时,工人操作方法不同。起初按表3-5进行分层分析。

表3-5 漏油调查表(按操作者与密封圈供应商分层)

操作者与供应商		漏油	不漏油	发生率
操作者	工人A	8	7	53%
	工人B	3	9	25%
	工人C	4	16	20%
	共计	15	32	32%

(续)

操作者与供应商		漏油	不漏油	发生率
供应商	甲厂	5	15	25%
	乙厂	10	17	37%
	共计	15	32	32%

可以看出工人 C 操作的漏油率较低（20%），甲厂生产的密封圈漏油发生率较低。因此决定采用 C 工人的操作方法，选用甲厂的密封圈。但采用此法后漏油率反而增加。原因是这种分层方法未考虑不同生产厂家的密封圈与操作方法之间的关系。现考虑了这种关系的分层方法，得到新的分层表，见表 3-6。若采用前述方法，由工人 C 操作，选用甲厂生产的密封圈，漏油 4 台，漏油发生率 4/11 = 36%，比调查时的 32% 还高，不可取。正确的做法应是用甲厂的材料时用工人 B 的方法；用乙厂材料时，用工人 C 的方法，漏油率最低（为零）。

表 3-6 新的分层表

操作者	密封圈		共计
	甲厂（漏油/不漏）	乙厂（漏油/不漏）	
工人 A	6/2	2/5	8/7
工人 B	0/5	3/4	3/9
工人 C	4/7	0/9	4/16
共计	10/14	5/18	15/32

3.3 直方图

直方图法适用于对大量计量值数据进行整理加工，找出其统计规律，分析数据分布的形态，以便对其总体的分布特征进行推断，对工序或批量产品的质量水平及其均匀程度进行分析。

为研究一批产品的质量情况，需要研究它的某个质量特性 x 的变化规律。为此，从这批产品中抽取一个样本，对每个样本产品进行该特性的测量后得到一组样本观测值，记为 x_1，x_2，$\cdots$，x_n。为了研究这些数据的变化规律，需要对这些数据进行一定的加工整理。直方图是为研究数据变化规律而对数据加工整理的一种最基本的方法。它是对定量数据分布情况的一种图形表示，由一系列矩形（直方柱）组成。将一批数据按取值大小分成若干组，以数据值作为横坐标，以横坐标的每一数据与相邻数据的间隔或每一区间为底边，以在该组范围内的数据的频数或频率为高，各自绘制直方柱，便得到直方图，如图 3-1 所示。

1. 作直方图的步骤

（1）收集数据 一般收集数据都要随机抽取 50 个以上质量特性数据，最好是 100 个以上的数据，并按先后顺序排列。以表 3-7 所示某零件的净重数据为例，共测量了 100 个零件的质量，$n = 100$。

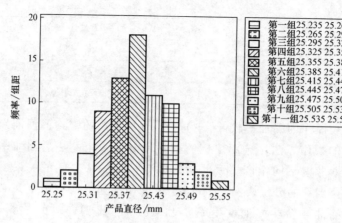

图 3-1 直方图

表 3-7 某零件净重数据

样品号	测量数据/g									
1~10	342	352	346	344	343	339	336	342	347	340
11~20	340	350	347	336	341	349	346	348	342	346
21~30	347	346	346	345	344	350	348	352	340	356
31~40	339	348	338	342	347	347	344	343	349	341
41~50	348	341	340	347	342	337	344	340	344	346
51~60	342	344	345	338	351	348	345	339	343	345
61~70	346	344	344	344	343	345	345	350	353	345
71~80	352	350	345	343	347	354	350	343	350	344
81~90	351	348	352	344	345	349	332	343	340	346
91~100	342	335	349	348	344	347	341	346	341	342

(2) 找出数据中的最大值、最小值和极差 数据中的最大值用 x_{max} 表示,最小值用 x_{min} 表示,极差用 R 表示。在本例中的统计数据为 $x_{max} = 356$, $x_{min} = 332$, 极差 $R = x_{max} - x_{min} = 356 - 332 = 24$, 区间 $[x_{max}, x_{min}]$ 称为数据的散布范围。

(3) 确定组数 将获得的数据分为多少组是制作直方图的关键。组数常用符号 k 表示。k 与数据数多少有关。数据多,多分组;数据少,少分组。可用下列经验公式计算组数:

$$k = 1 + 3.31(\log n) \tag{3-1}$$

本例中 $n = 100$, 故 $k = 1 + 3.31(\log 100) = 7.62 \approx 8$

一般由于正态分布具有对称性,故常取 k 为奇数,所以本例中取 $k = 9$, 也可参考表 3-8 获得分组数。

表 3-8 直方图分组数

样本量 n	推荐组数 k	样本量 n	推荐组数 k
50~100	7~9	201~500	9~11
101~200	8~10	501~1000	10~15

第3章 质量数据分析的常用工具   37

(4) 求出组距 (h) 组距即组与组之间的间隔，等于极差除以组数。组距可以相等，也可以不相等。组距相等的情况用得比较多，不过也有不少情形在对应于数据最大及最小的一个或两个组，使用与其他组不相等的组距。对于完全相等的组距，通常取组距 h 为接近 R/k 的某个整数值。在本例中，取 $R/k = 24/9 = 2.7$，故 $h=3$。

(5) 确定组界 即每个区间的端点数据及组中值。为了避免一个数据同时处于两个组，通常将各组的区间确定为左开右闭：$(a_0, a_1]$，$(a_1, a_2]$，…，$(a_{k-1}, a_k]$。通常要求 $a_0 < x_{\min}$，$a_k > x_{\max}$。在等距分组时，$a_1 = a_0 + h$，$a_2 = a_1 + h$，…，$a_k = a_{k-1} + h$，每一组的组中值 $w_i = 1/2 \times (a_{i-1} + a_i)$。为了确定组界，通常从最小值开始。先把最小值放在第一组的中间位置上，从而确定第一组的边界：

$$\left(x_{\min} - \frac{h}{2}\right) \sim \left(x_{\min} + \frac{h}{2}\right) \tag{3-2}$$

或

$$(x_{\min} - 最小测量单位/2) \sim (x_{\min} - 最小测量单位/2 + h) \tag{3-3}$$

最小测量单位的确定：如数据为整数取1，如数据为小数，取小数精确到的最后一位 (0.1, 0.01, 0.001, …)。

本例中数据最小值 $x_{\min} = 332$，组距 (h) = 3，最小测量单位为1，故第一组的组界为 (331.5, 334.5]，其余各组的组界依次类推，每一组的组界见表3-9。

(6) 计算各组的组中值 (w_i) 所谓组中值，就是处于各组中心位置的数值，又称为中心值。

某组的中心值 (w_i) = (某组的上限+某组的下限)/2

第一组的中心值 (w_1) = (331.5+334.5)/2 = 333

第二组的中心值 (w_2) = (334.5+337.5)/2 = 336

其他各组类推，组中值见表3-9。

表3-9 组界、频数、组中值列表

组号 i	$(a_{i-1}, a_i]$	w_i	f_i
1	(331.5, 334.5]	333	1
2	(334.5, 337.5]	336	4
3	(337.5, 340.5]	339	11
4	(340.5, 343.5]	342	20
5	(343.5, 346.5]	345	30
6	(346.5, 349.5]	348	19
7	(349.5, 352.5]	351	12
8	(352.5, 355.5]	354	2
9	(355.5, 358.5]	357	1
合计	—	—	100

(7) 统计各组频数 统计每组的频数即每组的数据个数 f_i，见表3-9。

(8) 画直方图 在横轴上标上每个组的组界值，以每一组的区间为底，以频数为高画一个矩形，所得的图形就是直方图，如图3-2所示。可以从直方图获得数据的分布规律，其中包含数据取值的范围，以及它们的集中位置和分散程度。

例 3-2 某电缆厂有两台生产设备，最近，经常有不符合规范值（135～210g）的异常产品出现，今就 A、B 两台设备分别检测 50 批产品（见表 3-10），请分析并回答下列问题：

1) 作全体数据的直方图；
2) 分别作 A、B 两台设备的直方图；
3) 分析由直方图所得的信息。

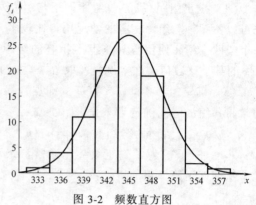

图 3-2　频数直方图

表 3-10　两台设备测得的产品数据

A 设备					B 设备				
160	179	168	165	183	156	148	165	152	161
168	188	184	170	172	167	150	150	136	123
169	182	177	186	150	161	162	170	139	162
179	160	185	180	163	132	119	157	157	163
187	169	194	178	176	157	158	165	164	173
173	177	167	166	179	150	166	144	157	167
176	183	163	175	161	172	170	137	169	153
167	174	172	184	188	177	155	160	152	156
154	173	171	162	167	160	151	163	158	146
165	169	176	155	170	153	142	169	148	155

解：全体数据最大值为 194，最小值为 119。

根据经验值取组数为 10，组距 = (194−119)/10 = 7.5，取 8。

最小一组的下组界 = 最小值−测定值的最小位数/2 = $119 - \frac{1}{2} = 118.5$。

最小一组的上组界 = 下组界+组距 = 118.5+8 = 126.5。

其余组类推，分组情况及每组的组中值、频数见表 3-11。整体直方图、各设备直方图按以上步骤制作如图 3-3～图 3-5 所示。

表 3-11　数据的分组

序号	组界(上，下)	组中值	全体 频数	A 设备 频数	B 设备 频数
1	118.5～126.5	122.5	2		2
2	126.5～134.5	130.5	1		1
3	134.5～142.5	138.5	4		4
4	142.5～150.5	146.5	8	1	7
5	150.5～158.5	154.5	17	2	15
6	158.5～166.5	162.5	21	8	13
7	166.5～174.5	170.5	23	16	7
8	174.5～182.5	178.5	14	13	1
9	182.5～190.5	186.5	9	9	
10	190.5～198.5	194.5	1	1	
合计			100	50	50

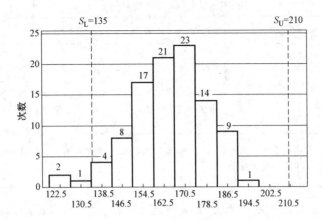

图 3-3 所有数据的整体直方图

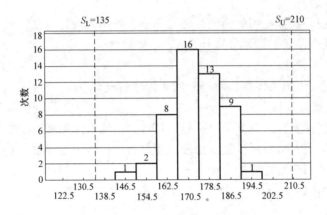

图 3-4 A 设备的直方图

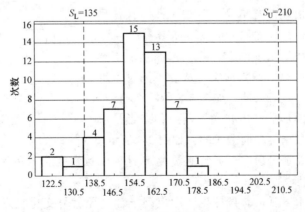

图 3-5 B 设备的直方图

根据所作图并比较可以发现三张直方图的区别,见表 3-12。

表 3-12　直方图的分析

设备	A+B 设备	A 设备	B 设备
形状	稍偏左	正常	稍偏左
分布	分布中心与规范中心值相比较，稍微偏左。若变动大，则超出规范下限	全部在规范界限内。没有不合格品出现	分布中心与规范中心值相比较，稍微偏左，有产品超出规范下限
结论	B 设备发生超出规范下限的情况。因此，有必要加以改善，使数据平均值右移到或接近规范中心。A 设备若能使 C_p 值增大，则将更好		

尽管直方图能够很好地反映出产品质量的分布特征，但由于统计数据是样本的频数分布，它不能反映产品特性随时间的动态变化，有时生产过程已有趋向性变化，而直方图却属正常型，这也是直方图的局限性。

2. 直方图的用途

直方图在生产中是经常使用的简便且能发挥很大作用的统计方法。其主要作用是：
1) 观察与判断产品质量特性分布状态。
2) 判断工序是否稳定。
3) 计算、估算并了解工序能力对产品质量保证情况。

3. 直方图的观察与分析

对直方图的观察主要有两个方面：一是分析直方图的全图形状，能够发现生产过程的一些质量问题；二是把直方图和质量规范比较，观察质量是否满足要求。直方图可分为正常型和非正常型，下面分别列出它们的形状。

（1）正常型　如图 3-6 所示，图形中央有一顶峰，左右大致对称，这时工序处于稳定状态，其他都属于非正常型。

（2）偏向型　图形有偏左、偏右两种情形，产生的原因例如：①一些几何公差要求的特性值是偏向分布。②加工者担心出现不合格品，在加工孔时往往尺寸偏小，加工轴时往往尺寸偏大造成，如图 3-7 所示。

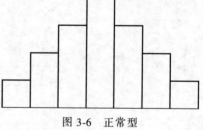

图 3-6　正常型

（3）双峰型　图形出现两个顶峰极可能是由于把不同加工者或不同材料、不同加工方法、不同设备生产的两批产品混在一起形成的，如图 3-8 所示。

（4）锯齿型　图形呈锯齿状参差不齐，多半是由于分组不当或检测数据不准而造成的，如图 3-9 所示。

（5）平顶型　无突出顶峰，通常是受生产过程中缓慢变化的因素影响（如刀具磨损）而形成，如图 3-10 所示。

（6）孤岛型　由于测量有误或生产中出现异常（原材料变化、刀具严重磨损等）而形成，如图 3-11 所示。

（7）绝壁型　当工序精度不足，为保证产品质量，通过全数检验，根据剔除不合格品后所剩余产品的质量特性所作的直方图，易呈此种形式，如图 3-12 所示。

第3章 质量数据分析的常用工具

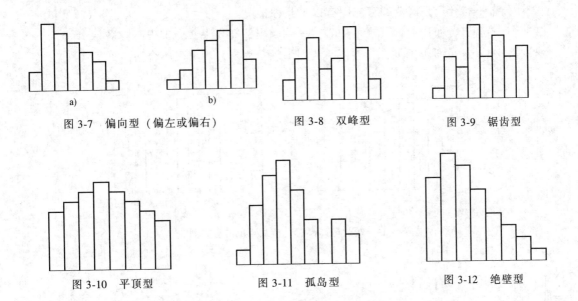

图 3-7 偏向型（偏左或偏右）　　图 3-8 双峰型　　图 3-9 锯齿型

图 3-10 平顶型　　图 3-11 孤岛型　　图 3-12 绝壁型

4. 直方图与规范界限比较

将直方图与产品规范界限比较，可以较直观地判断工序能力满足质量要求的情况。统计分布符合产品规范的直方图有以下几种情况，如图 3-13 所示。

1）图 3-13a：理想直方图，散布范围 B 在规范界限 $T=[T_L, T_U]$ 内，两边有余量。

2）图 3-13b、c：B 位于 T 内，一边有余量，一边重合，分布中心偏移规范中心，应采取措施使分布中心与规范中心接近或重合，否则一侧无余量，易出现不合格品。

3）图 3-13d：B 与 T 完全一致，两边无余量，易出现不合格品。

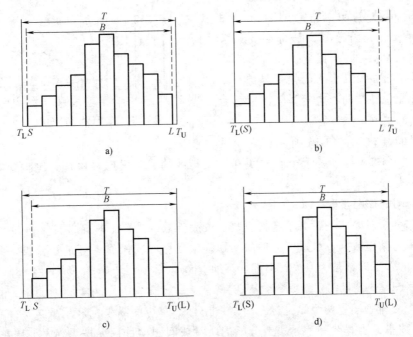

图 3-13 直方图与规范界限比较

统计分布不符合产品规范的直方图有以下几种情况:
1) 图 3-14a:分布中心偏移规范中心,一侧超出标准界限,会出现不合格品。
2) 图 3-14b:散布范围 B 大于 T,两侧超出规范界限,均出现不合格品。

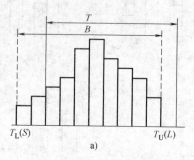 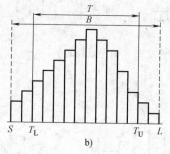

图 3-14 统计分布不符合产品规范的直方图

3.4 排列图(柏拉图)

排列图是通过图表的形式找出影响产品质量的主要问题,以便改进产品质量。排列图最早由意大利经济学家帕累托(VPareto)用于统计社会财富分布状况。他发现少数人占有大部分财富,而大多数人却只有少量财富,即所谓"关键的少数与次要的多数"这一相当普遍的社会现象。1907 年,美国经济学家洛伦兹(Lorenz)用图表的形式提出了类似的理论。后来,在质量管理领域,美国的质量管理专家朱兰(Juran)博士运用洛伦兹的图表法将质量问题分为"关键的少数"和"次要的多数",并将这种方法命名为"帕累托分析法"。朱兰博士提出,在许多情况下,大多数不合格及其引起的损失是由相对少数的关键原因导致的。应用排列图就是找出影响质量的关键少数原因。

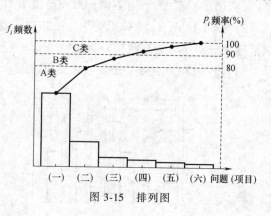

图 3-15 排列图

排列图的结构如图 3-15 所示,它由两个纵坐标、一个横坐标、若干个直方块和一条折线构成。根据累积百分比将影响因素分成 A、B、C 三类。

1. 排列图的作图步骤

1) 确定分析对象。一般指不合格项目、废品件数、消耗工时等。
2) 收集与整理数据。可按废品项目、缺陷项目、不同操作者等进行分类。列表汇总每个项目发生的数量即频数 f_i,按大小进行排列。
3) 计算频数 f_i、频率 p_i、累积频率 F_i 等。
4) 画图。排列图有两个纵坐标,一个横坐标。左边的纵坐标表示频数 f_i,右边的纵坐标表示累积频率 F_i;横坐标表示需要分析的质量或问题项目,按其频数大小从左向右排列;各矩形的底边相等,其高度表示对应项目的频数。

5) 根据排列图，确定主要因素、有影响因素、次要因素。

主要因素——累积频率 F_i 在 0%～80%的若干因素。它们是影响产品质量的关键原因，又称为 A 类因素。其个数为 1～3 个。

有影响因素——累积频率 F_i 在 80%～90%的若干因素。它们对产品质量有一定的影响，又称为 B 类因素。

次要因素——累积频率 F_i 在 90%～100%的若干因素。它们对产品质量仅有轻微影响，又称为 C 类因素。

例 3-3 某化工机械厂为从事尿素合成的公司生产尿素合成塔，尿素合成塔在生产过程中需要承受一定的压力，上面有上万个焊缝和焊点。由于该厂所生产的 15 台尿素合成塔均不同程度地出现了焊缝缺陷，由此对返修所需工时的数据统计见表 3-13。试用排列图分析焊缝的主要缺陷。

表 3-13 焊缝缺陷数据

序号	项目	返修工时 f_i/h	频率 p_i(%)	累积频率 F_i(%)	类别
1	气孔	148	60.4	60.4	A
2	夹渣	51	20.8	81.2	A
3	焊缝成形差	20	8.2	89.4	B
4	焊道凹陷	15	6.1	95.5	C
5	其他	11	4.5	100	C
6	合计	245	100		

解：按作图步骤制作排列图，如图 3-16 所示。确定焊缝气孔和夹渣为主要因素（累积频率 80%左右）；焊缝成形差为有影响因素（累积频率 90%左右），焊道凹陷和其他缺陷为次要因素。

例 3-4 某卷烟厂对检出的不合格品进行分析，收集 2012 年 12 月份的 8724 个不合格数据的项目和缺陷数见表 3-14，试用排列图分析主要影响因素。

解：作统计分析表，计算累积频数、累积频率，绘制排列图（图 3-17）。主要因素（A 类）是空松和贴口：累积频率 0%～80%；有影响因素（B 类）是切口：累积频率 80%～90%；其他为次要因素（C 类）。

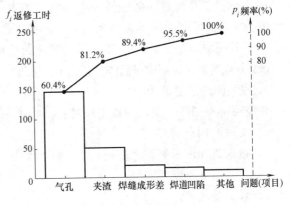

图 3-16 焊缝缺陷排列图

表 3-14 香烟缺陷数据

序号	项目	频数	累积频数	累积频率(%)
1	空松	4030	4030	46.2
2	贴口	2975	7005	80.3
3	切口	881	7886	90.4

(续)

序号	项目	频数	累积频数	累积频率(%)
4	短烟	419	8305	95.2
5	软腰	183	8488	97.3
6	表面	96	8584	98.3
7	其他	140	8724	100
合计		8724		

2. 排列图的用途

(1) 找出影响质量的主要因素 排列图把影响产品质量的"关键的少数与次要的多数"直观地表现出来，使我们明确应该从哪里着手来提高产品质量。实践证明，集中精力将主要因素的影响减小比消灭次要因素收效显著，而且容易得多。所以应当选取排列图前1、2项主要因素作为质量改进的目标。如果前1、2项难度较大，而第3项简易可行，马上可见效果，也可先对第3项进行改进。

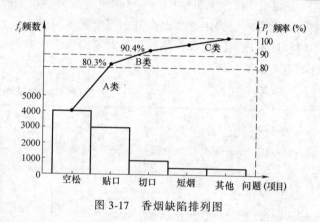

图 3-17 香烟缺陷排列图

(2) 解决工作质量问题也可用排列图 不仅产品质量，其他工作如节约能源、减少消耗、安全生产、市场分析等都可用排列图改进工作，提高工作质量。

(3) 检查质量改进措施的效果 采取质量改进措施后，为了检验其效果，可再用排列图来核查。如果确有效果，则改进后的排列图中，横坐标上因素排列顺序或频数矩形高度应有变化。

3. 排列图法注意事项

在应用排列图时，应注意以下问题：

1) 要做好因素的分类。
2) 数据表和图的制作要规范。
3) 主要因素不能过多。
4) 数据要充足。
5) 适当合并一般因素。
6) 重画排列图以做比较或验证。
7) 与因果图、对策表等共同使用，以采取措施解决问题。

4. 排列图法的适用范围

改进任何问题都可以使用排列图法，它可适用于各行各业以及各个方面的工作改进活动。

3.5 因果图

因果图也称为特性因素图、鱼刺图或石川图，是整理和分析影响质量（结果）的各因素的一种工具。1953 年，日本东京大学教授石川馨第一次提出了因果图。石川教授和他的助手在研究活动中用这种方法分析影响质量的因素，由于因果图实用有效，在日本的企业界得到了广泛的应用，很快又被世界上许多其他国家采用。因果图不仅用在解决产品质量问题方面，在其他领域也得到了广泛应用。因果图形象地展示了探讨问题的思维过程，通过有条理地逐层分析，可以清楚地看出"原因-结果""手段-目标"的关系，使问题的脉络完全显示出来。

因果图的基本格式由质量问题、原因、枝干三部分构成，如图 3-18 所示。首先找出影响质量问题的大原因，然后寻找到大原因背后的中原因，再从中原因找到小原因和更小的原因，最终查明主要的直接原因。图中，主干箭头所指的为质量问题，主干上的大枝表示大原因，中枝、小枝表示原因的依此展开。

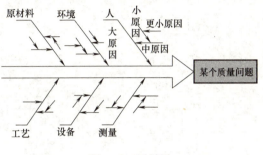

图 3-18　因果图

1. 因果图作图步骤

1) 首先确定要研究分析的质量问题和对象，即确定要解决的质量特性是什么。将分析对象写在图的右边，从左至右画一箭头作为主干指向分析对象。

2) 确定造成这个结果和质量问题的主要因素分类项目，即第一层次原因。可从影响质量的 5M1E（或 6M）因素进行分类，即操作人员、生产设备、材料、工艺方法、环境、测量。

3) 画大枝，箭头指向主干，箭尾端标记上主要因素分类项目，并用方框框上。

4) 画中枝，平行于主干，箭头指向大枝。中枝表示影响大枝的原因，即第二层次原因。在中枝的上面或下面标记上影响大枝的原因。若有多个第二层次原因就画多个中枝。

5) 画小枝，小枝箭头指向中枝。小枝是造成中枝的原因，即第三层次原因。把原因标记在小枝上。如此展开下去，越具体越细致，就越好。

6) 确定因果图中的主要、关键原因，并用符号明显的标出，以此制定质量改进措施。一般情况下，主要、关键原因不应超过所提出的原因总数的三分之一。

7) 注明因果图的名称、日期、参加分析的人员、绘制人等。

作因果图的一个重要内容就是通过集思广益、头脑风暴等方法收集大量的信息，以寻找原因。应该把找到的各原因分类归纳，按层次，由大到小，从粗到细，逐步深入，直到能够解决问题为止。

2. 作因果图的注意事项

1) 要充分发扬民主，把各种意见都记录、整理入图。

2) 主要、关键原因越具体，改进措施的针对性就越强。主要、关键原因初步确定后，应到现场去落实、验证。

3) 实事求是地提供质量数据和信息，不互相推脱责任。

4) 尽可能用数据反映、说明问题。

5) 作完因果图后，应检查下列几项：图名、是否标明主要原因、文字是否简便通俗、定性是否准确、是否定量化。

6) 有必要时，可再画出措施表。以某焊缝质量分析为例，对材料、人员、工艺方法和设备这四个方面进行认真分析。例如，在工艺方法方面，导致焊缝质量的因素可能有图样管理混乱、工序颠倒等；在设备方面，可能原因有电流不稳定、仪表不准等。将各个方面可能造成焊缝质量缺陷的所有原因都列举出来后，就可以用因果图清楚地表达出来，然后再逐一进行论证。焊缝质量因果分析图如图3-19所示。针对确定的影响原因制定相应的措施，见表3-15。

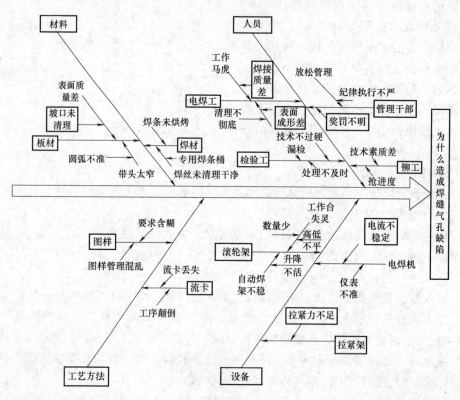

图 3-19 焊缝质量因果分析图

表 3-15 焊缝问题的对策表（示例）

零件名称			零件编号		质量问题		焊缝气孔
质量要求			使用设备		填表日期		完成日期
序号	影响因素	改进目标	措施	负责人		进度	效果
1	焊接质量差		组织定期培训 开展"无差错"竞赛			月 日	
2	奖罚不明		制定奖惩制度			月 日	
3	坡口未清理		进行试验，选择合理焊接坡口			月 日	
4	电流不稳定		更换电焊机、保证电流稳定			月 日	
5	拉紧力不足		改进包扎拉紧架			月 日	
6	表面成形差		在施工现场铺橡皮软垫 定专人施焊每道缝外层			月 日	

例 3-5 对例 3-4，应用因果图分析烟支空松的原因。

解： 分析结果如图 3-20 所示。

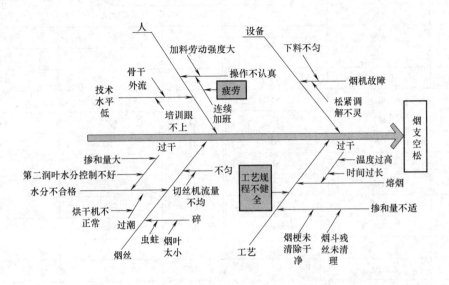

图 3-20 烟支空松因果图

3.6 散布图

在质量控制活动中，经常要分析两个变量之间的关系，确定两个变量之间是否存在一定的相关性以及相关性的强弱，从而通过调整其中一个变量来改变另一个变量，以控制产品的质量。散布图就是通过分析研究两种变量的数据之间的关系，来控制影响产品质量的相关因素的一种直观的、有效的图示方法。有些变量之间有关系，但又不能通过数学公式或函数式由一个变量的数值精确地求出另一个变量的数值。我们可以通过试验或测量获得这两种变量对应的数据组，并通过列表列出，将它们分别作为直角坐标系中点的横坐标和纵坐标，并把这些用点描绘在坐标图上，然后观察这两种因素之间的关系，这种反映两个变量之间关系的图就称为散布图或散点图。通过观察散布图的趋势就可以判断这两种变量之间的相关性。例如：棉纱的水分含量与伸长度之间的关系；喷漆时的室温与漆料黏度的关系；零件加工时切削用量与加工质量的关系；热处理时钢的淬火温度与硬度的关系（见图 3-21）等。

例 3-6 钢的淬火温度与硬度的相关关系判断，具体数据见表 3-16。

利用表 3-16 中的数据，可作出钢的淬火温度与硬度的散布图，如图 3-21 所示。从图 3-21可见，数据的点子近似于一条直线，在这种情况下可以说硬度与淬火温度近似为线性关系。

对于散布图，可以应用相关系数、回归分析等进行定量的分析处理，确定各种因素对产品质量影响程度的大小。如果两个数据之间的相关度很大，那么可以通过对一个变量的控制来间接控制另外一个变量。

散布图的分析，可以帮助我们肯定或者否定关于两个变量之间可能关系的假设。

表 3-16 淬火温度与硬度的测量数据

序号	淬火温度 X/℃	硬度 Y HRC	序号	淬火温度 X/℃	硬度 Y HRC
1	810	47	16	820	46
2	890	56	17	860	55
3	850	48	18	870	55
4	840	45	19	830	49
5	850	54	20	820	44
6	890	59	21	810	44
7	870	50	22	850	53
8	860	51	23	880	54
9	810	42	24	880	57
10	820	53	25	840	50
11	840	52	26	880	54
12	870	53	27	830	46
13	830	51	28	860	52
14	830	45	29	860	50
15	820	46	30	840	49

1. 散布图的观察分析

根据测量的两种数据作出散布图后，观察其分布的形状和密疏程度，来判断它们关系的密切程度、相关性。散布图大致可分为下列情形（见图 3-22a~f）：

（1）强正相关 x 增大，y 也随之明显增大。x 与 y 之间可用直线 $y = a + bx$（b 为正数）表示时，称为完全正相关，如图 3-22a 所示。

（2）弱正相关 x 增大，y 基本上随之增大，但不明显。此时除了因素 x 外，可能还有其他因素影响，如图 3-22b 所示。

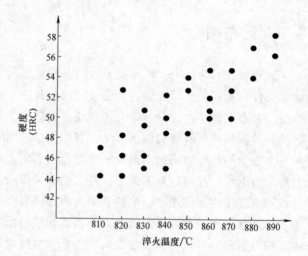

图 3-21 钢的淬火温度与硬度的散布图

（3）弱负相关 x 增大，y 基本上随之减小，但不明显。同样，此时可能还有其他因素影响，如图 3-22c 所示。

（4）强负相关 x 增大，y 随之明显减小。x 与 y 之间可用直线 $y = a + bx$（b 为负数）表示时，称为完全负相关，如图 3-22d 所示。

（5）无关 x 变化不影响 y 的变化，两者之间没有任何明显的相关关系，如图 3-22e 所示。

（6）曲线相关 x 与 y 的变化呈现某种曲线相关，如图 3-22f。

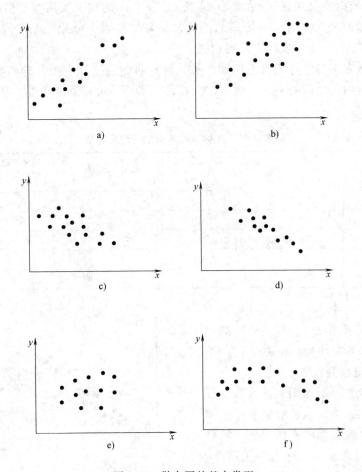

图 3-22 散布图的基本类型

a) 强正相关 b) 弱正相关 c) 弱负相关 d) 强负相关 e) 无关 f) 曲线相关

制作与观察散布图应注意的几种情况：

1) 应观察是否有异常点或离群点出现，即有个别点子脱离总体点子较远。如果有不正常点子应剔除，如果是原因不明的点子，应慎重处理，以防还有其他因素影响。

2) 散布图如果处理不当也会造成假象，如图 3-23 所示。若将 x 的范围只局限在中间的那一段，则在此范围内看，y 与 x 似乎并不相关，但从整体看，x 与 y 关系还比较密切。

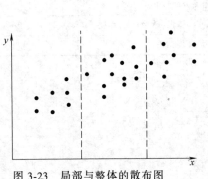

图 3-23 局部与整体的散布图

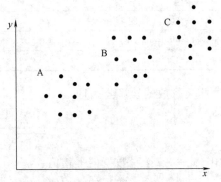

图 3-24 应分层处理的散布图

3）散布图有时要分层处理。如图 3-24 所示，x 与 y 的相关关系似乎很密切，但若仔细分析，这些数据原来是来自三种不同的条件。如果这些点子分成三个不同层次 A、B、C，从每个层次中考虑，x 与 y 实际上并不相关。

可以应用散布图判断相关性。例如，某一种材料的强度和它的拉伸倍数是有一定关系的，为了确定这两者之间的关系，通过改变拉伸倍数 x，然后测定强度，获得了一组数据，见表 3-17。

表 3-17 拉伸倍数与强度的对应数据

编号	拉伸倍数 x	强度 y	编号	拉伸倍数 x	强度 y	编号	拉伸倍数 x	强度 y
1	1.9	14	7	3.0	30	13	5.2	35
2	2.0	13	8	3.5	27	14	6.0	55
3	2.1	18	9	4.0	40	15	6.3	64
4	2.5	25	10	4.5	42	16	6.5	60
5	2.7	28	11	4.6	35	17	7.1	53
6	2.7	25	12	5.0	55	18	8.0	65

应用表 3-17 中数据，在直角坐标系中作出散布图（见图 3-25），对照典型图例判断相关性，显然呈线性正相关。

2. 散布图与相关系数 r

（1）相关系数 散布图只能大致反映变量之间的关系，不能准确描述变量之间的关系。变量之间关系的密切程度，需要用一个数量指标来表示，称为相关系数，通常用 r 表示。不同的散布图有不同的相关系数，r 满足：$-1 \leq r \leq 1$。因此，可根

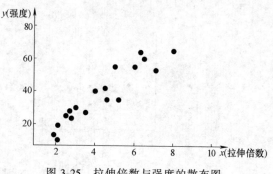

图 3-25 拉伸倍数与强度的散布图

据相关系数 r 值来判断散布图中两个变量之间的关系或相关性，具体见表 3-18。

表 3-18 散布图与相关系数 r 表

r 值	两变量之间的关系判断
$r=1$	完全正相关
$0<r<1$	正相关（越接近 1，越强；越接近 0，越弱）
$r=0$	不相关或曲线相关
$-1<r<0$	负相关（越接近 -1，越强；越接近 0，越弱）
$r=-1$	完全负相关

相关系数的计算公式是

$$r = \frac{\sum (x-\bar{x})(y-\bar{y})}{\sqrt{\sum (x-\bar{x})^2 \cdot \sum (y-\bar{y})^2}} = \frac{L_{xy}}{\sqrt{L_{xx}L_{yy}}} \tag{3-4}$$

式中 $\bar{x}$——n 个 x 数据的平均值；

$\bar{y}$——n 个 y 数据的平均值；

第3章 质量数据分析的常用工具

L_{xx}——x 的离差平方之和；
L_{yy}——y 的离差平方之和；
L_{xy}——x 的离差与 y 的离差的乘积之和。

通常为了避免计算离差时的麻烦和误差，在计算相关系数时，也可采用下式进行：

$$r=\frac{\sum xy-\frac{1}{n}(\sum x)(\sum y)}{\sqrt{[\sum x^2-\frac{1}{n}(\sum x)^2][\sum y^2-\frac{1}{n}(\sum y)^2]}} \tag{3-5}$$

注意，当 r 的绝对值很小甚至等于 0 时，并不表示 x 与 y 之间就一定不存在任何关系。如 x 与 y 之间虽然是有关系的，但是相关系数的计算结果却为 0。这是因为此时 x 与 y 的关系是曲线关系，而不是线性关系造成的。

（2）相关系数的显著性检验　求相关系数 r，是根据一定样本量的质量特性数据计算的，计算得到的结果及线性相关性的显著性受样本容量 n 的影响。因此，相关系数的显著性，应按样本容量进行检验。表 3-19 给出了两种不同显著性水平 α（0.01, 0.05）规定的相关系数应达到的显著性最小值，可作为检验相关系数显著性的依据，具体步骤如下：

1）查出临界相关数据（r_α）。
2）r_α 可根据显著性水平 α 查表（见表 3-19）求得。
3）判断规则：

若 $|r|>r_\alpha$，则 x 与 y 相关；

若 $|r|<r_\alpha$，则 x 与 y 不相关。

表 3-19　相关系数 r 检验表

$n-2$	α 0.05	0.01	$n-2$	α 0.05	0.01
1	0.997	1.000	21	0.413	0.526
2	0.950	0.990	22	0.404	0.515
3	0.878	0.959	23	0.396	0.505
4	0.811	0.917	24	0.388	0.496
5	0.754	0.874	25	0.381	0.487
6	0.707	0.834	26	0.374	0.478
7	0.666	0.798	27	0.367	0.470
8	0.632	0.765	28	0.361	0.463
9	0.602	0.735	29	0.355	0.456
10	0.576	0.708	30	0.349	0.449
11	0.553	0.684	35	0.325	0.418
12	0.532	0.661	40	0.304	0.393
13	0.514	0.641	45	0.288	0.372
14	0.497	0.623	50	0.273	0.354
15	0.482	0.606	60	0.250	0.325
16	0.468	0.590	70	0.232	0.302
17	0.456	0.575	80	0.217	0.283
18	0.444	0.561	90	0.205	0.267
19	0.433	0.549	100	0.195	0.254
20	0.423	0.537	200	0.138	0.181

例 3-7 以钢的淬火温度与硬度的数据为例，对所求得的相关系数进行检验。数据见表 3-16。

解：数据计算的过程值见表 3-20。

表中 X' 值是 $(X-800)\times 1/10$ 的简化值；Y' 值是 $(Y-40)\times 1$ 的简化值。表中 $X'+Y'$、$(X'+Y')^2$ 栏是校对栏，以免 X'、Y'、X'^2、Y'^2、$X'Y'$ 各栏计算错误，导致相关性结论错误。校核公式是

$$\sum(X'+Y') = \sum X' + \sum Y'$$
$$\sum(X'+Y')^2 = \sum X'^2 + 2\sum(X'Y') + \sum Y'^2$$

下面计算相关系数：

$$L_{X'X'} = \sum X'^2 - \frac{(\sum X')^2}{n} = 839 - \frac{141^2}{30} = 176.3$$

表 3-20 相关系数计算的有关数据

序号	X'	Y'	X'^2	Y'^2	$X'Y'$	$X'+Y'$	$(X'+Y')^2$
1	1	7	1	49	7	8	64
2	9	16	81	256	144	25	625
3	5	8	25	64	40	13	169
4	4	5	16	25	20	9	81
5	5	14	25	196	70	19	361
6	9	19	81	361	171	28	784
7	7	10	49	100	70	17	289
8	6	11	36	121	66	17	289
9	1	2	1	4	2	3	9
10	2	13	4	169	26	15	225
11	4	12	16	144	48	16	256
12	7	13	49	169	91	20	400
13	3	11	9	121	33	14	196
14	3	5	9	25	15	8	64
15	2	6	4	36	12	8	64
16	2	8	4	64	16	10	100
17	6	15	36	225	90	21	441
18	7	15	49	225	105	22	484
19	3	9	9	81	27	12	144
20	2	4	4	16	8	6	36
21	1	4	1	16	4	5	25
22	5	13	25	169	65	18	324
23	8	14	64	196	112	22	484
24	8	17	64	289	136	25	625

(续)

序号	X'	Y'	X'^2	Y'^2	$X'Y'$	$X'+Y'$	$(X'+Y')^2$
25	4	10	16	100	40	14	196
26	8	14	64	196	112	22	484
27	3	6	9	36	18	9	81
28	6	12	36	144	72	18	324
29	6	10	36	100	60	16	256
30	4	9	16	81	36	13	169
合计	141	312	839	3778	1716	453	8049

$$L_{Y'Y'} = \sum Y'^2 - \frac{(\sum Y')^2}{n} = 3378 - \frac{312^2}{30} = 533.2$$

$$L_{X'Y'} = \sum X'Y' - \frac{\sum X' \sum Y'}{n} = 1716 - \frac{141 \times 312}{30} = 249.6$$

$$r = \frac{L_{X'Y'}}{\sqrt{L_{X'X'}}\sqrt{L_{Y'Y'}}} = \frac{249.6}{\sqrt{176.3} \times \sqrt{533.2}} = 0.814$$

根据表 3-19，查表求得 $r_\alpha = 0.361$（$\alpha = 0.05$），$r = 0.814 > r_\alpha = 0.361$，所以钢的硬度与淬火温度呈强正相关。

3. 散布图的象限分布与相关性

利用散布图的数据点在象限中的分布特点可以判断数据的相关性。象限判断法又称为中值判断法、符号检定判断法。使用此法的步骤如下：

1）在散布图上画一条与 Y 轴平行的中值线 f，使 f 线的左、右两边的点子数大致相等。

2）在散布图上画一条与 X 轴平行的中值线 g，使 g 线的上、下两边的点子数大致相等。

3）f、g 两条线把散布图分成 4 个象限区域 I、II、III、IV。分别统计落入各象限区域内的点子数。

4）分别计算对角象限区域内的点子数。

5）判断规则：

① $n_I + n_{III}$ 和 $n_{II} + n_{IV}$ 两者中的数值较小者作为检定依据值，同相关性检定表 3-21 中的界限进行比较，若检定值小于或等于表中规定的相应界限值，则判定两数据相关，否则判定无关。

② 若 $n_I + n_{III} > n_{II} + n_{IV}$，则判为正相关；若 $n_I + n_{III} < n_{II} + n_{IV}$，则判为负相关。

在图 3-26 中 $n_I = 11$，$n_{II} = 2$，$n_{III} = 12$，$n_{IV} = 3$，得到 4 个区间的总点数（不包括中值线上的点）$N = 28$，$n_I + n_{III} = 23$，$n_{II} + n_{IV} = 5$，所以 $n_I + n_{III} > n_{II} + n_{IV}$，可能正相关，接下来进一步检定。$n_{II} + n_{IV}$ 值较小，取 $n_{II} + n_{IV} = 5$ 作为检定值。若要求显著性水平或风险率为 1%，根据相关性检定表查得 $N = 28$ 时，$n_{II} + n_{IV}$ 的界限值是 6，由于 $n_{II} + n_{IV} = 5 < 6$，故硬度与淬火温度相关，且呈正相关，这个判断的把握性是 $1 - 1\% = 99\%$。

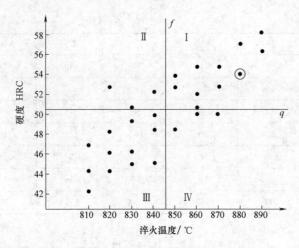

图 3-26 散布图的象限判断示意图（图中数据点外一个圈表示还有一个重叠的点）

表 3-21 相关性检定表

N \ α	0.05	0.01	N \ α	0.05	0.01	N \ α	0.05	0.01
≤8	0	0	36	11	9	64	23	21
9	1	0	37	12	10	65	24	21
10	1	0	38	12	10	66	24	22
11	1	0	39	12	11	67	25	22
12	2	1	40	13	11	68	25	22
13	2	1	41	13	11	69	25	23
14	2	1	42	14	12	70	26	23
15	3	2	43	14	12	71	26	24
16	3	2	44	15	13	72	27	24
17	4	2	45	15	13	73	27	25
18	4	3	46	15	13	74	28	25
19	4	3	47	16	14	75	28	25
20	5	3	48	16	14	76	28	26
21	5	4	49	17	15	77	29	26
22	5	4	50	17	15	78	29	27
23	6	4	51	18	15	79	30	27
24	6	5	52	18	16	80	30	28
25	7	5	53	18	16	81	31	28
26	7	6	54	19	17	82	31	28
27	7	6	55	19	17	83	32	29
28	8	6	56	20	17	84	32	29
29	8	7	57	20	18	85	32	30
30	9	7	58	21	18	86	33	30
31	9	7	59	21	19	87	33	31
32	9	8	60	21	19	88	34	31
33	10	8	61	22	20	89	34	31
34	10	9	62	22	20	90	35	32
35	11	9	63	23	20			

3.7 回归分析

1. 一元线性回归分析

生产实践中经常要处理一些相互有联系的变量。这些变量有的可以从理论上找到描述它们之间关系的数学表示式，但更多情况下，变量之间的关系是不确定的，即它们之间存在密切的关系，但又不能用函数关系来表示。例如：人的身高与体重的关系，钢的硬度与淬火温度的关系，钢的含碳量与冶炼时间的关系等。如果研究变量之间的关系时，把其中的一些因素作为可控制的变量，即自变量，另一些因素作为它们的因变量，这种相关关系的分析就称为回归分析。回归分析是研究变量之间相关关系的一种统计分析方法。按照涉及的自变量个数分为一元回归分析和多元回归分析；按照因变量和自变量之间的关系类型可以分为线性回归分析和非线性回归分析。通过回归分析得到的回归方程可以帮助我们从一个变量取得的值去估计另一个变量取得的值。

如果处理的两个变量（一个因变量和一个自变量）之间的关系是线性的就是一元线性回归分析。根据散布图的特点可知，如果将这两个变量对应的数据组制作成散布图，那么经过散布图点群可以得到很多直线，如何从这些直线中找出其中最佳的一条来反映两个变量之间的关系，就是线性回归分析。我们对于 x 取定的一组不完全相同的值 x_1, x_2, $\cdots$, x_n 做独立试验得到 n 对观察结果：

$$(x_1,y_1),(x_2,y_2),\cdots,(x_n,y_n)$$

其中，y_i 是 $x=x_i$ 处对随机变量 y 观察的结果。这 n 对观察结果就是一个容量为 n 的样本。如何从这些数据获得反映两变量之间的那条最佳直线或直线方程呢？可通过下例来说明此问题。

例 3-8 为研究某一化学反应过程中，温度 x 对产品得率 y（%）的影响，测得数据见表 3-22。

表 3-22 温度 x 对产品得率 y（%）的影响数据

温度 x	100	110	120	130	140	150	160	170	180	190
得率 y(%)	45	51	54	61	66	70	74	78	85	89

这里自变量 x 是普通变量，y 是随机变量。画出散布图如图 3-27 所示。

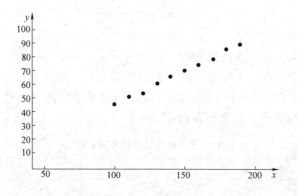

图 3-27 温度 x 对产品得率 y（%）的散布图

由图大致可以看出 $y(x)$ 具有线性函数 $a+bx$ 的形式。但该方程是未知的，如果要求得该方程，就要知道 a 和 b。我们可以假设方程

$$\hat{y} = \hat{a} + \hat{b}x \tag{3-6}$$

作为 $y(x) = a+bx$ 的估计，那么方程 $\hat{y} = \hat{a} + \hat{b}x$ 称为 y 关于 x 的线性回归方程或回归方程，其图形称为回归直线。回归直线就是通过散布图点群的所有直线中，满足误差平方和 $Q(a,b)$（由回归直线方程计算得到的 $\hat{y}_i$ 与对应测量值 y_i 之差的平方和）为最小值时的那条直线或最佳直线，也即按最小二乘法原理选择直线方程中的 $\hat{a}$、$\hat{b}$ 值。

$$Q(a,b) = \sum_{i=1}^{n}(y_i - a - bx_i)^2 \tag{3-7}$$

为求 Q 的最小值，取 Q 分别关于 a、b 的偏导数，并令它们等于零：

$$\begin{cases} \dfrac{\partial Q}{\partial a} = -2\sum_{i=1}^{n}(y_i - a - bx_i) = 0 \\ \dfrac{\partial Q}{\partial b} = -2\sum_{i=1}^{n}(y_i - a - bx_i)x_i = 0 \end{cases} \tag{3-8}$$

为了计算上的方便，我们引入下述记号：

$$\begin{cases} S_{xx} = \sum_{i=1}^{n}(x_i - \bar{x})^2 = \sum_{i=1}^{n}x_i^2 - \dfrac{1}{n}\left(\sum_{i=1}^{n}x_i\right)^2 \\ S_{yy} = \sum_{i=1}^{n}(y_i - \bar{y})^2 = \sum_{i=1}^{n}y_i^2 - \dfrac{1}{n}\left(\sum_{i=1}^{n}y_i\right)^2 \\ S_{xy} = \sum_{i=1}^{n}(x_i - \bar{x})(y_i - \bar{y}) = \sum_{i=1}^{n}x_iy_i - \dfrac{1}{n}\left(\sum_{i=1}^{n}x_i\right)\left(\sum_{i=1}^{n}y_i\right) \end{cases} \tag{3-9}$$

这样，a、b 的估计 $\hat{a}$、$\hat{b}$ 可写成

$$\begin{cases} \hat{b} = \dfrac{S_{xy}}{S_{xx}} \\ \hat{a} = \dfrac{1}{n}\sum_{i=1}^{n}y_i - \left(\dfrac{1}{n}\sum_{i=1}^{n}x_i\right)\hat{b} \end{cases} \tag{3-10}$$

例 3-9 求例 3-8 中 y 关于 x 的线性回归方程。

将表 3-23 中数据代入式（3-9）和式（3-10），于是得到回归直线方程

$$\hat{y} = 2.73935 + 0.48303x$$

应用上述方法求得的回归方程，有时需要检验它的有效性。这是因为当自变量 x 与因变量 y 之间确有线性关系时，所求得的回归方程才有意义。当 x 与 y 之间没有线性关系时，按上述方法也可求得回归方程，此时求得的回归方程没有实际意义。回归方程的检验是先计算出相关系数 r，然后利用相关系数 r 检验表 3-19 检验相关系数的显著性，以检验 x 与 y 之间是否线性相关，从而检验所求的回归方程是否有意义。

表 3-23 计算过程的有关数据

x	y	x^2	y^2	xy
100	45	10000	2025	4500
110	51	12100	2601	5610

第3章 质量数据分析的常用工具

（续）

x	y	x^2	y^2	xy
120	54	14400	2916	6480
130	61	16900	3721	7930
140	66	19600	4356	9240
150	70	22500	4900	10500
160	74	25600	5476	11840
170	78	28900	6084	13260
180	85	32400	7225	15300
190	89	36100	7921	16910
合计	1450	673	218500	47225	101570

2. 可化为一元线性回归的非线性回归

如果两个变量之间的关系不存在线性关系，而是非线性关系，这时处理两个变量的关系就是非线性回归问题。这类问题相对要复杂些，不能简单地直接用上述介绍的线性回归方法来处理。但有些非线性回归问题可以转化为线性回归问题来处理，下面仅讨论此类一元非线性回归问题。首先应该确定变量 y 与 x 之间是哪种非线性关系，确定的方法一般有两种，一种是通过应用专业知识来判断变量 y 与 x 之间服从哪种函数关系；另外一种是通过将 y 与 x 在直角坐标中形成的点的分布形状与已知函数关系曲线比较，来确定 y 与 x 近似服从哪种函数关系。在确定了 y 与 x 的函数关系后，就可通过变量代换的方法，将一元非线性回归问题转化为一元线性回归问题，即利用前面介绍的线性回归方法得到变量代换后的一元线性回归方程，然后再将原来的变量 y 与 x 代回该方程，就得到了变量 y 与 x 的非线性回归方程。下面举例说明。

例 3-10 混凝土的抗压强度随养护时间的延长而增强。现将一批混凝土选制了12个试块，记录养护时间 t（单位：天）与抗压强度 y（单位：kPa）的数据得表3-24。由建筑材料的专业知识得到，养护天数 t 与抗压强度 y 之间近似有下列关系：$y = a + b\ln t$。求出 a 与 b，以确定 y 和 t 之间的关系。

表 3-24 混凝土的抗压强度与养护时间数据表

t/天	2	3	4	5	7	9	12	14	17	21	28	56
y/kPa	35	42	47	53	59	65	68	73	76	82	86	99

解： 令 $x = \ln t$，将数据 t 相应地变为 x，再令 $y' = y - 67$，将 y 的数据变为 y'，由变换后的数据得数据计算表3-25。

按式（3-9）和式（3-10）得到计算结果：$S_{xy} = 204.904$，$S_{xx} = 10.49$，$S_{yy} = 4010.92$，y 的平均值为 65.417，$\hat{a} = 21.00$，$\hat{b} = 19.53$。

表 3-25 数据计算表

序号	x	y'	x^2	y'^2	xy'
1	0.69	-32	0.476	1024	-22.08
2	1.10	-25	1.210	625	-27.5

序号	x	y'	x^2	y'^2	xy'
3	1.39	-20	1.932	400	-27.8
4	1.61	-14	2.592	196	-22.54
5	1.95	-8	3.803	64	-15.6
6	2.20	-2	4.840	4	-4.4
7	2.48	1	6.150	1	2.48
8	2.64	6	6.970	36	15.84
9	2.83	9	8.009	81	25.47
10	3.04	15	9.242	225	45.6
11	3.33	19	11.089	361	63.27
12	4.03	32	16.241	1024	128.96
均值或求和	2.274	-1.583	72.553	4041	161.7

由此得到经验回归函数：$y = 21.00 + 19.53x = 21.00 + 19.53\ln t$。

例 3-11 炼钢厂盛钢水使用的钢包，由于钢液和矿渣对包衬材料的侵蚀，其容积不断增大，经试验求得钢包的容积 y（因容积不易测量，故以钢包盛满钢水时钢水的重量表示）与使用次数 x 之间的数据见表 3-26，试求 y 与 x 之间的相关关系式。

表 3-26 钢包的容积与使用次数的数据

序号	x	y	序号	x	y
1	2	106.42	8	11	110.59
2	3	108.20	9	14	110.60
3	4	109.58	10	15	110.90
4	5	109.50	11	16	110.76
5	7	110.00	12	18	111.00
6	8	109.93	13	19	111.20
7	10	110.49			

首先绘制使用次数 x 与钢包容积 y 的散布图（见图 3-28），可以看到，y 的增加最初较快，以后逐渐减慢并趋于稳定。

根据散布图的形状，选用双曲线 $\dfrac{1}{y} = a + \dfrac{b}{x}$ 来进行曲线拟合，进行变量代换

$$x' = 1/x, y' = 1/y$$

则拟合曲线变为直线（见图 3-29），其表达式为

$$y' = a + bx'$$

可以利用一元线性回归的方法确定常数 a 和 b。将所给数据 (x, y) 变换为 (x', y')，得数据计算表 3-27。由表得到回归方程为

$$y' = 0.0089665 + 0.0008302x'$$

将 $x' = 1/x$，$y' = 1/y$ 代入，得到回归方程为

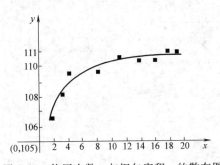

图 3-28 使用次数 x 与钢包容积 y 的散布图

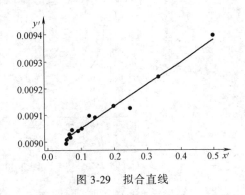

图 3-29 拟合直线

$$y = \frac{x}{0.0089665x + 0.0008302}$$

由于图 3-28 所示的散布图与对数曲线和抛物线也比较类似，故利用对数曲线 $y = a + b\ln x$ 或抛物线 $y = a + b\sqrt{x}$ 也可较好地拟合所给数据 (x, y)。

表 3-27 钢包容积与使用次数数据计算表

序号	$x' = 1/x$	$y' = 1/y$	x'^2	y'^2	$x'y'$
1	0.500000	0.00936973	0.2500000	0.00008830	0.00469837
2	0.333333	0.00924214	0.1111111	0.00008542	0.00308071
3	0.250000	0.00912575	0.0625000	0.00008328	0.00228144
4	0.200000	0.00913242	0.0400000	0.00008340	0.00182648
5	0.142857	0.00909091	0.0204082	0.00008264	0.00129870
6	0.125000	0.00909670	0.0156250	0.00008275	0.00113709
7	0.100000	0.00905059	0.0100000	0.00008191	0.00090506
8	0.090909	0.00904241	0.0082645	0.00008177	0.00082204
9	0.071429	0.00904159	0.0051020	0.00008175	0.00064583
10	0.066667	0.00901713	0.0044444	0.00008131	0.00060144
11	0.062500	0.00902853	0.0039063	0.00008151	0.00056428
12	0.055556	0.00900901	0.0030864	0.00008116	0.00050050
13	0.052632	0.00999281	0.0027701	0.00008087	0.00047353
均值或求和	0.157760	0.00909444	0.5372180	0.00107607	0.01883517
计算结果	$S_{xy} = 0.000177384$ $S_{xx} = 0.213671$ $S_{yy} = 0.000000145$		$\hat{b} = 0.0008302$ $\hat{a} = 0.0089665$		

这里将一些常用曲线及其图形列举如下，以便在进行曲线拟合时参考使用。

（1）双曲线函数（见图 3-30）

$$\frac{1}{y} = a + b\frac{1}{x} \tag{3-11}$$

令 $x' = 1/x$，$y' = 1/y$，有 $y' = a + bx'$

（2）幂函数（见图 3-31）

$$y = dx^b \tag{3-12}$$

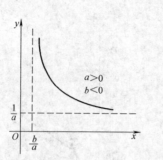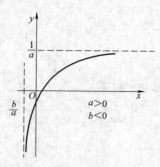

图 3-30 双曲线函数曲线

令 $x'=\ln x$, $y'=\ln y$, $a=\ln d$, 有 $y'=a+bx$

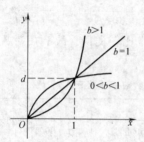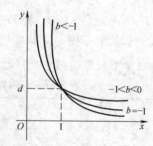

图 3-31 幂函数曲线

（3）指数函数（见图 3-32）

$$y=de^{bx} \tag{3-13}$$

令 $y'=\ln y$, $a=\ln d$, 有 $y'=a+bx'$

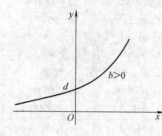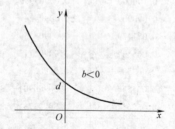

图 3-32 指数函数曲线

（4）指数函数（见图 3-33）

$$y=de^{\frac{b}{x}} \tag{3-14}$$

令 $x'=\dfrac{1}{x}$, $y'=\ln y$, $a=\ln d$, 有 $y'=a+bx'$

（5）对数函数（见图 3-34）

$$y=a+b\ln x \tag{3-15}$$

令 $x'=\ln x$, 有 $y=a+bx'$

（6）S 形曲线（见图 3-35）

$$y=\dfrac{1}{a+bx} \tag{3-16}$$

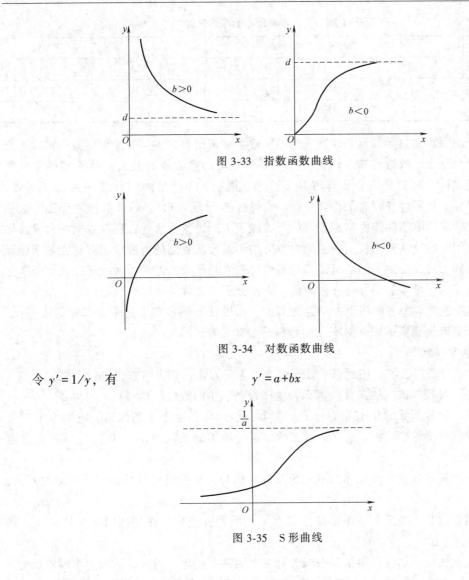

图 3-33 指数函数曲线

图 3-34 对数函数曲线

令 $y'=1/y$,有 $\qquad y'=a+bx$

图 3-35 S 形曲线

3.8 方差分析

产品质量受到各种因素的影响,包括操作者、生产设备、原材料、生产工艺、生产环境条件等。不同的因素对产品质量的影响程度是不一样的。在产品生产和试验中经常要分析和了解各种不同因素对结果的影响程度问题,对各因素进行分析,以找出其中影响较大的因素,并对这些关键因素实施控制,这是提高产品质量过程中所需要解决的一个重要问题。方差分析就是根据试验的结果进行分析、鉴别各因素效应的一种有效统计方法。为了了解方差分析的方法和原理,我们首先来看下面的例子。

例 3-12 某厂有 A、B、C 三台生产设备加工同一种零件,为了分析不同设备(材料、加工工艺、环境等条件相同)在加工零件时零件的强度是否存在明显的差异,现分别从每台设备加工的零件中随机抽取 4 个零件测量其强度值,见表 3-28,试分析三台设备加工的零件强度是否有明显差异。

表 3-28　三台设备加工的零件强度

设备	零件强度				平均值
A	115	113	110	122	115
B	121	115	116	124	119
C	93	103	95	97	97

分析这个问题首先想到的就是计算三台不同设备加工出来的零件强度平均值，比较它们的平均值大小。从表中数据可知，设备 B 加工零件强度的平均值为最大，设备 C 的零件强度最小。但是这种直观的分析方法有时并不可靠。例如，即使是同一台设备 A 加工零件，如果另取 4 个加工的零件计算其平均强度值，也可能不会等于 115，这又如何解释呢？这是因为还有其他因素影响零件强度指标。实际上，除了生产设备因素外，还存在同一台设备加工的随机误差的影响。这种比较平均值的简单方法不能反映数据的离散性和波动性带来的影响，也没有将同一台设备加工的随机误差与不同设备之间导致的差异即系统误差区分开来分析。针对这类问题，可以采用方差分析方法。方差分析方法就是将试验数据的总离差分解为所研究的因素引起的离差和随机误差引起的离差，通过计算两种离差的平方和以及方差比，应用 F 检验，判断所研究的因素对产品的指标是否有显著影响。

1. 几个基本概念

在进行方差分析时，需要用到以下几个概念，为了方便，首先对它们进行定义。

（1）因素　可控制的试验条件。例如：生产设备、生产班组、原材料、温度等。

（2）水平　因素所处的状态称为水平。例如，生产设备是考虑的因素，它的水平就是不同编号或型号的设备；再如，温度是考虑的因素，则不同的温度 T_1、T_2、T_3 等就是温度的水平。

（3）指标　衡量试验条件好坏的量称为指标。例如：零件或材料的强度，产品的寿命、尺寸、产量等。

（4）单因素试验　如果在一项试验中只有一个因素在变化，而其他因素保持不变，则称该试验为单因素试验。

（5）多因素试验　如在一项试验中同时有多个因素在变化，则称该试验为多因素试验。本节只讨论单因素方差分析。双因素和多因素方差分析较为复杂，在此不做讨论。

2. 假设条件和假设检验问题

方差分析方法的基本思路就是在假设多个总体的方差相同的条件下，比较因素水平引起的方差（也称为组间方差）与随机误差的方差（组内方差）的相对大小，判断不同因素水平下的均值是否相等，从而确定不同的因素水平对结果有无显著的影响。基于这种思路，所考察的问题就转变成了下面这个在一定的假设条件下的假设检验问题：

（1）假设条件

1）在水平 A_i 下，x_{i1}，x_{i2}，…，x_{im} 是来自正态分布 $N(\mu_i, \sigma_i^2)$ 的一个样本，其中诸 μ_i 就是要比较的对象。

2）在不同水平下的方差相等，即 $\sigma_1^2 = \sigma_2^2 = \cdots = \sigma_r^2$，只要诸试验是在相同条件下进行，方差相等一般可以满足。

3）各数据 x_{ij} 相互独立，这只要把试验次序随机化即可得到满足。

(2) 假设检验问题 在上述三项假定下,均值是否相同的问题归结为假设检验问题。其原假设为

$$H_0: \mu_1 = \mu_2 = \mu_3 = \cdots = \mu_r$$

检验这一假设的统计方法就是方差分析。当 H_0 不真时,表示不同水平下指标的均值有显著差异,此时称因素 A 是显著的,否则称因素 A 不显著。

3. 方差分析基本方法

设在一个试验中只考察一个因素 A,它有 r 个水平,在每一个水平下进行 m 次重复试验,其结果用 $x_{i1}, x_{i2}, \cdots, x_{im}$ 表示,$i = 1, 2, \cdots, r$。记第 i 水平下的数据和为 T_i,数据均值为 $\bar{x}_i$,总的均值为 $\bar{x}$。此时共有 $n = rm$ 个数据。常常把数据列成表 3-29 的形式。

表 3-29 单因素试验数据表

水平	试验数据	数据和	均值
A_1	$x_{11}, x_{12}, \cdots, x_{1m}$	T_1	$\bar{x}_1$
A_2	$x_{21}, x_{22}, \cdots, x_{2m}$	T_2	$\bar{x}_2$
$\vdots$	$\vdots$	$\vdots$	$\vdots$
A_r	$x_{r1}, x_{r2}, \cdots, x_{rm}$	T_r	$\bar{x}_r$
总计		T	$\bar{x}$

(1) 离差平方和及自由度 根据方差分析的基本思路,首先应该从已测得的试验数据中获得各种不同的离差平方和,包括所有数据的总体离差平方和、不同水平引起的离差平方和(组间平方和),以及同一水平下数据的离差平方和(组内平方和),再根据约束条件的个数分别确定各个离差平方和的自由度。因此,必须将试验数据中的由于不同水平而产生的系统误差,与同一水平下重复试验而产生的随机误差区分开来,才能进行"离差平方和"及其自由度的分解。

1) 总的离差平方和及自由度。上述 n 个数据不全相同,它们的波动可以用总的离差平方和 S_T 表示,即

$$S_T = \sum_{i=1}^{r} \sum_{j=1}^{m} (x_{ij} - \bar{x})^2 \tag{3-17}$$

在 S_T 中,有 $n = \sum_{i=1}^{r} m_i = rm$ 个不同的离差 $x_{ij} - \bar{x}$,并存在下列关系式:

$$\sum_{i=1}^{r} \sum_{j=1}^{m} (x_{ij} - \bar{x}) = 0 \tag{3-18}$$

这是一个约束条件。由于 n 个离差仅满足一个约束条件,所以仅有 n-1 个离差是独立的,因而总的离差平方和的自由度 $f_T = n - 1$。

2) 组间离差平方和及自由度。由于因素 A 水平不同,在不同因素水平下得到的各个均值也不同,把各个水平下的样本均值与样本总均值的离差平方和称为组间平方和。组间平方和描述了试验中与随机干扰无关的系统误差,其数值的大小反映了因素水平对指标影响的显著性。

$$S_A = \sum_{i=1}^{r} m(\bar{x}_i - \bar{x})^2 \tag{3-19}$$

这里乘以 m 是因为每一水平下进行了 m 次试验。

在 S_A 中有 r 个离差 $\bar{x}_i - \bar{x}$，存在下列一个关系式，即一个约束方程：

$$\sum_{i=1}^{r} (\bar{x}_i - \bar{x}) = 0$$

所以仅有 $r-1$ 个离差是独立的，因而因素 A 的离差平方和的自由度 $f_A = r-1$。

3）组内离差平方和及自由度。由于存在随机误差，即使在同一因素水平下获得的数据间也有差异，这是除了因素 A 的水平外的随机原因引起的，将它们归结为随机误差，可以用组内离差平方和表示：

$$S_e = \sum_{i=1}^{r} \sum_{j=1}^{m} (x_{ij} - \bar{x}_i)^2 \tag{3-20}$$

在 S_e 中有 n 个离差 $x_{ij} - \bar{x}_i$，对于每一个因素水平，它们均满足下列关系式，共有 r 个关系式，也就是说 n 个离差有 r 个约束方程，所以仅有 $n-r$ 个离差是独立的，因而 $f_e = n-r$。

$$\sum_{j=1}^{m} (x_{ij} - \bar{x}_i) = 0, i = 1, 2, \cdots, r \tag{3-21}$$

可以证明有如下平方和分解式和自由度分解式：

$$S_T = S_A + S_e \tag{3-22}$$

$$f_T = f_A + f_e \tag{3-23}$$

（2）F 值与 F 检验　前述已把表示数据全部离差性的总平方和分解为两部分：反映随机误差的组内平方和 S_e 与反映因素水平误差的组间平方和 S_A。显然，如果 S_A 远大于 S_e，则说明因素 A 对试验指标的影响是显著的，从而拒绝 H_0，否则应接受 H_0。为了建立检验用的统计量，进一步分析 S_A 和 S_e 的统计特性。

如果假设 H_0 是正确的，即 $\mu_1 = \mu_2 = \mu_3 = \cdots = \mu_r = \mu$，则所有的 x_{ij} 可以看作服从同一正态分布 $N(\mu, \sigma^2)$ 的随机变量，故由 χ^2 分布可知，统计量 $\dfrac{S_e}{\sigma^2}$ 服从下列分布，即

$$\frac{S_e}{\sigma^2} \sim \chi^2(n-r)$$

此外，还可证明，统计量 S_A 和 S_e 独立，且同样有

$$\frac{S_A}{\sigma^2} \sim \chi^2(r-1)$$

我们知道，离差平方和与自由度的比值，实际上就是方差，则

$$MS_e = \frac{S_e}{n-r}$$

$$MS_A = \frac{S_A}{r-1}$$

符号 MS_e 表示组内平均平方和，也是组内方差，MS_A 表示组间平均平方和，也就是组间方差。根据 F 分布的定义可知，统计量 $F = MS_A / MS_e$ 服从 $F(r-1, n-r)$ 分布，即

$$F = \frac{MS_A}{MS_e} \sim F(r-1, n-r) \tag{3-24}$$

在原假设 H_0 正确的前提条件下，得到了 MS_A/MS_e 是服从 $F(r-1, n-r)$ 分布的。作为检验的统计量，F 是通过两个方差 MS_A 与 MS_e 的比来表达的，这就是方差分析名称的由来。如果 F 的值较大，说明组间方差相对组内方差比较大，将否定 H_0，也就是说因素水平的变化对结果的影响显著。反之，不能否定 H_0，即因素水平变化的影响不显著。基于这样的考虑，可以根据统计量 F 的值来检验假设 H_0，而且采用单边右侧检验法则。对给定的显著性水平 α（即一个小概率），用 $F_\alpha(r-1, n-r)$ 表示 F 分布的上侧分位数，有

$$P\{F \geq F_\alpha(r-1, n-r)\} = \alpha \tag{3-25}$$

则检验假设 H_0 的拒绝域为

$$[F_\alpha(r-1, n-r), +\infty] \tag{3-26}$$

当 F 的值位于拒绝域内时，则拒绝 H_0。因为 F 的值如果出现在拒绝域内，式（3-25）成立，小概率事件发生，原假设 H_0 不成立，应拒绝 H_0。否则，应接受 H_0。实际应用时，一般 $\alpha = 0.05$，也就是显著性水平为 0.05，如果计算的 F 值大于查表得到的 $F_\alpha(r-1, n-r)$ 值，应拒绝 H_0，即因素水平对结果有显著影响。得到这个结论的把握有 95%，同时有 5% 的风险。

在进行方差分析时，是将上述统计量列成表格的形式进行，见表 3-30。

表 3-30 单因素方差分析表

方差来源	离差平方和	自由度	方差	F 值
组间	S_A	$f_A = r-1$	$MS_A = S_A/f_A$	$F = MS_A/MS_e$
组内	S_e	$f_e = n-r$	$MS_e = S_e/f_e$	
总计	S_T	$f_T = n-1$		

其中，S_T、S_A 根据式（3-17）和式（3-19）计算，经过简化计算可以得到

$$S_T = \sum_{i=1}^{r}\sum_{j=1}^{m} x_{ij}^2 - \frac{T^2}{n} \tag{3-27}$$

$$S_A = \frac{1}{m}\sum_{i=1}^{r} T_i^2 - \frac{T^2}{n} \tag{3-28}$$

其中，T_i 是第 i 个水平数据的和，T 是所有数据的总和。S_e 可以根据式（3-22）计算，即

$$S_e = S_T - S_A \tag{3-29}$$

下面以一个应用例子来说明方差分析方法的使用。

例 3-13 某电子产品在试生产阶段，采用 4 种不同的生产工艺生产，为了分析不同工艺对产品寿命的影响，每种工艺均抽检 5 件产品，其寿命数据见表 3-31，试分析不同工艺对产品寿命的影响是否显著。

表 3-31 产品寿命数据表

工艺水平	产品寿命/h					数据和	均值
A1	500	600	800	700	500	3100	620
A2	1100	1200	800	900	1000	5000	1000
A3	1100	700	600	600	800	3800	760
A4	800	700	1100	1000	900	4500	900
合计						16400	820

解：总的数据个数为 $n=20$，水平个数 $r=4$，每个水平下重复试验次数 $m=5$，总的数据和 $T=16400$，根据式（3-27）计算总的离差平方和：

$$S_T = \sum_{i=1}^{r} \sum_{j=1}^{m} x_{ij}^2 - \frac{T^2}{n} = 1430 \times 100^2 - \frac{16400^2}{20} = 85.2 \times 100^2$$

$$S_A = \frac{1}{m} \sum_{i=1}^{r} T_i^2 - \frac{T^2}{n} = \frac{1}{5} \times 6930 \times 100^2 - \frac{16400^2}{20} = 41.2 \times 100^2$$

那么

$$S_e = S_T - S_A = 44 \times 100^2$$

将 S_T、S_A、S_e、f_A、f_e、f_T、MS_A、MS_e、F 值的计算结果列于表 3-32。

表 3-32 方差分析表

方差来源	离差平方和	自由度	方差	F 值
组间	$S_A = 41.2 \times 100^2$	$f_A = 3$	$MS_A = 13.73 \times 100^2$	4.99
组内	$S_e = 44 \times 100^2$	$f_e = 16$	$MS_e = 2.75 \times 100^2$	
总计	$S_T = 85.2 \times 100^2$	$f_T = 19$		

查附表 D 得 $F_\alpha(r-1, n-r) = F_{0.05}(3, 16) = 3.24$，因为 $F = 4.99$ 大于 3.24，F 值处于拒绝域，所以在 $\alpha = 0.05$ 的显著性水平上，认为不同工艺的影响显著。

（3）不等重复试验的情况 上述讨论的情况是在每一因素水平下，都重复相同试验次数 m 次的条件下得到的计算离差平方和公式。但在实际情况中，有时在不同因素水平下试验的次数可能不同，也就是 m 不是常数，是变化的，这就是不等重复情况。这时上述计算离差平方和稍有变化：

$$S_T = \sum_{i=1}^{r} \sum_{j=1}^{m_i} (x_{ij} - \bar{x})^2 = \sum_{i=1}^{r} \sum_{j=1}^{m_i} x_{ij}^2 - \frac{T^2}{n} \tag{3-30}$$

$$S_A = \sum_{i=1}^{r} m_i (\overline{x_i} - \bar{x})^2 = \sum_{i=1}^{r} \frac{T_i^2}{m_i} - \frac{T^2}{n} \tag{3-31}$$

$$n = \sum_{i=1}^{r} m_i \tag{3-32}$$

其他统计量的计算方法没有变化，与前述类似。

习 题

3-1 简述直方图的绘制步骤。

3-2 简述异常直方图分为哪几类及产生的原因。

3-3 简述排列图的结构。根据排列图是如何对影响因素分类的？

3-4 简述因果图的构成及作图步骤。

3-5 如何应用相关系数 r 判断散布图中两变量的关系。

3-6 试将幂函数、指数函数、对数函数化成一元线性回归。

3-7 简述单因素方差分析的基本步骤。

3-8 某金属加工厂生产一批金属制品，该产品的抗拉强度是一个重要指标。为了了解产品质量，从中抽取 100 个样品进行测定，测定的数据见表 3-33（单位：$9.8 \times 10^5 \text{Pa}$）。

(1) 作出直方图并根据图形分析;
(2) 求出标准差和平均值;
(3) 若规范要求为 34.5~76.5，将直方图与规范界限进行比较分析。

表 3-33　产品的抗拉强度数据　　　　　　（单位：9.8×10^5 Pa）

48.1	49.9	49.8	57.7	38.7	49.3	50.4	61.3	54.7	61.2
75.8	34.5	68.7	68.5	48.5	54.1	64.8	77.0	51.9	40.3
40.8	46.5	44.3	49.0	70.4	46.7	50.0	56.0	43.1	54.6
38.7	71.3	42.0	44.0	48.1	42.4	39.3	49.1	43.1	70.6
57.0	48.8	52.6	50.1	56.2	53.9	36.6	48.3	33.2	67.0
61.7	56.1	47.1	41.7	50.9	47.2	59.0	55.0	63.2	52.3
52.2	58.0	59.5	51.6	65.2	50.7	56.7	47.6	48.5	43.2
50.1	55.3	57.7	57.5	45.5	58.1	54.6	43.8	58.8	49.9
60.9	56.1	52.5	46.0	44.1	45.0	49.2	36.6	51.3	48.5
49.0	69.1	61.4	53.1	53.1	48.9	52.4	37.5	66.2	46.4

3-9　某电子元件产品的不合格品统计数据见表 3-34，依据表中数据绘制排列图并确定主要因素。

表 3-34　某电子元件产品的不合格品统计数据

不良项目	短路	断路	引脚斜	焊锡	接触不良	其他
不良品数	19	22	17	12	5	6

3-10　某产品两个质量特性值 x、y 的测量数据见表 3-35。
(1) 作出散布图，说明是否相关;
(2) 计算相关系数并进行相关性检验;
(3) 求线性回归方程。

表 3-35　质量特性值 x、y 的测量数据

x	49.2	50.0	49.3	49.0	49.0	49.5	49.8	49.9	50.2	50.2
y	16.7	17.0	16.8	16.6	16.7	16.8	16.9	17.0	17.0	17.1

3-11　利用表 3-28 中的试验数据试分析例 3-12 中三台设备加工的零件强度是否有明显差异。

第4章 工序能力与统计过程控制

4.1 质量波动的产生原因

在工业生产中,决定产品质量有六大因素即"5M1E"或"6M":材料(Materials)、设备(Machines)、方法(Methods)、操作者(Man)、测量(Measurement)、环境(Environment)。在每一件产品或每一批产品的生产加工过程中,上述这些因素绝对不变是不可能的。只要任何一个因素有微小的变化,都会影响产品质量的特性参数,也就是说,反映产品质量的特性参数值的测量结果会存在差异。因此,产品质量不可能完全相同,而是存在差异或波动,这就是质量变异的固有本性——波动性,也称变异性。这种波动可能较小也可能较大,这取决于产生波动原因的种类。从数理统计的角度考虑,引起质量波动的原因可分为以下两类。

1. 偶然性原因 (Chance Cause of Variation)

偶然性原因也称为正常波动原因,是一种不可避免的原因,经常对质量波动起着细微的作用,它的出现带有随机性,即出现的时间、方式、波动的大小和方向都是难以预测的,而且不容易识别和消除。例如,同批材料成分或内部结构的不均匀性表现出的微小差异,生产设备的微小振动,刀具的正常磨损,以及操作者细微的不稳定性等,都是偶然性原因的常见形式。

既然偶然性原因是客观存在不可避免的,因此质量波动是绝对的。正常生产中由偶然性原因引起的质量起伏波动程度一般较小,但是其大小和方向具有偶然性和不确定性。例如车床加工零件时,不可能确定正在加工的零件的尺寸将大于还是小于平均值。

偶然性原因引起的质量起伏波动总体遵循一定的统计规律,例如,当加工足够多的螺栓,在加工之后将它们的长度数据记录下来,把数据由小到大进行分组,就能明显地看出质量特性值分布的规律性,若绘制成直方图去描述这一规律性,就使这种规律性更加直观了(见3.3节)。

2. 系统性原因 (Assignable Cause of Variation)

系统性原因也称为异常波动原因,是一种可以避免的波动原因。系统性原因的存在会对产品质量产生较大的影响,往往引起质量的变化突然异常大,或变化幅度虽然不大,但具有一定的规律性,例如,使得产品质量特性参数值朝一个方向变动,要么变大,要么变小。因此,这种波动原因较容易识别并且可以通过采取适当的措施予以消除。在生产制造过程中,出现这种因素,实际上生产过程已经处于失控(Out of Control)状态,例如,使用了不合格的原材料、设备的不正确调整或定位不准、刀具的严重磨损、操作者偏离操作规程、测量仪器未调零或测量方法不同等,都是系统性原因的常见形式。

系统性原因并不总是存在的。在不存在系统性原因时,引起质量波动的原因只是偶然性原因。在一定条件下,偶然性原因与系统性原因可以相互转化。

4.2 生产过程的质量状态

若在生产中只存在偶然性原因引起的质量波动,不存在系统性原因,则称生产处于统计受控状态(In Control)。生产过程的质量控制其主要目的是保证工序能始终处于受控状态,稳定持续地生产合格产品。为此,必须及时了解生产过程的质量状态,判断其失控与否。从数理统计角度考虑,处于统计受控状态下的生产过程,其产品质量数据服从同一种统计分布即正态分布。在第 2 章已介绍过正态分布,我们知道正态分布是一个两参数分布,由质量特性值的平均值 μ 和标准差 σ 确定。因此,可以通过分析与控制 μ 和 σ 两个重要参数实现对生产状态的判断和控制。在实际中,很难获得总体的平均值和标准差,而通常是通过对生产过程进行随机抽样,统计计算所收集的数据得到样本统计量,即样本的平均值 $\bar{x}$ 和样本的标准差 s,采用 $\bar{x}$ 和 s 去估计总体的 μ 和 σ,由 μ 和 σ 的变化情况与质量标准规范进行比较,做出生产过程状态的判断,这一过程的依据是数理统计学的统计推断原理。

4.2.1 控制状态与失控状态

产品的质量是制造出来的。生产过程是否稳定决定了产品质量的好坏。因此,分析和控制生产过程是质量控制的重要内容。从 μ 和 σ 的角度分析,生产过程状态可以分为控制状态和失控状态两种表现形式。控制状态是指生产过程只受到偶然性因素影响,μ 和 σ 在质量规范范围内,而且不随时间变化,或者是指生产过程中不存在系统性因素影响。失控状态可能有各种不同的情况,例如 μ 和 σ 或者其中任一个不符合质量规范要求,同时也不随时间变化的失控状态,也有 μ 和 σ 不符合质量规范要求,同时其中之一或两者随时间变化的失控状态。

图 4-1 所示就是生产过程处于控制状态的示意图,横坐标表示生产时间,纵坐标表示需控制的质量特性值,μ_0 和 σ_0 表示生产过程处于正常状态或理想状态时的平均值和标准差,即符合质量规范要求。在这种情况下,由于不受系统因素的影响,图中代表质量特性值的数据点随时间的推移,随机、均匀地分布在控制限内,而且没有超过控制限的数据点,这就是统计控制状态。

图 4-2 显示的是 μ 和 σ 不符合质量规范,也不随时间变化的失控状态情况。由于存在系统性因素的干扰,代表质量特性值的某些数据点会超出控制限,或者数据点的分布存在异常趋势,导致质量特性值的平均值不再是 μ_0 而是偏移到 μ_1。这时生产过程处于失控状态,需要针对原因、采取措施将 μ_1 调整恢复到 μ_0 的分布中心位置上来。

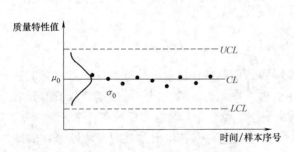

图 4-1　生产过程的控制状态

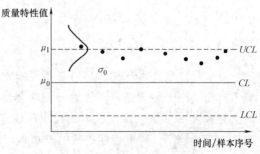

图 4-2　生产过程的失控状态(μ 和 σ 不变)

图 4-3 显示的是 μ 随时间推移逐渐变大的失控状态，例如在实际中由于刀具的不正常磨损使加工零件的外径尺寸变得越来越大。这种情况说明生产过程有系统性原因存在，所以发生失控，应该查明原因及时消除影响。又如图 4-4 所示，A 为控制状态，B 为 μ 变化、σ 未变的失控状态，C 为 μ 未变而 σ 变大的失控状态。

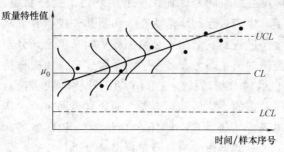

图 4-3 生产过程的失控状态（μ 变化）

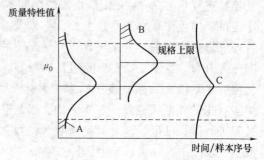

图 4-4 控制状态与失控状态的比较

4.2.2 生产过程状态的统计推断

如第 2 章所述，根据统计推断的参数估计原理，样本平均值 $\bar{x}$ 和样本极差 R 有以下重要性质：

1）样本平均值 $\bar{x}$ 的数学期望就是总体的均值 μ，即 $E(\bar{x}) = \mu$。

2）用样本平均值 $\bar{x}$ 估计总体的均值 μ，估计的精度与样本大小 n 成反比，与总体标准差 σ 成正比，即 $\sigma_{\bar{x}} = \sigma / \sqrt{n}$。

3）样本极差的平均值 $\bar{R}$ 是总体标准差 σ 的无偏估计量，即 $\sigma = \bar{R}/d_2$。其中 d_2 是与样本大小 n 有关的参数，d_2 根据数理统计原理计算所得，见表 2-5。

所以，在实际中可以用样本平均值 $\bar{x}$ 估计总体的均值 μ，用样本极差 R 估计总体标准差 σ，统计量 $\bar{x}$ 和 R 在理论上都是无偏估计量。这样就解决了实际中的一个重要问题，那就是总体常常是未知的，生产过程状态作为总体是动态的，在实际中去求得总体的 μ 和 σ 的真值往往是不现实或没有必要的。特别是概率论和数理统计原理指出，对任意分布，当样本大小 n 充分大时，其样本平均值 $\bar{x}$ 的分布就趋于正态分布。所谓 n 充分大，一般指 $n>30$ 就可以满足条件。

4.3 工序能力

4.3.1 工序能力的概念

对于任何生产过程，产品质量不可能完全一致，质量特性值总是分散地存在着。若工序能力越高，则产品质量特性值的分散就会越小；若工序能力越低，则产品质量特性值的分散就会越大。正态分布标准差 σ 的大小反映了参数的分散程度，同时也反映了生产合格产品的能力。σ 越小，质量特性参数的分布越集中。对于正态分布，绝大部分质量特性参数值集中在 $\mu \pm 3\sigma$ 范围内（对应 6σ），其比例为 99.73%，代表质量特性参数值的正常波动范围。

工序能力是指生产工序处于稳定状态下的实际生产或加工能力，通常用 6σ 来衡量工序能力，记为 B，且 $B=6\sigma$。6σ 大，表示数据的离散程度大，工序能力差；6σ 小，表示数据相对集中于期望值附近，工序能力好。σ 是关键参数，减小 σ，使质量特性值的分散性减小，就需要提高加工精度，从而提高工序能力。图 4-5 中的三条曲线代表了三个不同的生产过程状态。因为 $\sigma_1<\sigma_2<\sigma_3$，加工精度以 σ_1 代表的最高。

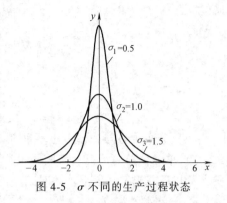

图 4-5 σ 不同的生产过程状态

工序能力本身达不到产品的设计要求即工序能力不足，一定会生产出不合格的产品；工序能力远远超出产品质量的设计要求即工序能力过剩，尽管会使产品更加"精益求精"，但会增加生产成本。

4.3.2 工序能力指数

工序能力仅仅表示工序本身的加工能力，不能反映这一能力满足该工序质量要求的程度，因此引入工序能力指数的概念。

1. 工序能力指数的概念

质量规范（公差范围或允许范围）T 与工序能力 B 的比值，称为工序能力指数，记为 C_p。

$$C_p = \frac{T}{B} = \frac{T}{6\sigma} \tag{4-1}$$

其中，$T=T_U-T_L$。

工序能力指数反映了工序能力满足质量规范的程度大小。工序能力指数越大，说明工序能力越强；工序能力指数越小，说明其工序加工能力越低。

2. 工序能力指数的计算

（1）分布中心与公差中心重合且质量特性值为双侧公差　假定分布为正态分布，则正态总体的期望值 μ 为分布中心，而公差上下限的中间值 $M=(T_U+T_L)/2$ 称为公差中心。对于 $\mu=M$ 即分布中心与公差中心重合的情况下（见图 4-6），由式（4-1）直接得到

$$C_p = \frac{T_U-T_L}{6\sigma} \approx \frac{T_U-T_L}{6s}$$

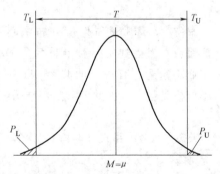

图 4-6 分布中心与公差中心重合

例 4-1 某零件尺寸的公差为 $\phi 8^{+0.1}_{-0.05}$ mm，今从该零件加工过程中随机抽样，求得样本标准差 $s=0.02$mm，假设公差中心与分布中心重合且质量特性值服从正态分布，求工序能力指数 C_p，并估计该工序的不合格品率。

解：

$$C_p = \frac{T}{6s} = \frac{8.1-7.95}{6\times 0.02} = 1.25$$

所以
$$\mu = M = \frac{T_U + T_L}{2} = \frac{8.1 + 7.95}{2} = 8.025$$

$$p = 2P\{X \geq T_U\} = 2 \times \left[1 - \Phi\left(\frac{T_U - \mu}{0.02}\right)\right]$$

$$= 2 \times [1 - \Phi(3.75)] = 2 \times (1 - 0.99991) = 0.00018$$

(2) 分布中心与公差中心不重合

1) 单侧公差的情况。某些质量特性值只有单侧公差，如强度、寿命等只有下限，而杂质含量却只需规定其上限。此时工序能力以 3σ 计算。

a. 上单侧公差

当 $T_U > \mu$ 时，

$$C_p = \frac{T_U - \mu}{3\sigma} \tag{4-2}$$

当 $T_U \leq \mu$ 时，规定 $C_p = 0$。

b. 下单侧公差

当 $T_L < \mu$ 时，

$$C_p = \frac{\mu - T_L}{3\sigma} \tag{4-3}$$

当 $T_L \geq \mu$ 时，规定 $C_p = 0$

2) 双侧公差的情况。如图 4-7 所示，其中 $\varepsilon = |M - \mu|$，是实际质量特性值分布中心与公差中心的偏离大小，定义

$$k = \frac{\varepsilon}{\frac{T}{2}} = \frac{2\varepsilon}{T} \tag{4-4}$$

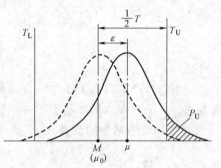

图 4-7 分布中心与公差中心不重合

显然，k 是质量特性值分布中心对规范中心的偏离系数，考虑到实际质量特性值的分布中心与公差中心不重合，有一定的偏离，工序能力下降，导致不合格品增多，因此要对工序能力指数进行修正，此时工序能力指数记为 C_{pk}：

$$C_{pk} = C_p(1 - k) \tag{4-5}$$

将式 (4-4) 和式 (4-1) 代入式 (4-5) 得

$$C_{pk} = C_p\left(1 - \frac{2\varepsilon}{T}\right) = \frac{T}{6\sigma}\left(1 - \frac{2\varepsilon}{T}\right) = \frac{T - 2\varepsilon}{6\sigma} \tag{4-6}$$

3) μ 与 M 偏移 1.5σ 情况下的 C_{pk}。下面讨论一种特殊偏移情况，即 μ 与 M 偏移 1.5σ 情况下的 C_{pk}。在 4.4.2 节介绍的 6σ 设计就是考虑偏移 1.5σ 情况下得到的。将 $|\mu - M| = 1.5\sigma$ 代入式 (4-6) 得

$$C_{pk} = \frac{T - 2 \times 1.5\sigma}{6\sigma} = \frac{T}{6\sigma} - 0.5 = C_p - 0.5$$

即

$$C_{pk} = C_p - 0.5 \tag{4-7}$$

由此可见，C_{pk} 比 C_p 小 0.5，若 $C_p = 2$，则 $C_{pk} = 1.5$。C_p 反映的是理想生产情况下的工序能力，称为潜在工序能力指数，C_{pk} 反映的是实际生产中的工序能力，也称为实际工序能力指数。

例 4-2 已知一批零件的标准差为 $s = 0.056$mm，公差范围 $T = 0.35$mm，从该批零件的直方图中得知 $C_p = 2$，尺寸的分布中心与公差中心的偏移为 0.022mm，求 C_{pk} 值。

解：已知 $T = 0.35$mm, $s = 0.056$mm, $\varepsilon = 0.022$mm

则由式（4-6）知

$$C_{pk} = \frac{T - 2\varepsilon}{6s} = \frac{0.35 - 2 \times 0.022}{6 \times 0.056} = 0.91$$

4.3.3 工序能力评价

工序能力指数 C_p 值通常用来考察工序能力是否满足产品质量要求。用 C_p 值来评价工序能力时，要根据实际情况综合考虑质量保证要求、成本等方面的因素。

下面仅对质量特性分布中心与公差中心重合的情形（即 $k = 0$）予以讨论。

（1）公差范围大于 $\pm 5\sigma$（即 $T \geq 10\sigma$），$C_p > 1.67$ 此时工序能力已经很大，生产过程具有特级加工能力。在这种情况下，即使生产过程有些较大的波动，也不会导致不合格品，适用于加工要求特别高的产品。对于一般产品，工序能力显得有点过剩，会影响生产效率，增加产品成本。可以考虑使用精度较低的设备、采用较为简单的工艺、更换较为廉价的原材料，或者放宽检验等。当然，根据需要也可以从另外一个角度考虑，例如减小公差范围，提高质量要求。

（2）公差范围介于 $\pm 4\sigma$ 与 $\pm 5\sigma$（即 $8\sigma \sim 10\sigma$）之间，$1.33 < C_p < 1.67$ 此时加工能力满足设计质量要求，是一种比较理想的加工状态，具有一级加工能力，适合于生产重要的或要求比较高的产品。对于一般的产品生产，可以适当放宽检验。

（3）公差范围介于 $\pm 3\sigma$ 与 $\pm 4\sigma$（即 $6\sigma \sim 8\sigma$）之间，$1.00 < C_p \leq 1.33$ 此时工序能力不充分，但基本上可以满足要求，具有二级加工能力。当 C_p 接近 1.33 时，工序能力比较理想；当 C_p 接近 1 时，工序基本上没有加工能力剩余，同时应加强生产过程的控制，不能放松检验。适用于对质量标准要求不高的部件的初级加工。

（4）公差范围介于 $\pm 2\sigma$ 与 $\pm 3\sigma$（即 $4\sigma \sim 6\sigma$）之间，$0.67 < C_p < 1.00$ 此时工序能力不足，只有三级加工能力。此时必须分析原因，采取纠正措施，提高工序能力并对产品实行全检。

（5）公差范围小于 $\pm 2\sigma$（即小于 4σ），$C_p < 0.67$ 此时工序能力严重不足，只有四级加工能力。如果继续生产，会产生大量的不合格品，造成大量的浪费。此时应立即停产检查原因，同时对产品实行全检。

通常所说的工序能力不足或过高，都是针对特定的生产制造过程、特定产品的特定工序而言的，不要理解为统一的模式，更不能生搬硬套某种既定的模式。

当质量特性分布中心与公差中心不重合时的情形，对分布中心采取的对策见表 4-1。

表 4-1 工序能力指数与对策

工序能力指数	偏离度	考虑偏离度的工序能力指数	总体不合格品率	是否采取措施
$1.33<C_p$	$0.00<k\leqslant 0.25$	$1.00\leqslant C_{pk}$	<0.00135	不必要
$1.33<C_p$	$0.25<k\leqslant 0.50$	$0.67\leqslant C_{pk}$	<0.02275	要采取
$1.00<C_p\leqslant 1.33$	$0.00<k\leqslant 0.25$	$(0.75\sim 1)\leqslant C_{pk}$	<0.01222	要注意变化
$1.00<C_p\leqslant 1.33$	$0.25<k\leqslant 0.50$	$(0.5\sim 0.75)\leqslant C_{pk}$	<0.06681	要采取

4.3.4 工序能力调查

1. 工序能力调查的目的

从工序能力的定义可知，工序能力的大小反映了产品生产过程的状况和产品质量的好坏。及时了解和分析工序能力，可以及时发现影响工序能力的各种因素，从而采取纠正措施，使工序能力恢复到正常的水平。企业为了开始批量产品的生产，往往需要首先生产部分样品产品，计算并分析工序能力指数，判断生产过程是否处于正常状态，以确定能否继续批量生产。另外，工序能力的大小也是企业选择合格供应商的重要指标，通过这项指标的考察，可以判断供应商是否具备长期提供稳定、合格产品的能力。同样，对生产过程实施质量控制，是指对稳定且工序能力符合要求的过程实施控制，所以也需要了解生产过程的工序能力是否符合要求，如果不符合要求，必须改进工序能力之后，才能进行质量控制。综上所述，企业定期对生产过程的工序能力进行调查分析，是非常必要的，也是保证生产制造阶段产品质量的重要措施。

2. 工序能力的定性调查方法

除了按上述方法定量计算工序能力指数，并对计算结果进行评价来判断工序能力外，还可以采用直方图法来对工序能力进行定性调查和判断。直方图法是调查工序能力的常用方法。通过观察直方图的形状和位置，可以大致看出生产过程的状态以及质量特性值分布的情况。通过直方图显示的分布范围 B 与公差 $T=T_U-T_L$ 的比较，以及分布中心 μ 与公差中心 M 是否重合或偏离的程度，可以判断工序能力能否满足质量要求。

1）图 4-8a 所示是一种比较理想的生产状态，μ 与 M 重合，且 $T>B$，工序能力充分。

2）图 4-8b 中，μ 与 M 不重合，有偏移，数据分布的边界有一侧与规范界限重合，工序已经偏移到临界状态，尽管 $T>B$，但如果不立刻调整，减少偏移，使其恢复到正常状态，很容易产生不合格品。

3）图 4-8c 中，μ 与 M 重合，且 $T=B$，数据分布的边界两侧与规范界限两侧重合，工序能力没有多余，极易产生不合格品。应该采取措施，提高工序能力，避免产生不合格品。

4）图 4-8d 中，μ 与 M 重合，且 $T\geqslant B$，属于工序能力过高的情况，不必担心产生不合格品。如需降低成本，可适当降低设备、材料、工艺、检验等方面的要求。

5）图 4-8e 中，μ 与 M 偏离较大，且数据分布的一侧已经超出规范界限，会产生较多的不合格品，但 $T\geqslant B$，可采取措施调整到图 4-8d 所示的状态，具有降低成本的可能。

6）图 4-8f 中，μ 与 M 重合，但两边均超出规范界限，且 $T<B$，工序能力不足或严重不足，会产生大量的不合格品。应该立即分析原因并采取措施，尽快提高工序能力。

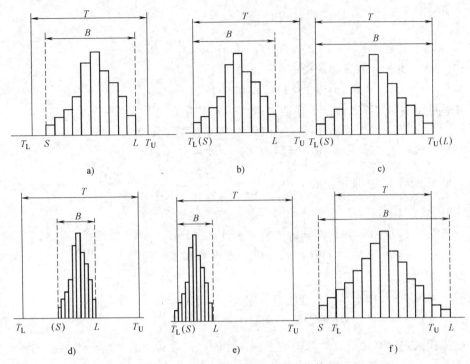

图 4-8 直方图分析工序能力指数

4.3.5 工序能力指数与不合格品率

从工序能力指数的定义可知，它实际上反映了产品合格率的高低，工序能力指数与产品质量合格率存在定量的关系。下面分两种情况推导它们之间的定量关系。

1. 质量特性分布中心与公差中心不重合（μ 与 M 不重合）

采用下式可计算产品合格率：

$$\eta = \int_{T_L}^{T_U} N(\mu, \sigma^2) \, dx \tag{4-8}$$

根据正态分布函数的性质可以推导 C_p、k 与 η 的关系。规范中心和分布中心分别为 M 和 μ，假设 $M > \mu$，且偏移量 $\varepsilon = M - \mu$，则

$$M = \frac{T_U + T_L}{2}, \quad C_p = \frac{T_U - T_L}{6\sigma}$$

由此可得

$$\begin{cases} T_U = M + 3C_p\sigma \\ T_L = M - 3C_p\sigma \end{cases}$$

代入式（4-8）并转换成标准正态分布

$$\eta = \int_{M-3C_p\sigma}^{M+3C_p\sigma} N(\mu, \sigma^2) \, dx = \Phi\left(\frac{M + 3C_p\sigma - \mu}{\sigma}\right) - \Phi\left(\frac{M - 3C_p\sigma - \mu}{\sigma}\right)$$

将 $\varepsilon = M - \mu$ 代入上式得

$$\eta = \Phi\left(\frac{\varepsilon + 3C_p\sigma}{\sigma}\right) - \Phi\left(\frac{\varepsilon - 3C_p\sigma}{\sigma}\right) = \Phi\left(\frac{\varepsilon}{\sigma} + 3C_p\right) - \Phi\left(\frac{\varepsilon}{\sigma} - 3C_p\right)$$

因为偏移系数为

$$k = \frac{2\varepsilon}{T} = \frac{2\varepsilon}{T_U - T_L} = \frac{2\varepsilon}{C_p \cdot 6\sigma} = \frac{\varepsilon}{C_p \cdot 3\sigma}$$

所以 $\varepsilon = 3C_p \sigma k$,代入 η 的表达式得

$$\eta = \Phi[3(1+k)C_p] - \Phi[-3(1-k)C_p] \tag{4-9a}$$

所以合格率的大小和偏移系数及工序能力指数的大小有关。不合格率为

$$1 - \eta = 1 - \Phi[3(1+k)C_p] + \Phi[-3(1-k)C_p]$$
$$= \Phi[-3(1+k)C_p] + \Phi[-3(1-k)C_p] \tag{4-9b}$$

对 μ 与 M 偏移 1.5σ 的情况:$k = \dfrac{\varepsilon}{C_p \cdot 3\sigma} = \dfrac{1.5\sigma}{C_p \cdot 3\sigma} = \dfrac{1}{2C_p}$,若 $T = T_U - T_L = 6\sigma$,则 $C_p = 1$,$k = 0.5$,代入式(4-9a)得

$$\eta = \Phi[3 \times (1+0.5) \times 1] - \Phi[-3 \times (1-0.5) \times 1] = \Phi(4.5) - \Phi(-1.5)$$
$$= \Phi(4.5) - 1 + \Phi(1.5) \approx \Phi(1.5) = 0.9332$$

2. μ 与 M 重合

此时,$k = 0$,将其代入式(4-9a)得

$$\eta = \Phi(3C_p) - \Phi(-3C_p) = 2\Phi(3C_p) - 1 \tag{4-10}$$

将 C_p 值代入式(4-10)就可以得到不同工序能力指数对应的产品合格率,见表4-2。例如,$C_p = 1$,$T = 6\sigma$,对应于规范要求 $\mu \pm 3\sigma$,而 $\mu \pm 3\sigma$ 内的产品占 99.73%,合格率 $\eta = 99.73\%$,不合格率 $1 - \eta = 0.27\%$,即 2700PPM。

表4-2 不同工序能力指数对应的产品合格率

C_p	合格品率	不合格品率 $1-\eta$(PPM)
0.5	86.64%	133614
0.67	95.46%	45500
1.0	99.73%	2700
1.5	99.99932%	6.8
2.0	99.99999982%	0.0018

表4-3列出了 μ 与 M 重合,以及偏移 1.5σ 时的 C_p、C_{pk} 值对比。

表4-3 部分 C_p、C_{pk} 值

| C_p | $\mu = M$ | | C_{pk} | μ 与 M 偏移 1.5σ | |
	η	$1-\eta$(PPM)		η	$1-\eta$(PPM)
0.5	86.64%	133614	0.5	93.319%	66810
0.67	95.46%	45500	0.67	97.725%	22750
1.00	99.73%	2700	1.00	99.865%	1350
1.33	99.9936%	63.4	1.33	99.99683%	31.7
1.50	99.99932%	6.8	1.50	99.99966%	3.4
1.67	99.999942%	0.58	1.67	99.999971%	0.29
2.0	99.999999813%	0.00187	2.0	99.99999982%	0.0018

第4章 工序能力与统计过程控制

例4-3 已知某零件加工标准为（148±2）mm，对100个样本计算出均值为148mm，标准差为0.48mm，求过程能力指数和过程不合格品率。

解：由于样本均值 $\mu=M=148$mm，过程无偏移。根据式（4-1），过程能力指数为

$$C_p = \frac{T}{6\sigma} = \frac{T}{6s} = \frac{4}{6\times0.48} = 1.39$$

过程不合格品率为

$$p = 2[1-\Phi(3C_p)] = 2[1-\Phi(3\times1.39)] = 2[1-0.999985] = 3\times10^{-5}$$

例4-4 若上例中，计算出的平均值为147.5mm，求过程不合格品率。

解：已知 $\varepsilon = |\mu-M| = |147.5-148| = 0.5$，上题计算得到 $C_p=1.39$，由式（4-4）得

$$k = \frac{2\varepsilon}{T} = \frac{2\times0.5}{4} = 0.25$$

再由式（4-9b）得

$$\begin{aligned}1-\eta &= \Phi[-3\times(1+0.25)\times1.39] + \Phi[-3\times(1-0.25)\times1.39] \\ &= \Phi(-5.21)+\Phi(-3.13) = 1-\Phi(5.21)+1-\Phi(3.13) \approx 1-\Phi(3.13) \\ &= 1-0.99913 = 0.00087 = 8.7\times10^{-4}\end{aligned}$$

为了使用方便，附表C即 C_p 值与偏移系数 k 对应的不合格品率表给出了不存在偏移系数 k 与存在偏移系数两种情况下，工序能力指数 C_p、C_{pk} 与不合格率 $p=1-\eta$ 之间关系的数据表。

4.4 6σ设计与管理

4.4.1 概述

随着产品质量和可靠性要求的不断提高，人们对产品质量的合格率也提出了更高的要求。6σ概念于1986年由摩托罗拉公司的比尔·史密斯提出，旨在生产过程中降低产品及流程的缺陷次数，防止产品出现异常，提升品质。按6σ技术要求，不合格品率达到3.4PPM，即百万次机会仅仅约3次失误，将原有的产品不合格率拓展到适合于各行各业的百万机会缺陷数DPMO（Defects Per Million Opportunity）。该技术和管理方法在摩托罗拉、通用、戴尔、惠普、西门子、索尼、东芝、美国快递、杜邦、福特、沃尔玛等众多跨国企业的实践中证明是卓有成效的，这使得该技术得以迅速地发展。目前，国内也正在推广这一技术和方法。

根据表4-3的计算结果可知，不同的σ水平表示不同的合格品率，也反映了企业的生产水平、管理水平。在考虑实际生产过程中分布中心与公差中心偏移1.5σ的情况下，σ水平与管理水平有如下关系：

6个σ=3.4失误/百万机会：意味着卓越的管理；
5个σ=230失误/百万机会：优秀的管理；
4个σ=6210失误/百万机会：意味着较好的管理；
3个σ=66800失误/百万机会：意味着平平常常的管理；
2个σ=308000失误/百万机会：意味着企业每天都有三分之一的浪费；
1个σ=690000失误/百万机会：每天有2/3的事情做错的企业无法生存。

6σ 理论认为，大多数企业在 3σ~4σ 间运转，也就是说每百万次操作失误在 6210~66800 之间，这些缺陷要求经营者以销售额在 15%~30% 的资金进行事后的弥补或修正，而如果做到 6σ，事后弥补的资金将降低到约为销售额的 5%。

4.4.2 6σ 与 Pσ 理论设计

1. 6σ 理论设计

6σ 设计的 "6σ" 就是对产品质量规范范围的要求为 ±6σ。一般质量规范是固定的，要使 T 从 $6σ(±3σ)$ 到 $12σ(±6σ)$ 只能是减小 $σ$，如图 4-9 所示。因为 6σ 设计对应于 $T=12σ$，则 $C_p=2$，若考虑实际分布中心与公差中心偏移 $1.5σ$ 的情况，即 $|μ-M|=1.5σ$，则 $C_{pk}=2-0.5=1.5$，根据式（4-9）、式（4-10）或表 4-3 已计算的结果：

$$C_p=2, η=99.99999982\%, 1-η=0.0018\text{PPM}$$
$$C_{pk}=1.5, η=99.99966\%, 1-η=3.4\text{PPM}$$

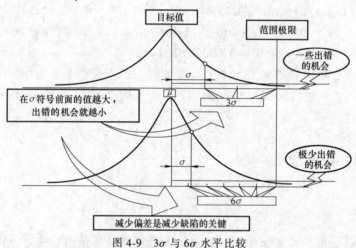

图 4-9 3σ 与 6σ 水平比较

6σ 设计对应于不合格品率 3.4PPM。根据以上分析，可以从工序能力分析角度理解 6σ 设计的含义为：

1) 6σ 设计指质量规范范围对应于 $±6σ(12σ)$。
2) 以质量特性实际分布中心与规范中心偏移 $1.5σ$ 作为条件。
3) 以不合格率是否达到 3.4PPM 作为评价是否达到 6σ 设计的依据。

2. Pσ 理论设计

（1）Pσ 设计与 C_{pk} 若质量规范对应于 ±Pσ，P 可以是任意正数，考虑分布中心与规范中心偏移 $1.5σ$，则要达到 Pσ 设计水平，

$$C_{pk}(|μ-M|=1.5σ)=C_p-0.5=\frac{2Pσ}{6σ}-0.5=\frac{P}{3}-0.5 \tag{4-11}$$

（2）Pσ 设计水平与不合格品率（1-η） 由于

$$T=T_U-T_L=2Pσ, k=\frac{2ε}{T}=\frac{2×1.5σ}{2Pσ}=\frac{3}{2P}, C_p=\frac{2Pσ}{6σ}=\frac{P}{3}$$

代入式（4-9a）计算，化简得

$$η=Φ(1.5+P)-Φ(1.5-P) \tag{4-12}$$

若 $P=3$,则得到 $\pm 3\sigma$ 的合格率;若 $P=6$,则得到 $\pm 6\sigma$ 的合格率。

(3) $P\sigma$ 设计与百万机会缺陷数 DPMO (Defects Per Million Opportunity) 应用式(4-12),因为 η 与 1 接近,通常以 PPM 表示不合格品率:

$$DPMO = (1-\eta) \times 10^6 = \{1 - [\Phi(1.5+P) - \Phi(1.5-P)]\} \times 10^6 \quad (4-13)$$

若 $P>3$,则

$$1 - \Phi(1.5+P) << \Phi(1.5-P)$$

则

$$DPMO \approx \Phi(1.5-P) \times 10^6 \quad (4-14)$$

4.4.3 6σ 管理方法简介

1. 6σ 管理方法要点

由于 6σ 设计对工序能力指数的定量要求上了一个新的台阶,并带来观念的改变,因此为了实现 6σ 设计要求,必须采用 6σ 管理方法。6σ 管理方法已成为一种基于统计技术的过程和产品质量改进的方法。它通过质量改进流程,追求"零缺陷"的过程设计,从而提高产品质量和服务质量,降低成本,缩短运行周期,提高顾客满意度。6σ 管理方法的应用已不局限于解决产品质量问题,还包括业务改进的各个方面,如时间、成本、服务等。企业实施 6σ 管理方法的要点如下:

1) 在企业内部,规范的 6σ 模式改进项目一般是由称为"6σ 模式精英小组"(Six Sigma Champion) 的执行委员会选择的,这个小组的职责之一是选择合适的项目并分配资源。

2) 领导小组将任务分派给黑带管理人员们,黑带管理人员再依照 6σ 模式组织一个小组来执行这个项目。

3) 小组成员对 6σ 模式项目进行定期的严密监测。

4) 6σ 模式是一种自上而下的革新方法,它由企业最高管理者领导并驱动,由最高管理层提出改进或革新目标(这个目标与企业发展战略和远景密切相关)、资源和时间框架。

5) 推行 6σ 模式可以采用由定义 (Define)、测量 (Measure)、分析 (Analyse)、改进 (Improve)、控制 (Control) (DMAIC) 构成的改进流程。

6) 这种革新方法强调定量方法和工具的运用,强调对顾客需求满意的详尽定义与量化表述,每一阶段都有明确的目标并由相应的工具或方法辅助。

2. 实施 6σ 管理的组织

企业的 6σ 管理是由执行领导 (CEO/Implementation)、倡导者 (Champion)、黑带主管 (Master Black Belt, MBB)、黑带 (Black Belt, BB)、绿带 (Green Belt, GB) 和项目团队 (Six Sigma Team) 传递并实施的,它们构成如图 4-10 所示的组织机构图。

(1) 执行领导 高层执行领导是推行 6σ 并获得成功的核心。成功推行 6σ 管理并取得丰硕成果的企业都拥有来自高层的高度意识与卓越领导。

(2) 倡导者 倡导者是 6σ 管理的关

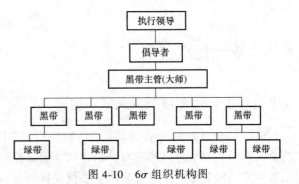

图 4-10 6σ 组织机构图

键角色，由他或她发起和支持（负责）黑带项目。倡导者通常是企业推行 6σ 领导小组的一员，或者是中层以上的高级管理人员。

（3）黑带主管　黑带主管又称黑带大师。黑带主管的职责是为参加项目的黑带提供指导和咨询。在绝大多数情况下，黑带主管是 6σ 专家，通常具有工科或理科背景，或者具有相当的管理学学位。

（4）黑带　黑带是 6σ 管理中最关键的一个职位。在 6σ 项目中，黑带组织、管理、激励、指导一支特定的 6σ 项目团队开展工作，负责使团队开始运作、管理团队的进展，并最终使项目获得成功。

（5）绿带　绿带接受 6σ 技术的培训，通常培训的项目与黑带类似，但内容所达层次略低。绿带还有本职工作要做，一般作为团队的成员或者兼任 6σ 团队领导。一些 6σ 先驱企业，很大比例的员工都接受过绿带培训。绿带的作用是把 6σ 的概念和工具带到企业日常活动中去。绿带是 6σ 活动中人数最多的，也是最基本的力量。

3. 6σ 管理的 DMAIC 方法

推行 6σ 管理具体可以采用 DMAIC 方法，它已成为世界上持续改进的标准流程。DMAIC 流程可用于以下三种基本改进计划：①$6\sigma$ 产品与服务实现过程改进；②$6\sigma$ 业务流程改进；③$6\sigma$ 产品设计过程改进。DMAIC 代表了 6σ 管理的 5 个阶段，如图 4-11 所示。

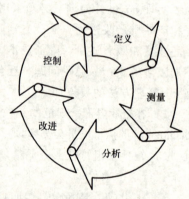

图 4-11　DMAIC 流程示意图

（1）定义阶段 D　确认顾客的关键需求并识别需要改进的产品或流程，组成项目团队，将改进项目界定在合理的范围内。

（2）测量阶段 M　通过现有过程的测量及诊断，确定过程的现状以及期望达到的目标，识别影响过程输出的输入因素，并对测量系统的有效性进行评价。

（3）分析阶段 A　通过数据分析，确定影响输出的因素，即确定过程的关键因素。

（4）改进阶段 I　寻找优化过程输出值并且消除或减小关键因素影响的方案，使过程的缺陷或变异降低。

（5）控制阶段 C　使改进后的过程程序化，并通过有效的检测方法保持过程改进的成果。

DMAIC 过程分五个步骤实施，每个步骤都有其活动的重点及其经常使用的质量工具和技术。

4.5　统计过程控制

4.5.1　统计过程控制（SPC）概述

SPC 是 Statistical Process Control 的简称。统计过程控制是一种借助数理统计方法的过程控制工具。它对生产过程进行分析评价，根据反馈信息及时发现系统性因素出现的征兆，并采取措施消除其影响，使过程维持在仅受偶然性因素影响的受控状态，以达到控制质量的目的。当过程仅受偶然因素影响时，过程处于统计控制状态（简称受控状态）；当过程中存在系统因素的影响时，过程处于统计失控状态（简称失控状态）。由于过程波动具有统计规律性，当过程受控时，过程特性一般服从稳定的随机分布；而失控时，过程分布将发生改变。SPC 正是利用过程波动的统计规律性对过程进行分析控制的。

SPC 强调全过程监控、全系统参与，并且强调用科学方法（主要是统计技术）来保证全过程的预防。SPC 不仅适用于质量控制，更可应用于一切管理过程（如产品设计、市场分析等）。正是它的这种全员参与管理质量的思想，实施 SPC 可以帮助企业在质量控制上真正做到"事前"预防和控制，SPC 是全球范围内制造业所信赖和采用的质量控制技术。半个多世纪以来，SPC 的广泛应用推动了制造业的发展与繁荣。在一些行业，应用 SPC 已经成为企业生存的基本需求。传统观念把检验作为质量保证的手段，只能事后判断，而应用 SPC，能够把握先机，预防不合格品的出现，降低成本，提高企业运行效率。

SPC 技术之所以得到日益广泛的使用，是因为它具有下列作用：

1）保证生产过程的统计受控状态，当发现生产过程存在异常原因而出现失控或失控倾向时，及时提出预警，以便采取措施，维持受控状态。

2）定量评定生产线、工序、工艺参数是否处于受控状态。

3）可用于评价生产设备和工艺装备是否处于稳定受控运转状态。

4）SPC 的应用已成为表征产品质量的重要依据之一，可用于评定产品质量，为供方评定提供数据。

5）SPC 的应用可代替部分筛选和可靠性实验。

4.5.2 控制图的基本格式

实施 SPC 的主要统计工具是控制图。控制图是一种图形方法，它给出表征过程当前状态的样本序列的信息，并将这些信息与考虑了过程固有变异后所建立的控制限进行对比。控制图是一种研究质量特性数据随时间变化的统计规律的动态方法。在控制图上可以方便地了解过去、分析现状与预测未来的质量状况。它是利用概率统计原理，做出两条控制限和一条中心线，然后把按时间顺序抽样所得的特性值，以散布图的形式依次描在坐标图上，从点子的动态分布情况来探讨工序质量及其趋势的图形。其基本格式如图 4-12 所示。其中横坐标为以时间先后排列的样本序号，纵坐标为质量特性值或样本统计量。一般中心线用实线表示，记为 CL（Control Limit）；两条上、下控制限用虚线表示，分别记为 UCL（Upper Control Limit），LCL（Lower Control Limit）。

在控制图上，如果点子落在控制限之内且点子排列无缺陷，则表明生产过程正常，过程处于统计控制状态。如果点子越出控制限之外，或点子排列有缺陷，则说明生产条件发生了异常变化，过程已经处于非统计控制状态。此时必须对过程采取措施，加强管理使生产过程恢复正常。

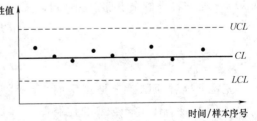

图 4-12 控制图的基本格式

4.5.3 控制图的基本原理

1. 控制图的数学原理

（1）正态性假定　当工序处于控制状态下，产品质量特性值由于受偶然性因素的影响，总会存在一定程度的波动，此时绝大多数质量特性值均服从或近似服从正态分布。可以根据此假定利用正态分布的特征建立工序控制模型。

如果母体服从均值为 μ、标准差为 σ 的正态分布，即 $x \sim N(\mu, \sigma^2)$，若抽取容量为 n 的子样 $x_1, x_2, \cdots, x_n$，可得样本均值、中位数、极差、样本标准差。这些统计量也服从正态分布，参见第2章2.5.3节，即

$$均值: \bar{x} \sim N\left(\mu, \frac{\sigma^2}{n}\right)$$

$$中位数: \tilde{x} \sim \left(\mu, \frac{m_3^2 \sigma^2}{n}\right)$$

$$极差: R \sim (d_2\sigma, d_3^2\sigma^2)$$

$$样本标准差: s \sim (C_2\sigma, C_3^2\sigma^2)$$

实际上即使母体不服从正态分布，这些特性值也近似服从正态分布。

（2）小概率原理　小概率事件在一般情况下或正常情况下是不应该出现的。一旦出现，就认为出现了异常原因。也就是说，在给定的假设情况下，如果出现了小概率事件，则认为该假设实际不成立。SPC评价中判断生产过程是否处于统计受控状态的根据就是"小概率原理"。

（3）3σ 准则　质量特性值服从正态分布时，距分布中心 $\pm 3\sigma$ 范围内所围的面积为 99.73%，则产品质量特性值应以 99.73% 的概率落入该范围内。x 落在控制限之外的概率仅为 0.27%，此概率可以认为是小概率。因此一旦 x 落在控制限之外，则小概率事件发生，有理由认为生产过程出现异常，生产过程处于失控状态。此时要及时查找原因，确认生产过程是否发生了显著变化。此外，根据需要进一步分析是何原因导致生产过程处于失控状态。

2. 控制图界限的确定

在控制图中，控制限是判断生产过程是否处于统计受控状态的判断基准，也是构造控制图的核心内容之一。

（1）3σ 法　目前，中国、美国、日本等国家均采用"3σ 法"确定控制限。若质量特性值服从正态分布 $N(\mu, \sigma^2)$，根据数理统计基本原理，质量特性值超出 $\mu \pm 3\sigma$ 的概率为 0.27%，是一种小概率事件，因此可以采用下式确定控制图的中心线和上下控制限：

$$\begin{cases} UCL = \mu + 3\sigma \\ CL = \mu \\ LCL = \mu - 3\sigma \end{cases} \quad (4-15)$$

把根据这种原则确定控制限的方法称为千分之三法则。对不同类型的控制图，只要确定相应质量特性值分布的均值和标准差，就可以采用式（4-15）计算中心线和上下控制限。图4-13反映了控制图的中心线和上下控制限。

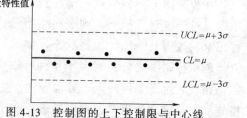

图 4-13　控制图的上下控制限与中心线

(2) 3.09σ法 3σ法的原理是质量特性值大于$\mu+3\sigma$的概率与小于$\mu-3\sigma$的概率均为0.135%。目前欧洲一些国家以概率值0.1%作为确定控制限的出发点。该概率值对应于质量特性值超过$\mu+3.09\sigma$与小于$\mu-3.09\sigma$的概率值均为0.1%。因此这种计算控制限的方法相当于用3.09σ代替上式中的3σ。

(3) 公差界限与控制限 产品质量特性值的公差界限与控制图的控制限是两个不同的概念,不能混淆,主要有以下几点区别:

1) 意义与作用不同:公差界限用于区分产品质量的好坏;控制限用于区分工序质量的好坏。

2) 制定界限的依据不同:公差界限是根据产品实际需要,事先设计的技术界限;控制限是依据从生产过程测定的质量分布数据来确定的,视所选择的第一类错误的概率α值的不同而不同。

3) 与两类错误的关系:公差界限并不导致两类错误的产生,而控制限则必然导致两类错误的产生。

3. 控制图的两类错误

(1) 第一类错误(α) 采用控制图来控制生产过程的基本原理之一是小概率原理,也就是说一旦小概率发生,就认为生产过程异常。但实际上小概率事件虽然发生的概率小,但它也是会发生的。控制图的另一个原理是3σ准则,是以$\mu\pm3\sigma$作为控制图的上下控制限,根据正态分布,有99.73%的质量特性值落在控制限之内,同时0.27%的质量特性值落在控制限之外。也就是说即使是在正常生产情况下,质量特性值也有0.27%的概率落在控制限以外。可是按照小概率原理(如前所述,在统计过程控制中把0.27%作为小概率),此种情况一出现,就认为生产过程异常。如果据此就判断生产过程失控,等于是把正常的生产判为异常,从而做出错误的判断。这种由于数据点超出控制限,而把正常生产过程判为异常或失控的错误,称为第一类错误。通常把第一类错误的概率记作α。在3σ控制图中,$\alpha=0.0027$。根据正态分布的原理,$\alpha/2=0.00135$,如图4-14所示。这种错误判断会导致不必要的停产浪费时间和成本去查找本来不存在的异常原因。

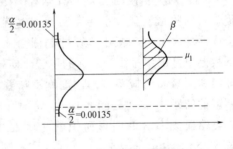

图4-14 控制图的两类风险

(2) 第二类错误(β) 同理,在生产过程中,如果生产已经出现异常,但仍然可能有质量特性值落在控制限内,如图4-14所示,质量特性值的平均值已经从μ_0偏移到μ_1,生产过程已经处于异常状态,但还是有一部分质量特性值处于控制限之内(如μ_1状态的阴影部分)。也就是说即使是在异常生产情况下,质量特性值也有一定概率出现在控制限以内。在这种情况下,一旦抽检到这些落在控制限以内的质量特性值,就会以为生产过程处于正常状态,从而导致错误的判断。这种由于数据点处于控制限以内,而把异常生产过程判为正常或受控的错误,就是控制图的第二类错误。第二类错误的概率通常记作β。这种错误会导致无法及时采取措施消除生产过程中已经存在的异常因素,从而导致过量不合格品的产生,造成经济损失。如图4-14所示,β是落在控制限以内的概率,也是此时错误判断的概率;$1-\beta$是质量特性值落在控制限以外的概率,也就是可以将生产过程判为异常的概率,即此时是能够做出正确判断的概率,也称为控制图的检出力。β 值可应用正态分布规律进行计算。例如,对于 $\bar{x}$ 控制图,β 计算如下:

设生产过程处于正常状态时,质量特性值 x 服从正态分布 $N(\mu_0, \sigma_0^2)$,此时 $\bar{x}$ 控制图的控制限应为

$$\begin{cases} UCL = \mu_0 + 3\dfrac{\sigma_0}{\sqrt{n}} \\ CL = \mu_0 \\ LCL = \mu_0 - 3\dfrac{\sigma_0}{\sqrt{n}} \end{cases} \tag{4-16}$$

设标准差 σ_0 不变,中心值由 μ_0 变化到 μ_1。此时 $\bar{x} \sim N(\mu_1, \sigma_0^2/n)$,由图 4-15 可见,根据式 (2-31)(注意变量为 $\bar{x}$,所以式中 μ 为 μ_1,σ 为 $\sigma_0/\sqrt{n}$),β 为

$$\begin{aligned}\beta &= \Phi\left(\frac{\mu_0 + 3\frac{\sigma_0}{\sqrt{n}} - \mu_1}{\frac{\sigma_0}{\sqrt{n}}}\right) - \Phi\left(\frac{\mu_0 - 3\frac{\sigma_0}{\sqrt{n}} - \mu_1}{\frac{\sigma_0}{\sqrt{n}}}\right) \\ &= \Phi\left(3 - \frac{\mu_1 - \mu_0}{\sigma_0/\sqrt{n}}\right) - \Phi\left(-3 - \frac{\mu_1 - \mu_0}{\sigma_0/\sqrt{n}}\right)\end{aligned} \tag{4-17}$$

(3) 两类错误的关系 两类错误存在着此消彼长的关系,其大小相互制约,也就是说不会同时增大或同时减小。在控制图上,一般上下控制限是以中心线为对称的,若要使 α 变小,即第一类错误的概率减小,也就意味着上下控制限的间距加大(见图 4-14),这时,代表第二类错误概率 β 的阴影面积就会增大。反之,若 α 变大,β 就会减小。

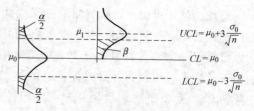

图 4-15 $\bar{x}$ 控制图的两类风险分析

4.5.4 控制图分类及选用

1. 控制图的分类

(1) 按产品质量的特性分类 控制图可分为计量值控制图和计数值控制图。

1) 计量值控制图:用于产品质量特性为计量值情形,如长度、质量、时间、强度、电流、电压等连续变量。常用的计量值控制图有:均值-极差控制图($\bar{x}$-R 图)、中位数-极差控制图($\tilde{x}$-R 图)、单值-移动极差控制图(x-R_s 图)、均值-标准差控制图($\bar{x}$-s 图)。

2) 计数值控制图:用于产品质量特性为不合格品数、不合格品率、缺陷数等离散型变量。常用的计数值控制图有:不合格品率控制图(p 图)、不合格品数控制图(np 图)、单位缺陷数控制图(u 图)、缺陷数控制图(c 图)。

(2) 按控制图的用途分类 控制图可以分为分析用控制图和控制用控制图。

1) 分析用控制图：当对某个生产过程刚开始使用控制图时，若经过计算、分析发现，生产过程并不处于统计控制状态，则应查找原因并加以消除，去掉异常数据点，重新计算中心线和控制限，再绘制控制图并进行分析，直到生产过程处于控制状态且满足质量要求。在这一分析阶段使用的控制图就是分析用控制图。

2) 控制用控制图：生产过程稳定且满足质量要求后，此时修改过的分析用控制图可转化为控制用控制图，即应用修改后的控制限和中心线绘制控制用控制图，用于对后续生产过程进行连续监控。也就是在生产过程中，按照确定的抽样间隔和样本大小抽取样本，在该控制图上描点，判断生产是否处于受控状态。

2. 控制图的特点及选用

有关计量值和计数值控制图的符号、特点、适用条件见表4-4。根据所要控制的质量特性和数据的种类、条件等，正确选用控制图。

表4-4 控制图符号、特点及适用条件一览表

类别	名称	符号	特点	适用条件
计量值控制图	均值-极差控制图	$\bar{x}$-R	应用广，提供的信息多，检出力强，判断效果好，但计算工作量大	适用于产品批量较大而且稳定正常的计量值场合
	中位数-极差控制图	$\tilde{x}$-R	计算简便，提供的信息较少，检出力较差，判断效果较差些	便于现场使用，当需要直接将测量数据记录控制图时
	均值-标准差控制图	$\bar{x}$-s	一张图可同时控制均值和方差，计算简单，使用方便	当样本容量较大（$n>10$）时，标准差图比极差图更灵敏
	单值-移动极差控制图	$\bar{x}$-R_s	简便省事，提供的信息量少，检出力较差，判断效果较差些，不易发现工序分布中心的变化	因各种原因（时间长、费用高等）每次只能得到一个数据或希望尽快发现并消除异常原因
计数值控制图	不合格品数控制图	np	较常用，计算简单，操作人员易于理解，检出力与样本容量n有关	样本容量n相等
	不合格品率控制图	p	计算量大，控制限凹凸不平，检出力与样本容量n有关	样本容量n可以不等
	缺陷数控制图	c	较常用，计算简单，操作人员易于理解，使用简便，检出力与样本容量n有关	样本容量n（面积或长度等）相等
	单位缺陷数控制图	u	计算量大，控制限凹凸不平，检出力与样本容量n有关	样本容量n（面积或长度等）不等

4.5.5 控制图设计

1. 计量值控制图

（1）平均值与极差控制图（$\bar{x}$-R图） 平均值-极差控制图，即$\bar{x}$-R图，是应用得较为广泛的计量值控制图，也是众多计量控制图中最为典型的一种，它具有提供的数据信息多因而判断准确的特点。此图由$\bar{x}$图和R图两图组合而成。$\bar{x}$表示每组数据的平均值，$\bar{x}$图用来控制平均值的变化；R值表示每组数据的极差，R图则用来控制数据的离散程度。

设质量特性值$x \sim N(\mu, \sigma^2)$，则根据式（2-32）和式（2-37），样本均值和极差服从以

下分布：

$$\bar{x} \sim N\left(\mu, \frac{\sigma^2}{n}\right) \tag{4-18}$$

$$R \sim N[d_2\sigma, (d_3\sigma)^2] \tag{4-19}$$

其中，d_2、d_3 是与样本容量 n 有关的常数。

1) $\bar{x}$ 控制图的中心线和控制限。根据 3σ 原理，由式 (4-15)、式 (4-16)，可获得 $\bar{x}$ 控制图的中心线和上下控制限的表达式如下：

$$\begin{cases} UCL = \mu + 3\dfrac{\sigma}{\sqrt{n}} \\ CL = \mu \\ LCL = \mu - 3\dfrac{\sigma}{\sqrt{n}} \end{cases} \tag{4-20}$$

在实际应用中，常用样本统计量来估计上述参数的值。设有 k 组样本，每组容量为 n，则用 k 组样本均值的平均值来估计，即

$$\mu = \bar{\bar{x}} = \frac{\sum_{i=1}^{k} \bar{x}_i}{k} \tag{4-21}$$

由式 (4-19)，可知

$$d_2\sigma \approx \bar{R} = \frac{\sum_{i=1}^{k} R_i}{k} \tag{4-22}$$

$$\sigma \approx \frac{\bar{R}}{d_2}$$

代入式 (4-20) 得到中心线与控制限的表达式如下：

$$\begin{cases} UCL \approx \bar{\bar{x}} + 3\dfrac{\bar{R}}{d_2\sqrt{n}} = \bar{\bar{x}} + A_2\bar{R} \\ CL \approx \bar{\bar{x}} = \dfrac{\sum_{i=1}^{k} R_i \bar{x}_i}{k} \\ LCL \approx \bar{\bar{x}} - 3\dfrac{\bar{R}}{d_2\sqrt{n}} = \bar{\bar{x}} - A_2\bar{R} \end{cases} \tag{4-23}$$

其中

$$A_2 = \frac{3}{d_2\sqrt{n}}$$

与每组样本容量 n 有关，可查附录 D 求其值。

2) R 控制图的中心线和控制限。由式 (4-19)、式 (4-22) 得

$$\sigma_R^2 = d_3^2 \sigma^2 \approx d_3^2 \left(\frac{\overline{R}}{d_2}\right)^2$$

$$\sigma_R \approx \frac{d_3}{d_2}\overline{R}$$

根据 3σ 原理，将以上结果代入式（4-15），可获得其中心线与控制限的表达式如下：

$$\begin{cases} UCL = \overline{R} + 3\sigma_R = \overline{R} + 3\dfrac{d_3}{d_2}\overline{R} = D_4 \overline{R} \\ CL \approx \overline{R} = \dfrac{\sum\limits_{i=1}^{k} R_i}{k} \\ LCL = \overline{R} - 3\sigma_R = \overline{R} - 3\dfrac{d_3}{d_2}\overline{R} = D_3 \overline{R} \end{cases} \quad (4\text{-}24)$$

其中，D_3、D_4 的取值与每组样本容量 n 有关，可查附录 D 求得。

从 $\overline{x}$ 图与 R 图的控制限公式可知，$\overline{x}$ 图的控制限与平均值 $\overline{\overline{x}}$、平均样本极差 $\overline{R}$ 都有关，而 R 图的控制限只与 $\overline{R}$ 有关。因此，应先作 R 图，R 图判稳后再作 $\overline{x}$ 图。如果先作 $\overline{x}$ 图，由于 R 图未先判稳，$\overline{R}$ 的某些异常数据可能不可用（如果此时 R 图是异常的，$\overline{R}$ 的值就要在剔除掉异常数据后重新计算，因为 $\overline{x}$ 图控制限与 $\overline{R}$ 有关，所以先前作 $\overline{x}$ 图所计算的 $\overline{x}$ 图控制限就无意义）。其他基于正态分布的控制图如 $x\text{-}R_s$ 图、$\overline{x}\text{-}s$ 图、$\tilde{x}\text{-}R$ 图等的制作也一样。

3）应用举例。

例 4-5 某手表厂对手表的螺栓扭矩进行过程控制，测得数据见表 4-5，数据由 25 组构成。螺栓扭矩是一计量特性值，数据的获得也较容易，故可选用灵敏度较高的 $\overline{x}\text{-}R$ 控制图。

解： 制作步骤如下：

① 收集数据，见表 4-5。

② 计算各组样本数据的平均值、极差 R_i。

例如第一组样本的计算如下，其余见表 4-5：

$$\overline{x}_1 = \frac{154+174+164+166+162}{5} = 164.0$$

$$R_1 = \max\{x_{1j}\} - \min\{x_{1j}\} = 174 - 154 = 20$$

表 4-5 数据与 $\overline{x}\text{-}R$ 图计算表

| 序号 | 观测值 | | | | | $\sum\limits_{j=1}^{5} x_{ij}$ (6) | $\overline{x}_i$ (7) | R_i (8) |
	x_{i1} (1)	x_{i2} (2)	x_{i3} (3)	x_{i4} (4)	x_{i5} (5)			
1	154	174	164	166	162	820	164.0	20
2	166	170	162	166	164	828	165.6	8
3	168	166	160	162	160	816	163.2	8
4	168	164	170	164	166	832	166.4	6

(续)

序号	观测值					$\sum_{j=1}^{5} x_{ij}$	$\bar{x}_i$	R_i
	x_{i1} (1)	x_{i2} (2)	x_{i3} (3)	x_{i4} (4)	x_{i5} (5)	(6)	(7)	(8)
5	153	165	162	165	167	812	162.4	14
6	164	158	162	172	168	824	164.8	14
7	167	169	159	175	165	835	167.0	16
8	158	160	162	164	166	810	162.0	8
9	156	162	164	152	164	798	159.6	12
10	174	162	162	156	174	828	165.6	18
11	168	174	166	160	166	934	166.8	14
12	148	160	162	164	170	804	160.8	22
13	165	159	147	153	151	775	155.0	18
14	164	166	164	170	164	828	165.6	6
15	162	158	154	168	172	814	162.8	18
16	158	162	156	164	152	792	158.4	12
17	151	158	154	181	168	812	162.4	30
18	166	166	172	164	162	830	166.0	10
19	170	170	166	160	160	826	165.2	10
20	168	160	162	154	160	804	160.8	14
21	162	164	165	169	153	813	162.6	16
22	166	160	170	172	158	826	165.2	14
23	172	164	159	167	160	822	164.4	13
24	174	164	166	157	162	823	164.6	17
25	151	160	164	158	170	803	160.6	19

③ 计算样本总平均值 $\bar{\bar{x}}$ 与样本极差平均值 $\bar{R}$。

由于 $\sum \bar{x}_i = 4081.8$，$\sum R_i = 357$，故

$$\bar{\bar{x}} = 163.272, \quad \bar{R} = 14.280$$

④ 计算 R 图的控制限。查附表 D 得，当 $n=5$ 时，$D_4 = 2.114$，$D_3 = 0$，将以上数据代入式 (4-24) 得到 R 图的控制限：

$$UCL_R = D_4 \bar{R} = 2.114 \times 14.280 = 30.188$$

$$CL_R = \bar{R} = 14.280$$

$$LCL_R = D_3 \bar{R} = 0$$

⑤ 绘制 R 图。将各组极差值逐一描点在控制图上，然后用折线连接起来，如图 4-16 所

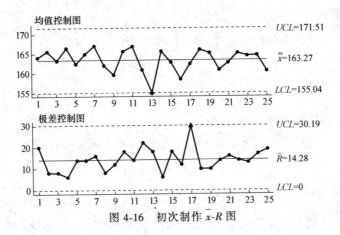

图 4-16 初次制作 $\bar{x}$-R 图

示,从图可以判定 R 图判稳。

⑥ 计算 $\bar{x}$ 图控制限并绘制 $\bar{x}$ 图。R 图判稳后,再建立 $\bar{x}$ 图。由于 $n=5$,查附表 D 得 $A_2 = 0.577$,再将 $\bar{\bar{x}} = 163.272$,$\bar{R} = 14.280$ 代入 $\bar{x}$ 图的公式,得到 $\bar{x}$ 图控制限:

$$UCL_{\bar{x}} = \bar{\bar{x}} + A_2\bar{R} = 163.272 + 0.577 \times 14.280 \approx 171.512$$

$$CL_{\bar{x}} = \bar{\bar{x}} = 163.272$$

$$LCL_{\bar{x}} = \bar{\bar{x}} - A_2\bar{R} = 163.272 - 0.577 \times 14.280 \approx 155.032$$

将各组 $\bar{x}$ 值逐一描点在控制图上,然后用折线连接起来,如图 4-16 所示。

⑦ 控制图的修正。因为 $\bar{x}$ 图上第 13 组 $\bar{x}$ 值为 155.00 小于 $LCL_{\bar{x}}$,经调查属于异因,应剔除第 13 组数据,再重新计算 R 图与 $\bar{x}$ 图的控制限。此时,

$$\bar{R}' = \frac{\sum R}{24} = \frac{357-18}{24} \approx 14.125$$

$$\bar{\bar{x}}' = \frac{\sum \bar{x}}{24} = \frac{4081.8-155.0}{24} \approx 163.617$$

代入式(4-24):

$$UCL_R = D_4\bar{R}' = 2.114 \times 14.125 \approx 29.860$$

$$CL_R = \bar{R}' \approx 14.125$$

$$LCL_R = D_3\bar{R}' = 0$$

从表 4-5 可见,R 图中第 17 组 $R = 30$ 出界。于是,再舍去该组数据,重新计算如下:

$$\bar{R}'' = \frac{\sum R}{23} = \frac{339-30}{23} \approx 13.435$$

$$\bar{\bar{x}}'' = \frac{\sum \bar{x}}{23} = \frac{3926.8-162.4}{23} \approx 163.670$$

此时 R 图控制限

$$UCL_R = D_4 \overline{R}'' = 2.114 \times 13.435 \approx 28.402$$
$$CL_R = \overline{R}'' = 13.435$$
$$LCL_R = D_3 \overline{R}'' = 0$$

从表 4-5 可见，R 图可判稳。于是再计算 $\overline{x}$ 图控制限如下：

$$UCL_{\overline{x}} = \overline{\overline{x}}'' + A_2 \overline{R}'' = 163.670 + 0.577 \times 13.435 \approx 171.422$$
$$CL_{\overline{x}} = \overline{\overline{x}}'' = 163.670$$
$$LCL_{\overline{x}} = \overline{\overline{x}}'' - A_2 \overline{R}'' = 163.670 - 0.577 \times 13.435 \approx 155.918$$

将其余 23 组样本的极差值与均值分别打点于 R 图与 $\overline{x}$ 图上，如图 4-17 所示。此时过程的极差与均值处于稳态。

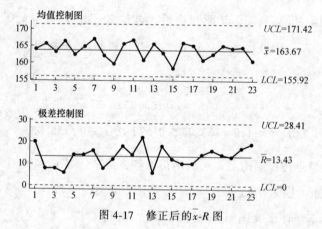

图 4-17 修正后的 $\overline{x}$-R 图

⑧ 计算工序能力指数。对于给定的质量规范 $T_L = 140$，$T_U = 180$，利用 $\overline{R}$ 与 $\overline{\overline{x}}$ 的值计算 C_p，具体如下：

因为

$$\hat{\sigma} = \frac{\overline{R}}{d_2} = \frac{13.435}{2.326} \approx 5.776$$

所以

$$C_p = \frac{T_U - T_L}{6\sigma} = \frac{180 - 140}{6 \times 5.776} \approx 1.15$$

由于 $\overline{\overline{x}} = 163.670$ 与公差中心 $M = 160$ 不重合，所以需要计算 C_{pk}，由式（4-4）、式（4-5）得

$$k = \frac{|M - \mu|}{T/2} = \frac{|160 - 163.670|}{(180 - 140)/2} = 0.18$$

$$C_{pk} = (1 - k) C_p = (1 - 0.18) \times 1.15 = 0.94$$

因为数据的分布中心与规范中心不重合，所以实际的工序能力指数小于 1.15，而是等于 0.94，在工序能力合格与不足的边缘。因此，应根据对手表螺栓扭矩的质量要求，确定

当前的生产工序状态是否满足设计、工艺和顾客的要求，决定是否以及何时对工序进行调整。若需调整，那么调整后应重新收集数据，绘制$\bar{x}$-R图。

⑨ 转成控制用控制图。以上步骤均是分析用控制图的制作过程。当$\bar{x}$-R图判稳后，可延长统计过程状态下的$\bar{x}$-R图的控制限，进入控制用控制图阶段，实现对后续生产过程的日常控制。

以上过程是建立控制图的完整步骤，体现了从分析用控制图到控制用控制图的制作过程，包括数据收集、系数查表、控制限计算、控制图绘制、异常数据分析、控制图修正、工序能力计算与分析、控制用控制图转换等，下面介绍的其他类型控制图也可参考此步骤制作。

(2) 单值-移动极差控制图（x-R_s图） 在实际生产中，有时每批样本汇总只包含一个数据，即$n=1$。例如，采集和测试质量特性值的成本很高或时间较长，从经济角度考虑，只测量一个数据；有些生产过程，质量比较均匀，例如表征液体浓度值的参数，每次检验无须抽取多个样本；对于自动加工和检测的生产过程，如果对每个测量值都要进行SPC分析，也是一种每批只有一个数据的情况。在这种每批样本中只包含一个数据，即$n=1$的情况，可以采用单值-移动极差控制图分析生产过程的统计受控状态。

将每批的一个数据值直接标示在控制图上就是单值控制图。单值控制图与通常的均值控制图对应，用于判断质量特性值中心值的变化情况是否处于统计受控状态。移动极差指相邻两批数据（因为每批只有一个数据）的两个数据之差的绝对值。将移动极差值直接标示在控制图上就是R_s控制图。移动极差控制图与通常的极差控制图相对应，用于判断质量特性值分散性的变化情况是否处于统计受控状态。

x-R_s图由于利用的数据较少，用它来判断生产过程变化的灵敏度要差些。它的优点是计算简单，含义直观，运用方便，故在数据统计处理中仍有着相当广泛的应用。

1) 单值控制图的中心线和控制限。在式 (4-23) 中所示的均值控制图的控制限计算公式中，用每批数据的均值$\bar{x}$（每批只有一个数据，因此该组数据的均值就是该数据）代替$\bar{\bar{x}}$，用移动极差的均值$\bar{R}_s$代替极差的均值$\bar{R}$，取$d_2=d_2(2)=1.128$，$n=1$，即得单值控制图的控制限计算公式为

$$\begin{cases} UCL=\mu+3\sigma/\sqrt{n}=\bar{x}+3\bar{R}_s/(\sqrt{n}\cdot d_2)=\bar{x}+2.66\bar{R}_s \\ CL=\mu=\bar{x} \\ LCL=\mu-3\sigma/\sqrt{n}=\bar{x}-3\bar{R}_s/(\sqrt{n}\cdot d_2)=\bar{x}-2.66\bar{R}_s \end{cases} \quad (4-25)$$

2) 移动极差控制图的中心线和控制限。根据前面的分析，只要在式 (4-24) 中，用移动极差的均值$\bar{R}_s$代替极差的均值$\bar{R}$，取$D_4=D_4(2)=3.267$，$D_3=D_3(2)=0$，即得移动极差控制图的控制限计算公式：

$$\begin{cases} UCL=\mu_{Rs}+3\sigma_{Rs}=D_4\bar{R}_s=3.2676\bar{R}_s \\ CL=\mu_{Rs}=\bar{R}_s \\ LCL=\mu_{Rs}-3\sigma_{Rs}=D_3\bar{R}_s=0 \end{cases} \quad (4-26)$$

3) 应用举例。

例 4-6 表 4-6 是某低合金钢中碳质量分数的测定值，共 25 批数据，用相邻两批数据之差的绝对值计算移动极差，列于表中，只有 24 个极差值。

表 4-6 某低合金钢中碳质量分数的测定值和移动极差

批次	x_i	R_i	批次	x_i	R_i
1	0.202		14	0.207	0.005
2	0.205	0.003	15	0.203	0.004
3	0.201	0.004	16	0.200	0.003
4	0.196	0.005	17	0.196	0.004
5	0.203	0.007	18	0.199	0.003
6	0.205	0.002	19	0.203	0.004
7	0.202	0.003	20	0.205	0.002
8	0.199	0.003	21	0.201	0.004
9	0.197	0.002	22	0.203	0.002
10	0.200	0.003	23	0.200	0.003
11	0.203	0.003	24	0.205	0.005
12	0.201	0.002	25	0.203	0.002
13	0.202	0.001			

由表 4-6 求得

$$\bar{x} = \sum x_i/n = 0.20164$$

$$\bar{R}_s = \sum R_{si}/(n-1) = 0.0033$$

x 图控制限，由式（4-25）得

$$CL = \bar{x} = 0.20164$$
$$UCL = 0.21039$$
$$LCL = 0.19289$$

R_s 图控制限，由式（4-26）得

$$CL = \bar{R}_s = 0.0033$$
$$UCL = 0.01075$$
$$LCL = 0$$

在控制图上绘制中心线和控制限，同时将每批数据和移动极差值分别标示在 x 控制图和 R_s 控制图（见图 4-18）上。即完成 x-R_s 控制图的绘制。从图中可以看出 x-R_s 图中没有一个点子超出控制限，数据点排布也正常，按照控制图的分析和判定规则，未发现有检测异常数据，可用于控制用控制图。

（3）均值-标准差控制图（$\bar{x}$-s 图） $\bar{x}$-s 图与 $\bar{x}$-R 图相似。当每批样本数据量较小时，使用 $\bar{x}$-s 图和 $\bar{x}$-R 图的相对效率之比接近 1，两者差别不大；当每批样本数据量 $n>10$ 时，应用极差估计母体标准差 σ 的效率减低，需要用 s 图代替 R 图。$\bar{x}$-s 控制图就是分别以每组数据的均值 $\bar{x}$ 和标准差 s 为表征质量特性参数中心值和分散情况的特性值，构成控制图。只要分

第 4 章 工序能力与统计过程控制

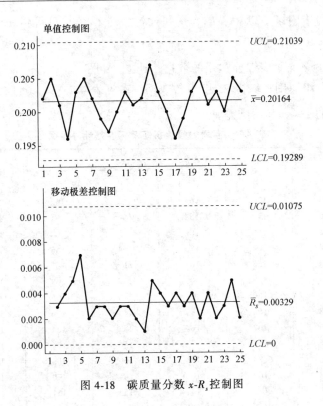

图 4-18 碳质量分数 x-R_s 控制图

别确定均值 $\bar{x}$ 和标准差 s 这两个特性值的均值和标准差,就可以利用式(4-15)计算控制图的中心线和上下控制限。

1)均值图的中心线和控制限即为式(4-20):

$$\begin{cases} UCL = \mu + 3\dfrac{\sigma}{\sqrt{n}} \\ CL = \mu \\ LCL = \mu - 3\dfrac{\sigma}{\sqrt{n}} \end{cases}$$

根据式(2-38)和式(2-39),可知样本标准差的均值和标准差与母体标准差 σ 的关系,$\bar{s} = C_2\sigma$,$\sigma_s = C_3\sigma$,将 $\bar{s} = C_2\sigma$ 代入上式得到均值图的控制限:

$$\begin{cases} UCL = \mu + 3\sigma/\sqrt{n} = \bar{\bar{x}} + 3\bar{s}/(\sqrt{n} \cdot C_2) = \bar{\bar{x}} + A_3\bar{s} \\ CL = \mu = \bar{\bar{x}} \\ LCL = \mu - 3\sigma/\sqrt{n} = \bar{\bar{x}} - 3\bar{s}/(\sqrt{n} \cdot C_2) = \bar{\bar{x}} - A_3\bar{s} \end{cases} \tag{4-27}$$

2)标准差控制图控制限。根据式(4-15),将 $\bar{s} = C_2\sigma$,$\sigma_s = C_3\sigma$ 代入得到

$$\begin{cases} UCL = \mu_s + 3\sigma_s = \bar{s} + 3C_3\sigma = \bar{s} + 3(C_3/C_2)\bar{s} = B_4\bar{s} \\ CL = \mu_s = \bar{s} \\ LCL = \mu - 3\sigma_s = \bar{s} - 3C_3\sigma = \bar{s} - 3(C_3/C_2)\bar{s} = B_3\bar{s} \end{cases} \tag{4-28}$$

其中系数 C_2、C_3 可查附录 D 获得，B_3、B_4 可通过 C_2、C_3 值计算得到。

3）应用举例。

例 4-7 应用例 4-5 手表螺栓扭矩的数据，建立 $\bar{x}$-s 图。

① 依据合理分组原则，取得 25 组预备数据，参见表 4-7。

② 计算各组的平均 $\bar{x}_i$ 和标准差 s_i。

表 4-7 手表的螺栓扭矩及标准差计算数据

子组号	测量数据					平均值 $\bar{x}_i$	标准差 s_i
	x_1	x_2	x_3	x_4	x_5		
1	154	174	164	166	162	164.0	7.211
2	166	170	162	166	164	165.6	2.966
3	168	166	160	162	160	163.2	3.633
4	168	164	170	164	166	166.4	2.608
5	153	165	162	165	167	162.4	5.550
6	164	158	162	172	168	164.8	5.404
7	167	169	159	175	165	167.0	5.831
8	158	160	162	164	166	162.0	3.162
9	156	162	164	152	164	159.6	5.367
10	174	162	162	156	174	165.6	8.050
11	168	174	166	160	166	166.8	5.020
12	148	160	162	164	170	160.8	8.075
13	165	159	147	153	151	155.0	7.071
14	164	166	164	170	164	165.6	2.608
15	162	158	154	168	172	162.8	7.294
16	158	162	156	164	152	158.4	4.775
17	151	158	154	181	168	162.4	12.219
18	166	166	172	164	162	166.0	3.743
19	170	170	166	160	160	165.2	5.020
20	168	160	162	154	160	160.8	5.020
21	162	164	165	169	153	162.6	5.941
22	166	160	170	172	158	165.2	6.099
23	172	164	159	165	160	164.0	5.148
24	174	164	166	157	162	164.6	6.229
25	151	160	164	158	170	160.6	7.057

各组的平均值见表 4-7（与表 4-5 相同），而标准差需要利用有关公式计算，例如，第一组的标准差为

$$s_1 = \sqrt{\frac{\sum_{j=1}^{5}(x_{1j}-\bar{x}_1)^2}{5-1}} = \sqrt{\frac{(154-164)^2+(174-164)^2+(164-164)^2+(166-164)^2+(162-164)^2}{5-1}}$$

$=7.211$

其余参见表 4-7 中的标准差栏。

③ 计算所有观测值的总平均值 $\bar{\bar{x}}$ 和平均标准差 $\bar{s}$。得到 $\bar{\bar{x}}=163.256$，$\bar{s}=5.644$。

④ 计算 s 图的控制限，绘制控制图。

先计算 s 图的控制限。从附录 D 可知，当组大小 $n=5$ 时，$B_4=2.089$，$B_3=0$，代入 s 图

控制限公式，得到

$$UCL_s = B_4\bar{s} = 2.089 \times 5.644 = 11.790$$
$$CL_s = \bar{s} = 5.644$$
$$LCL_s = B_3\bar{s} = 0$$

相应的 s 控制图如图 4-19 所示。

可见，s 图在第 17 点超出了上控制限，应查找异常的原因，采取措施加以纠正。为了简单起见，将第 17 组剔除掉。利用剩下的 24 组来重新计算 $\bar{x}$-s 控制图的控制限。得到

$$\bar{\bar{x}} = 163.292, \quad \bar{s} = 5.370$$

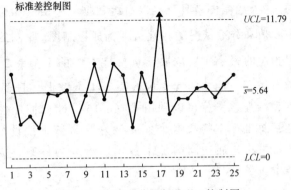

图 4-19 初次制作的标准差 s 控制图

将 $B_4 = 2.089$，$B_3 = 0$ 代入 s 图的控制限公式，得到

$$UCL_s = B_4\bar{s} = 2.089 \times 5.370 = 11.218$$
$$CL_s = \bar{s} = 5.370$$
$$LCL_s = B_3\bar{s} = 0$$

参见图 4-20 所示的标准差控制图。可见，标准差 s 控制图不存在异因，那么，可以利用 $\bar{s}$ 来建立 $\bar{x}$ 图。由于组大小 $n = 5$，从附录 D 知，$A_3 = 1.427$，将 $\bar{\bar{x}} = 163.292$，$\bar{s} = 5.370$ 代入 $\bar{x}$ 图的控制公式，得到

$$UCL_{\bar{x}} = \bar{\bar{x}} + A_3\bar{s} = 163.292 + 1.427 \times 5.370 \approx 170.955$$
$$CL_{\bar{x}} = \bar{\bar{x}} = 163.292$$
$$LCL_{\bar{x}} = \bar{\bar{x}} - A_3\bar{s} = 163.292 - 1.427 \times 5.370 \approx 155.629$$

相应的均值控制图如图 4-20 所示。从图中可知，第 13 组 $\bar{x}$ 值为 155.0 小于 $LCL_{\bar{x}}$，应调查原因，修正控制限。具体方法可以参考例 4-5 中⑦控制图的修正。

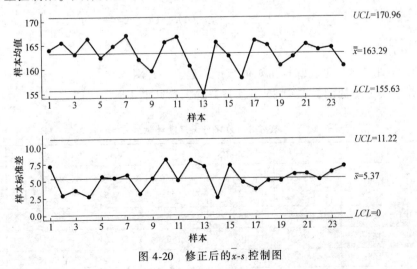

图 4-20 修正后的 $\bar{x}$-s 控制图

(4) 中位数-极差控制图（$\tilde{x}$-R 图） $\tilde{x}$-R 图与 $\bar{x}$-R 图相似。$\tilde{x}$-R 图是由 $\tilde{x}$ 图与 R 图构成的。$\tilde{x}$-R 控制图就是分别以每组数据的中值（中位数）$\tilde{x}$ 和极差 R 作为表征质量特性参数中心值和分散情况的特性值，构成控制图。$\tilde{x}$ 图的鉴别能力劣于 $\bar{x}$ 图，但优于 x 图。这是因为 $\tilde{x}$ 的大小主要取决于每批样本中的 1 个或 2 个数据，$\bar{x}$ 的大小取决于每批样本中的所有数据，而 x 的大小仅取决于 1 个数据。只要分别确定 $\tilde{x}$ 和极差 R 这两个特性值的均值和标准差，就可以利用式（4-15）计算控制图的中心线和上下控制限。需要注意的是，每批样本的数据个数 n 最好为奇数，使计算中位数更方便。此时，样本的中位数就是大小位居中间的那个数据。若 n 为偶数，大小位居中间的那两个数值的平均值就是中位数。

1）中位数图的中心线和控制限。根据式（2-34）可知，样本中位数 $\tilde{x}$ 的期望值就等于母体均值 μ，即 $\bar{\tilde{x}} = \mu$，样本中位数的标准差 $\sigma_{\tilde{x}}$ 与母体标准差二者的关系为 $\sigma_{\tilde{x}} = m_3 \sigma / \sqrt{n}$。根据式（4-15），将 $\bar{\tilde{x}} = \mu$，$\sigma_{\tilde{x}} = m_3 \sigma / \sqrt{n}$，以及式（2-35）$\bar{R} = d_2 \sigma$ 代入得到

$$\begin{cases} UCL = \mu_{\tilde{x}} + 3\sigma_{\tilde{x}} = \bar{\tilde{x}} + 3\dfrac{m_3}{\sqrt{n}}\sigma = \bar{\tilde{x}} + 3\dfrac{m_3}{\sqrt{n}}\dfrac{\bar{R}}{d_2} = \bar{\tilde{x}} + m_3 A_2 \bar{R} \\ CL = \mu_{\tilde{x}} = \bar{\tilde{x}} \\ LCL = \mu_{\tilde{x}} - 3\sigma_{\tilde{x}} = \bar{\tilde{x}} - 3\dfrac{m_3}{\sqrt{n}}\sigma = \bar{\tilde{x}} - 3\dfrac{m_3}{\sqrt{n}}\dfrac{\bar{R}}{d_2} = \bar{\tilde{x}} - m_3 A_2 \bar{R} \end{cases} \quad (4\text{-}29)$$

其中系数 m_3、A_2 可查附录 D 获得。

2）R 控制图的中心线和控制限。与 $\bar{x}$-R 控制图中的 R 图中心线和控制限一样，即

$$\begin{cases} UCL = D_4 \bar{R} \\ CL = \bar{R} \\ LCL = D_3 \bar{R} \end{cases} \quad (4\text{-}30)$$

3）应用举例。

例 4-8 应用例 4-4 手表螺栓扭矩的数据，建立 $\tilde{x}$-R 图。

① 依据合理分组原则，取得 25 组预备数据，参见表 4-8。

表 4-8 数据与 $\tilde{x}$-R 图计算表

序号	观测值					$\tilde{x}$	R_i
	x_{i1} (1)	x_{i2} (2)	x_{i3} (3)	x_{i4} (4)	x_{i5} (5)	(7)	(8)
1	154	174	164	166	162	164	20
2	166	170	162	166	164	166	8
3	168	166	160	162	160	162	8

(续)

序号	观测值					$\tilde{x}$ (7)	R_i (8)
	x_{i1} (1)	x_{i2} (2)	x_{i3} (3)	x_{i4} (4)	x_{i5} (5)		
4	168	164	170	164	166	166	6
5	153	165	162	165	167	165	14
6	164	158	162	172	168	164	14
7	167	169	159	175	165	167	16
8	158	160	162	164	166	162	8
9	156	162	164	152	164	162	12
10	174	162	162	156	174	162	18
11	168	174	166	160	166	166	14
12	148	160	162	164	170	162	22
13	165	159	147	153	151	153	18
14	164	166	170	164	164	164	6
15	162	158	154	168	172	162	18
16	158	162	156	164	152	158	12
17	151	158	154	181	168	158	30
18	166	166	172	164	162	166	10
19	170	170	166	160	160	166	10
20	168	160	162	154	160	160	14
21	162	164	165	169	153	164	16
22	166	160	170	172	158	166	14
23	172	164	159	167	160	164	13
24	174	164	166	157	162	164	17
25	151	160	164	158	170	160	19

② 计算样本中位数平均值 $\bar{\tilde{x}}$ 与平均样本极差 $\bar{R}$。

由于 $\sum \tilde{x}_i = 4073$，$\sum R = 357$，故

$$\bar{\tilde{x}} = 162.92, \quad \bar{R} = 14.280$$

③ 计算 $\tilde{x}$ 及 R 图的控制限。查附录 D 得，当 $n=5$ 时，$m_3 = 1.198$，$m_3 A_2 = 0.691$，$D_4 = 2.114$，$D_3 = 0$，将以上数据代入式（4-30）得到 R 图和 $\tilde{x}$ 图的控制限：

R 图：

$$UCL_R = D_4 \bar{R} = 2.114 \times 14.280 = 30.188$$

$$CL_R = \bar{R} = 14.280$$

$$LCL_R = D_3\bar{R} = 0$$

$\tilde{x}$ 图：

$$UCL_{\tilde{x}} = \bar{\tilde{x}} + m_3 A_2 \bar{R} = 162.92 + 0.691 \times 14.280 = 171.7875$$

$$CL_{\tilde{x}} = \bar{\tilde{x}} = 162.92$$

$$LCL_{\tilde{x}} = \bar{\tilde{x}} - m_3 A_2 \bar{R} = 162.92 - 0.691 \times 14.280 = 154.053$$

④ 绘制 $\tilde{x}$-R 图（图 4-21）。

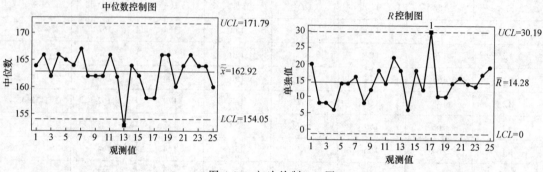

图 4-21　初次绘制 $\tilde{x}$-R 图

⑤ 控制图的修正。因为 $\tilde{x}$ 图上第 13 组 $\tilde{x}$ 值为 152.00 小于 $LCL_{\tilde{x}}$，经调查属于异因，应剔除第 13 组数据，再重新计算 R 图与 $\tilde{x}$ 图的控制限，具体方法可以参考例 4-5 中⑦控制图的修正。

2. 计数值控制图

（1）不合格品率控制图（p 图）　p 图用于对产品不合格品率的控制，尤其是当每批样本数不相等的情况下使用。此外，也可用于对合格率、材料利用率、缺勤率、出勤率等进行控制。

1）基本原理。如果生产过程处于统计受控状态，从产品中随机抽取容量为 n_i 的样本，在 n_i 样本中发现有 D_i 件不合格品，则样本中不合格品率 p_i 为

$$p_i = \frac{D_i}{n_i}$$

当样本容量足够大时，p_i 服从正态分布，其期望值与方差分别为

$$E(p_i) = \frac{E(D_i)}{n_i} = p \tag{4-31}$$

$$\mathrm{Var}(p_i) = \frac{\mathrm{Var}(D_i)}{n_i^2} = \frac{p(1-p)}{n_i} \tag{4-32}$$

其中，p 为总体的产品不合格品率，可用样本平均不合格率 $\bar{p}$ 来估计。

2）中心线和控制限。将以上结果代入式（4-15），p 控制图的中心线和控制限

$$\begin{cases} UCL = p + 3\sqrt{\dfrac{p(1-p)}{n_i}} \approx \bar{p} + 3\sqrt{\dfrac{\bar{p}(1-\bar{p})}{n_i}} \\ CL = p \approx \bar{p} \\ LCL = p - 3\sqrt{\dfrac{p(1-p)}{n_i}} = \bar{p} - 3\sqrt{\dfrac{\bar{p}(1-\bar{p})}{n_i}} \end{cases} \quad (4\text{-}33)$$

从式（4-33）可以看出，上下控制限的大小与样本容量 n_i 有关。当每批样本容量 n_i 大小不相同时，上述控制图的控制限随 n_i 的变化而变化，也就是说每批样本计算出来的控制限不同，反映在控制图上的上下控制限不是一条直线，其形状呈锯齿形，观察和分析极不方便。当对控制图的精度要求不是很高时，可以用平均样本容量 $\bar{n}$ 代替 n_i，这样控制限计算值就是一个常数，控制限就是一条水平线。另外，n 的大小直接影响控制限的大小，从而影响上下控制限之间的宽窄，因为 $UCL-LCL \propto 1/n_i$，当 n 取值较大时，控制限变小，控制限变窄；当 n 取值较小时，控制限变宽。因为不合格品率不能为负数，当 LCL 值小于 0 时，令 $LCL=0$。若要求 $LCL>0$，则

$$p - 3\sqrt{\dfrac{p(1-p)}{n}} > 0, \quad n > 9 \times \left(\dfrac{1}{p} - 1\right)$$

如果 $p=0.01$，则 $n>891$；$p=0.003$，则 $n>291$。

3）应用举例。

① 样本大小 n 相同的 p 图。

例 4-9 某产品 8 月份检验数据见表 4-9，共检验了 25 个样本，样本大小 $n=300$，制作 p 控制图。

a. 收集数据，见表 4-9。

表 4-9 某产品不合格品数数据表

样本号	样本数 n	不合格数 np	不合格率 p	样本号	样本数 n	不合格数 np	不合格率 p
1	300	12	0.04	14	300	3	0.01
2	300	3	0.01	15	300	0	0
3	300	9	0.03	16	300	5	0.017
4	300	4	0.013	17	300	7	0.023
5	300	0	0	18	300	8	0.027
6	300	6	0.02	19	300	16	0.053
7	300	6	0.02	20	300	2	0.007
8	300	1	0.003	21	300	5	0.017
9	300	8	0.027	22	300	6	0.02
10	300	11	0.037	23	300	0	0
11	300	2	0.007	24	300	3	0.01
12	300	10	0.033	25	300	2	0.007
13	300	9	0.03	合计	7500	138	

b. 确定控制限。

$$UCL = \bar{p} + 3\sqrt{\frac{\bar{p}(1-\bar{p})}{n}} = 0.018 + 3\sqrt{\frac{0.018(1-0.018)}{300}} = 0.041$$

$$CL = \bar{p} = \frac{\sum p_n}{\sum n} = \frac{138}{7500} = 0.018$$

$$LCL = \bar{p} - 3\sqrt{\frac{\bar{p}(1-\bar{p})}{n}} = 0.018 - 3\sqrt{\frac{0.018(1-0.018)}{300}} = -0.005 \approx 0$$

c. 绘制 p 图。如图 4-22 所示,将 CL、UCL 和 LCL 绘在坐标纸上,并将 25 个样本点逐个描在控制图上,标出超出界限的样本点。

由于 p 图的下限不可能为负值,所以定为 0。从图中看出第 19 号样本点出界,经过分析是由于系统性原因引起的,所以要剔除,重新计算不合格品率的平均值、控制限,对 p 图进行修正,才能用于控制用控制图(可参考例 4-5 均值-极差控制图的做法)。

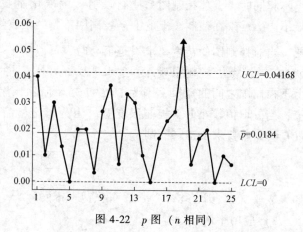

图 4-22 p 图(n 相同)

② 样本大小 n 不同的 p 图。

例 4-10 表 4-10 是某手表厂收集的一个月 25 组数据,其样本大小各不相同,制作 p 图。

a. 收集数据,见表 4-10。

表 4-10 某手表不合格品数及控制限计算结果

样本编号	样本大小 n	不合格品数 np	不合格品率 p	$3\sqrt{\dfrac{\bar{p}(1-\bar{p})}{n_i}}$	$\bar{p}+3\sqrt{\dfrac{\bar{p}(1-\bar{p})}{n_i}}$	$\bar{p}-3\sqrt{\dfrac{\bar{p}(1-\bar{p})}{n_i}}$
1	2385	47	0.020	0.00875	0.02945	0.01195
2	1451	18	0.012	0.01121	0.03191	0.00949
3	1935	74	0.038	0.00971	0.03041	0.01099
4	2450	42	0.017	0.00863	0.02933	0.01207
5	1997	39	0.020	0.00956	0.03026	0.01114
6	2168	52	0.024	0.00917	0.02987	0.01153
7	1941	47	0.024	0.00970	0.03040	0.01100
8	1962	34	0.017	0.00964	0.03034	0.01106
9	2244	29	0.013	0.00902	0.02972	0.01168
10	1238	39	0.032	0.01214	0.03284	0.00856
11	2289	45	0.020	0.00893	0.02963	0.01177
12	1464	26	0.018	0.01116	0.03186	0.00954

（续）

样本编号	样本大小 n	不合格品数 np	不合格品率 p	$3\sqrt{\dfrac{\bar{p}(1-\bar{p})}{n_i}}$	$\bar{p}+3\sqrt{\dfrac{\bar{p}(1-\bar{p})}{n_i}}$	$\bar{p}-3\sqrt{\dfrac{\bar{p}(1-\bar{p})}{n_i}}$
13	2061	49	0.024	0.00941	0.03011	0.01129
14	1667	34	0.020	0.01046	0.03116	0.01024
15	2350	31	0.013	0.00881	0.02951	0.01189
16	2354	38	0.016	0.00880	0.02950	0.01190
17	1509	28	0.019	0.01100	0.03170	0.00970
18	2190	30	0.014	0.00913	0.02983	0.01157
19	2678	113	0.042	0.00825	0.02895	0.01245
20	2252	58	0.026	0.00900	0.02970	0.01170
21	1641	62	0.038	0.01054	0.03124	0.01016
22	1782	19	0.011	0.01012	0.03082	0.01058
23	1993	30	0.015	0.00957	0.03027	0.01113
24	2382	17	0.007	0.00875	0.02945	0.01195
25	2132	46	0.022	0.00925	0.02995	0.01145
合计	$\sum n=50513$	$\sum p=1047$	$\bar{p}=0.0207$	—	—	—

b. 确定控制限。根据表 4-10 中的数据，计算所得控制限列于表中。

c. 绘制 p 控制图（图 4-23）。由于有样本点超出控制限之外，应查找原因，剔除异常点，重新计算控制限，对控制图修正，才能用于控制用控制图。

该例中，由于各样本组样本大小 n_i 不相同，在 n_i 的差别不大时，为了简化控制限计算，可以采用平均样本数 $\bar{n}$ 来代替各样本组的样本数 n_i，然后用 $\bar{n}$ 计算控制限。

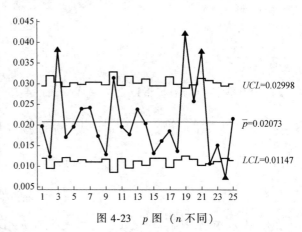

图 4-23　p 图（n 不同）

$$\bar{n}=\dfrac{\sum n}{m}=\dfrac{50515}{25}=2020.6\approx 2000$$

当 $\bar{n}=2000$ 时，

$$UCL=\bar{p}'+3\sqrt{\dfrac{\bar{p}'(1-\bar{p}')}{\bar{n}}}=0.021+3\times\sqrt{\dfrac{0.021(1-0.021)}{2000}}=0.0306$$

$$LCL = \bar{p}' - 3 \times \sqrt{\frac{\bar{p}'(1-\bar{p}')}{\bar{n}}} = 0.021 - 3 \times \sqrt{\frac{0.021(1-0.021)}{2000}} = 0.0114$$

此时控制图如图4-24所示。

（2）不合格品数控制图（np 控制图）np 控制图用于控制生产过程中不合格品数的变化情况，由于不合格品数等于不合格品率 p 与每批样品数 n 的乘积 np，所以称为 np 控制图。np 控制图一般在样本大小 n 固定的情况下使用，且样本中含有 1~5 个不合格品。

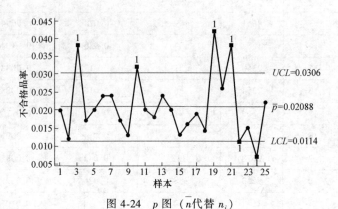

图 4-24　p 图（$\bar{n}$ 代替 n_i）

1）基本原理。假设样本容量为 n 的样本中含有 D 个不合格品，在 n 较大时 D 服从正态分布，其期望值与方差如下：

$$E(D) = np \tag{4-34}$$

$$\mathrm{Var}(D) = np(1-p) \tag{4-35}$$

一般情况下不知道总体不合格品率 p，常用采集数据的平均不合格品率 $\bar{p}$ 来估计 p 值（其中 k 为样本组数）：

$$p \approx \bar{p} = \frac{\sum\limits_{i=1}^{k} D_i}{nk} \tag{4-36}$$

2）中心线和控制限。将以上结果代入式（4-15），np 控制图的控制限

$$\begin{cases} UCL = n\bar{p} + 3\sqrt{n\bar{p}(1-\bar{p})} \\ CL = n\bar{p} \\ LCL = n\bar{p} - 3\sqrt{n\bar{p}(1-\bar{p})} \end{cases} \tag{4-37}$$

在使用 np 控制图时，应使每批样本的个数 n 相同，否则没有可比性。如果 n 不相等，可采用 p 控制图。另外，在选择每批样本数 n 时，n 不宜太小，应保证 $1<np<5$，即每批中含有 1~5 个不合格品。如果经常每批中出现不合格品数为 0，会误以为生产过程完美，不合格品率为 0。同时在根据控制图判异准则判断时，也会因为控制图上多批数据连续为 0，保持不变，而得出生产失控的误判。为了使 np 满足 1~5，则 $1/p<n<5/p$，如果 p 很小，n 必须很大，才可用 np 图。

3）应用举例。

例 4-11　某厂产品不合格品数统计资料见表 4-11，根据数据制作 np 控制图。

① 收集数据，见表 4-11。

第4章 工序能力与统计过程控制

表 4-11 某产品不合格品数统计数据

样本号	样本大小 n	不合格品数 np	样本号	样本大小 n	不合格品数 np
1	100	2	14	100	0
2	100	2	15	100	1
3	100	4	16	100	1
4	100	0	17	100	9
5	100	0	18	100	2
6	100	3	19	100	1
7	100	4	20	100	3
8	100	9	21	100	3
9	100	6	22	100	6
10	100	2	23	100	2
11	100	1	24	100	1
12	100	4	25	100	3
13	100	3	总计	$\sum n = 2500$	$\sum np = 72$

② 确定控制限。

$$\bar{p} = \frac{\sum np}{\sum n} = \frac{72}{2500} = 0.0288$$

$$CL = n\bar{p} = 2.88$$

$$UCL = n\bar{p} + 3\sqrt{n\bar{p}(1-\bar{p})} = 2.88 + 3\sqrt{2.88(1-0.0288)} = 7.90$$

$$LCL = n\bar{p} - 3\sqrt{n\bar{p}(1-\bar{p})} = 2.88 - 3\sqrt{2.88(1-0.0288)} = -2.14 \to 0$$

③ 绘制控制图。如图 4-25 所示,将 CL、UCL 和 LCL 画在坐标纸上,并将 25 个样本点逐个描在控制图上,标出超出界限的样本点。

④ 控制图的修正。从图 4-25 中看出第 8 号和第 17 号样本点出界,经过分析是由于系统性原因引起的,所以要剔除,重新计算中心线及控制限,所以修正后的 np 图控制图如图 4-26 所示,是稳态的,可以作为控制用控制图,对生产过程监控。

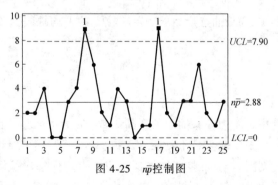

图 4-25 np 控制图

$$CL = n\bar{p}' = 2.35$$

$$UCL = n\bar{p}' + 3\sqrt{n\bar{p}'(1-\bar{p}')} = 2.35 + 3\sqrt{2.35 \times (1-0.0235)} = 6.89$$

$$LCL = n\bar{p}' - 3\sqrt{n\bar{p}'(1-\bar{p}')} = 2.35 - 3\sqrt{2.35 \times (1-0.0235)} = -2.19 \to 0$$

(3) 缺陷数控制图(c 控制图) 产品的质量好坏与产品上的缺陷数量是有关系的。如果缺陷越多，产品的质量会越差，因此，在生产过程中经常需要监控产品上的缺陷数。c 控制图就是用来控制一定单位中（如长度、面积、体积等）的缺陷数。例如，nm 布匹上的疵点数，铸件表面上 $n$cm^2 内的气孔数，n 条焊缝上的气孔数，n 张报纸上的错字数，$n$km 长度路面的破损数等。适用于样本容量 n 不变的场合，n 的大小应根据讨论问题的具体特点以及适用性来选择。

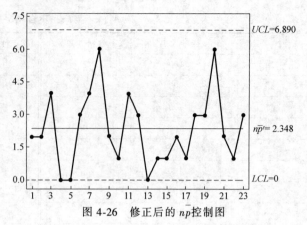

图 4-26 修正后的 $n\bar{p}$ 控制图

1) 基本原理。一般情况下，一定单位上的缺陷数 c 服从泊松分布，即式 (2-20)：

$$P(c) = \frac{\lambda^c}{c!} e^{-\lambda} \tag{4-38}$$

其中，$c = 0, 1, 2, \cdots$，λ 是一定单位上的平均缺陷数，且当 n 较大时，c 服从正态分布，其期望与方差分别为

$$E(c) = \lambda \tag{4-39}$$

$$\mathrm{Var}(c) = \lambda \tag{4-40}$$

2) 中心线和控制限。将以上结果代入式 (4-15)，c 控制图的控制限

$$\begin{cases} UCL = \lambda + 3\sqrt{\lambda} \approx \bar{c} + 3\sqrt{\bar{c}} \\ CL = \lambda \approx \bar{c} \\ LCL = \lambda - 3\sqrt{\lambda} \approx \bar{c} - 3\sqrt{\bar{c}} \end{cases} \tag{4-41}$$

其中，$\bar{c}$ 是抽查产品的一定单位上的平均缺陷数，可由下式计算：

$$\bar{c} = \frac{\sum_{i=1}^{m} c_i}{m} \tag{4-42}$$

其中，m 为一共抽查的产品组数，c_i 为第 i 组产品发现的缺陷数。

由于缺陷数不可能为负数，若计算的下控制限为负值，则取下控制限 $LCL = 0$。在使用 c 控制图时与 np 控制图类似，应注意确保每次检测缺陷数的取样大小应该相同，否则不具有可比性。例如控制喷漆表面的缺陷时，每次必须采用相同的喷漆面积计数喷漆表面的缺陷数。同时，取样大小不宜太小，应该使每批都能检测到缺陷，否则会误以为生产过程很好，引起误判。如果每批取样的大小不同，最好采用下面介绍的单位缺陷数（u）控制图。

3) 应用举例。

例 4-12 某产品表面 500cm^2 的缺陷数见表 4-12，试根据所给数据求该产品 c 控制图的控制限并建立控制图。

表 4-12 某产品缺陷数统计数据

样本号	样本量/cm²	缺陷数	样本号	样本量/cm²	缺陷数
1	500	4	14	500	3
2	500	6	15	500	2
3	500	5	16	500	4
4	500	3	17	500	5
5	500	15	18	500	2
6	500	7	19	500	2
7	500	6	20	500	5
8	500	1	21	500	0
9	500	0	22	500	4
10	500	5	23	500	4
11	500	6	24	500	4
12	500	3	25	500	3
13	500	1	总数		$\sum c = 100$

解：该控制图控制限的计算如下：

$$\bar{c} = \frac{\sum_{i=1}^{m} c_i}{m} = \frac{100}{25} = 4, \sqrt{\bar{c}} = 2$$

$$UCL = \bar{c} + 3\sqrt{\bar{c}} = 4 + 3 \times 2 = 10$$

$$CL = \bar{c} = 4$$

$$LCL = \bar{c} - 3\sqrt{\bar{c}} = 4 - 3 \times 2 = -2 = 0$$

绘制 c 控制图如图 4-27 所示。

由图 4-27 可以发现，序号 5 的质量特性值已经超出了控制限的上限，而其他序号的质量特性值都处于受控状态。应进行修正，才能用于控制用控制图。

(4) 单位缺陷数控制图（u 控制图） c 控制图要求取样的大小必须相同，否则不能使用。但是在有些场合可能每次取样不一样（例如每次抽检的产品数量不同，每件铸件大小不同、喷漆面积不同等），这时可以计算每单位数量（例如单位长度、单位面积或单位产品等）上的缺陷数，通过监控单位缺陷数来反映产品质量或生产工序的质量，即采用 u 控制图。

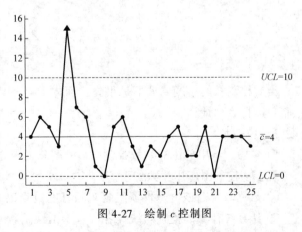

图 4-27 绘制 c 控制图

1) 基本原理。假设从参数为 λ 的泊松分布母体中抽取一个包含 n_i 个检查单位的样本，样本中的缺陷数为 c_i，则

$$u_i = \frac{c_i}{n_i} \tag{4-43}$$

当样本组数较大时，式（4-43）近似服从正态分布，其期望值与方差分别为

$$E(u_i) = E\left(\frac{c_i}{n_i}\right) = \lambda \approx \overline{u} \tag{4-44}$$

$$\mathrm{Var}(u_i) = \frac{n_i \lambda}{n_i^2} = \frac{\lambda}{n_i} \approx \frac{\overline{u}}{n_i} \tag{4-45}$$

其中，$\overline{u}$ 用下式计算：

$$\overline{u} = \frac{\sum_{i=1}^{m} c_i}{\sum_{i=1}^{m} n_i} \tag{4-46}$$

其中，m 为样本组数。

2) 中心线和控制限。将以上结果代入式（4-15），u 控制图的中心线和控制限分别为

$$\begin{cases} UCL = \lambda + 3\sqrt{\dfrac{\lambda}{n_i}} \approx \overline{u} + 3\sqrt{\dfrac{\overline{u}}{n_i}} \\ CL = \lambda \approx \overline{u} \\ LCL = \lambda - 3\sqrt{\dfrac{\lambda}{n_i}} \approx \overline{u} - 3\sqrt{\dfrac{\overline{u}}{n_i}} \end{cases} \tag{4-47}$$

为了使控制限保持为直线，通常令 $n_i = \overline{n}$，其中

$$\overline{n} = \frac{\sum_{i=1}^{m} n_i}{m} \tag{4-48}$$

当对控制图的精度要求不是很高，而样本容量又无法取得一致时，可以用式（4-48）对控制限进行近似计算。

3) 应用举例。

例 4-13 试用单位缺陷数控制图（u 图）对某电子仪器组装车间的焊接质量进行控制。

解： 该控制图应用步骤如下。

① 数据收集。该电子仪器组装车间月度检验记录见表 4-13。

② 计算统计量。检查与统计各样本中的缺陷数 c_i 并转换成单位缺陷数 $u_i = c_i/n_i$，将结果记入数据表 4-13 中。例如第一组

$$u_1 = \frac{c_1}{n_1} = \frac{89}{9} = 9.9$$

计算单位缺陷数平均值 $\overline{u}$ 为

$$\bar{u} = \frac{\sum c_i}{\sum n_i} = \frac{2270}{207} \approx 11$$

表 4-13 焊接缺陷数数据表

组号(样本号)	检验台数(n)	焊接缺陷数(c)	平均每台缺陷数(u)	UCL	LCL
1	9	89	9.9	14.3	7.7
2	10	93	9.3	14.1	7.8
3	12	132	11.0	13.8	8.1
4	7	71	10.1	14.7	7.2
5	11	144	13.1	14.0	8.0
6	9	97	10.8	14.3	7.7
7	13	112	8.6	13.7	8.2
8	11	155	14.1	14.0	8.0
9	10	129	12.9	14.1	7.8
10	11	109	9.9	14.0	8.0
11	12	128	10.7	13.8	8.1
12	8	74	9.3	14.5	7.5
13	11	140	12.7	14.0	8.0
14	12	123	10.3	13.8	8.1
15	10	87	8.7	14.1	7.8
16	11	131	11.9	14.0	8.0
17	12	104	8.7	13.8	8.1
18	8	125	15.6	14.5	7.5
19	11	135	12.3	14.0	8.0
20	9	92	10.2	14.3	7.7
合计	207	2270	—	—	—

③ 计算控制限。

由以上计算得

$$CL = \bar{u} = 11$$

计算每一组样本的控制限,记入表 4-13,如第一组

$$UCL_1 = \bar{u} + 3\sqrt{\bar{u}/n_1} \approx 11 + 3\sqrt{11/9} \approx 14.3$$

$$LCL_1 = \bar{u} - 3\sqrt{\bar{u}/n_1} = 11 - 3\sqrt{11/9} \approx 7.7$$

④ 绘制分析用 u 控制图。如图 4-28 所示。从图中可以看到第 8 点、第 18 点超出控制

限，说明该组装焊接过程有异常因素，应进行质量分析。

由于有样本点超出控制限之外，应查找原因，剔除异常点，重新计算控制限，对控制图修正，才能用于控制用控制图。

该例中，由于各样本组样本大小 n_i 不相同，在 n_i 的差别不大时，为了简化控制限，可以采用平均样本数 $\bar{n}$ 来代替各样本组的样本数 n_i（图 4-29），然后用 $\bar{n}$ 计算控制限

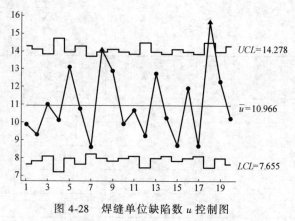

图 4-28　焊缝单位缺陷数 u 控制图

$$\bar{n} = \frac{\sum n_i}{m} = \frac{207}{20} = 10.35 \approx 10$$

当 $\bar{n} = 10$ 时，

$$UCL = \bar{u} + 3\sqrt{\frac{\bar{u}}{\bar{n}}} = 11 + 3 \times \sqrt{\frac{11}{10}} = 14.146$$

$$LCL = \bar{u} - 3\sqrt{\frac{\bar{u}}{\bar{n}}} = 11 - 3 \times \sqrt{\frac{11}{10}} = 7.854$$

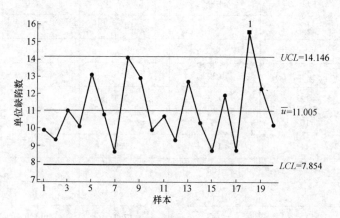

图 4-29　焊缝单位缺陷数 u 控制图（$\bar{n}$ 代替 n_i）

（5）通用控制图

1）基本原理。从上述不合格品率控制图（p 图）和单位缺陷数（u 图）可以看出，当每批样本容量 n 发生变化时，所得到的控制限是变化的，在控制图上不是一条直线，而是呈现凹凸状的折线，这对控制图的绘制、分析和判断都会带来一定困难。这时可以对控制图的统计变量进行标准化变换，即

$$x_T = \frac{x - \mu_x}{\sigma_x} \tag{4-49}$$

其中，x 是控制图的统计变量，如 $\bar{x}$-R 图的 $\bar{x}$ 和 R，p 图的 p 等，μ_x 是统计变量 x 的均值，σ_x 是 x 的标准差。根据数理统计原理，这样变换得到的统计变量 x_T 具有均值为 0，标准差为 1 的特点，即 $\mu_{x_T} = \bar{x}_T = 0$，$\sigma_{x_T} = 1$。根据式（4-15），统计变量 x_T 的中心线、上下控制限分别为

$$UCL = \mu_{x_T} + 3\sigma_{x_T} = 3$$
$$CL = \mu_{x_T} = 0$$
$$LCL = \mu_{x_T} - 3\sigma_{x_T} = -3$$

经过标准化处理后，以 x_T 为统计变量的控制图的中心线为 0，上下控制限分别为 3 和 -3，均为常数，在控制图上是直线，如图 4-30 所示。无论对前述介绍的哪种控制图，经过这种变换后，控制图的中心线、上下控制限均为这三个常数，因此这种控制图也称为通用控制图或标准化控制图。通用控制图的控制限和中心线都是固定的，在使用时无须另外计算。因此，企业可以提前预备已画好控制限和中心线的控制图图纸，以便使用。但是与一般的控制图比较，由于要将测量的数据做标准化换算，比较麻烦。另外，通用

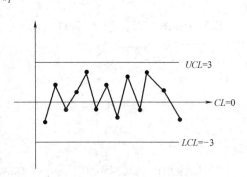

图 4-30　通用控制图

控制图上的数据点不是测量的原始数据，而是变换后的数据，因此不能直接反映生产过程的数据变化情况。

2) 常用控制图统计量的标准变换。

① 对于 $\bar{x}\text{-}R$ 图，根据式 (4-49)、式 (2-32)、式 (2-36)，统计变量 $\bar{x}$ 和 R 的标准化变换：

$$\bar{x}_T = \frac{\bar{x} - \mu}{\sigma/\sqrt{n}}, \quad R_T = \frac{R - \bar{R}}{d_3 \sigma} \tag{4-50}$$

② 对于 $x\text{-}R_s$ 图，根据式 (4-49)、式 (2-36)，统计变量 x 和 R_s 的标准化变换：

$$x = \frac{\bar{x} - \mu}{\sigma}, \quad (R_s)_T = \frac{R_s - \bar{R}_s}{d_3 \sigma} \tag{4-51}$$

其中，d_3 是 $n = 2$ 时的值。

③ 对于 $\bar{x}\text{-}s$ 图，根据式 (4-49)、式 (2-32)、式 (2-39)，统计变量 $\bar{x}$ 和 s 的标准化变换：

$$\bar{x}_T = \frac{\bar{x} - \mu}{\sigma/\sqrt{n}}, \quad s_T = \frac{s - \bar{s}}{C_3 \sigma} \tag{4-52}$$

④ 对于 $\tilde{x}\text{-}R$ 图，根据式 (4-49)、式 (2-33)、式 (2-36)，统计变量 $\tilde{x}$ 和 R 的标准化变换：

$$\tilde{x}_T = \frac{\tilde{x} - \mu}{m_3 \sigma/\sqrt{n}}, \quad R_T = \frac{R - \bar{R}}{d_3 \sigma} \tag{4-53}$$

⑤ 对于 p 图，根据式 (4-49)、式 (4-32)，统计变量 p 的标准化变换：

$$p_T = \frac{p - \bar{p}}{\sqrt{\bar{p}(1-\bar{p})/n}} \tag{4-54}$$

⑥ 对于 np 图，根据式（4-49）、式（4-35），统计变量 np 的标准化变换：

$$(np)_T = \frac{np - n\bar{p}}{\sqrt{n\bar{p}(1-\bar{p})}} \tag{4-55}$$

⑦ 对于 c 图，根据式（4-49）、式（4-40），统计变量 c 的标准化变换：

$$c_T = \frac{c - \bar{c}}{\sqrt{\bar{c}}} \tag{4-56}$$

⑧ 对于 u 图，根据式（4-49）、式（4-45），统计变量 c 的标准化变换：

$$u_T = \frac{u - \bar{u}}{\sqrt{\bar{u}/n}} \tag{4-57}$$

在实际应用时，式（4-50）~式（4-53）中的 σ 可应用式（2-35）和式（2-38）转换为与 $\bar{R}$ 和 $\bar{s}$ 的关系，再计算。对于 p 图的式（4-54）和 u 图的式（4-57），每批样本量的 n 值可以不同，如果每批样本量 n 变化较大，选用通用控制图就显得很有必要了。

3）应用举例。

例 4-14 应用例 4-5 中的数据绘制通用控制图进行生产控制。

① 依据合理分组原则，取得 25 组预备数据，参见表 4-14。

② 数据标准化变换。

对于 $\bar{x}$-R 图，根据式（4-50），统计变量 $\bar{x}$ 和 R 的标准化变换：

$$\bar{x}_T = \frac{\bar{x} - \mu}{\sigma/\sqrt{n}}, \quad R_T = \frac{R - \bar{R}}{d_3 \sigma}$$

将所得数据分别填入表 4-14 中。

③ 绘制 $\bar{x}$-R 通用控制图（见图 4-31）。

表 4-14 手表的螺栓扭矩及标准化变换数据

序号	观测值					$\bar{x}_i$ (7)	R_i (8)	标准化后值	
	x_{i1} (1)	x_{i2} (2)	x_{i3} (3)	x_{i4} (4)	x_{i5} (5)			$\bar{x}_T = \frac{\bar{x}-\mu}{\sigma/\sqrt{n}}$	$R_T = \frac{R-\bar{R}}{d_3\sigma}$
1	154	174	164	166	162	164.0	20	0.265	0.805
2	166	170	162	166	164	165.6	8	0.848	-0.884
3	168	166	160	162	160	163.2	8	-0.026	-0.884
4	168	164	170	164	166	166.4	6	1.139	-1.165
5	153	165	162	165	167	162.4	14	-0.318	-0.039
6	164	158	162	172	168	164.8	14	0.557	-0.039
7	167	169	159	175	165	167.0	16	1.358	0.242
8	158	160	162	164	166	162.0	8	-0.463	-0.884
9	156	162	164	152	164	159.6	12	-1.337	-0.321
10	174	162	162	156	174	165.6	18	0.848	0.524
11	168	174	166	160	166	166.8	14	1.285	-0.039

（续）

序号	观测值					$\bar{x}_i$	R_i	标准化后值	
	x_{i1} (1)	x_{i2} (2)	x_{i3} (3)	x_{i4} (4)	x_{i5} (5)	(7)	(8)	$\bar{x}_T = \dfrac{\bar{x}-\mu}{\sigma/\sqrt{n}}$	$R_T = \dfrac{R-\bar{R}}{d_3\sigma}$
12	148	160	162	164	170	160.8	22	−0.900	1.086
13	165	159	147	153	151	155.0	18	−3.013	0.524
14	164	166	164	170	164	165.6	6	0.848	−1.165
15	162	158	154	168	172	162.8	18	−0.172	0.524
16	158	162	156	164	152	158.4	12	−1.775	−0.321
17	151	158	154	181	168	162.4	30	−0.318	2.212
18	166	166	172	164	162	166.0	10	0.994	−0.602
19	170	170	166	160	160	165.2	10	0.702	−0.602
20	168	160	162	154	160	160.8	14	−0.900	−0.039
21	162	164	165	169	153	162.6	16	−0.245	0.242
22	166	160	170	172	158	165.2	14	0.702	−0.039
23	172	164	159	167	160	164.4	13	0.265	−0.180
24	174	164	166	157	162	164.4	17	0.484	0.383
25	151	160	164	158	170	160.6	19	−0.973	0.664

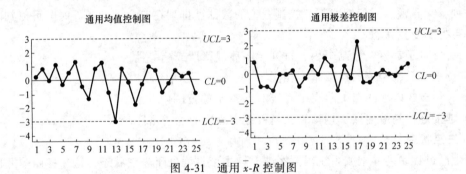

图 4-31　通用 $\bar{x}$-R 控制图

（6）控制图控制限计算公式汇总表　为了使用方便，将有关计量值和计数值控制图的统计量、中心线，以及控制限汇总列于表 4-15、表 4-16。

表 4-15　计量值控制图统计量、中心线和控制限

控制图	统计量	CL	UCL	LCL
均值-极差控制图	$\bar{x}$	$\bar{\bar{x}}$	$\bar{\bar{x}}+A_2\bar{R}$	$\bar{\bar{x}}-A_2\bar{R}$
($\bar{x}$-R 图)	R	$\bar{R}$	$D_4\bar{R}$	$D_3\bar{R}$
单值-移动极差控制图	x	$\bar{x}$	$\bar{x}+E_2\bar{R}_s$	$\bar{x}-E_2\bar{R}_s$
(x-R_s 图)	R_s	$\bar{R}_s$	$D_4\bar{R}_s$	$D_3\bar{R}_s$
均值-标准差控制图	$\bar{x}$	$\bar{\bar{x}}$	$\bar{\bar{x}}+A_3\bar{s}$	$\bar{\bar{x}}-A_3\bar{s}$
($\bar{x}$-s 图)	s	$\bar{s}$	$B_4\bar{s}$	$B_3\bar{s}$
中位数-极差控制图	$\tilde{x}$	$\bar{\tilde{x}}$	$\bar{\tilde{x}}+A_4\bar{R}$	$\bar{\tilde{x}}-A_4\bar{R}$
($\tilde{x}$-R 图)	R	$\bar{R}$	$D_4\bar{R}$	$D_3\bar{R}$

表 4-16 计数值控制图统计量、中心线和控制限

控制图		统计量	CL	UCL	LCL	备注
计件控制图	不合格品率控制图（p 图）	p	$\bar{p}$	$\bar{p}+3\sqrt{\dfrac{\bar{p}(1-\bar{p})}{n}}$	$\bar{p}-3\sqrt{\dfrac{\bar{p}(1-\bar{p})}{n}}$	样本量相等与不等均可用
计件控制图	不合格品数控制图（np 图）	np	$n\bar{p}$	$n\bar{p}+3\sqrt{n\bar{p}(1-\bar{p})}$	$n\bar{p}-3\sqrt{n\bar{p}(1-\bar{p})}$	限样本量相等使用
计点控制图	缺陷数控制图（c 图）	c	$\bar{c}$	$\bar{c}+3\sqrt{\bar{c}}$	$\bar{c}-3\sqrt{\bar{c}}$	限样本量相等使用
计点控制图	单位缺陷数控制图（u 图）	u	$\bar{u}$	$\bar{u}+3\sqrt{\dfrac{\bar{u}}{n}}$	$\bar{u}-3\sqrt{\dfrac{\bar{u}}{n}}$	样本量相等与不等均可用

4.5.6 控制图的分析与判断

依据样本数据形成的样本点在控制图上的位置，以及变化趋势可以对控制图进行分析，以判断生产过程是处于控制状态还是处于失控状态。

1. 受控状态

当生产过程只受到偶然或随机因素影响，而没有系统因素影响时，生产过程处于统计受控状态，或者正常状态。表现在控制图上，就是所有的数据点都在控制限之内，而且随机、均匀排列，无异常。一般情况下，控制图上的数据点排列在符合下列条件时，可以判断生产过程是否处于受控状态：

1) 所有点子都落在控制限内，排列无明显规律性或趋势性。
2) 位于中心线两侧的点数基本相同。
3) 有约 2/3 以上的点子落在中心线上下各 σ 的范围内。
4) 越接近控制限的点子越稀疏，越接近中心线的点子密度越大。

2. 失控状态

当生产过程受到异常或系统因素影响时，生产过程处于失控状态，这在控制图上也有所反映。一般情况下，如果控制图的数据点排列符合下列任一条，就可以判断生产过程处于失控状态：

1) 样本点超出控制限。
2) 样本点在控制限内，但排列异常。实际应用中，判断点子排列异常有如下方法。按照这些方法判断生产过程异常的基本原则就是小概率事件，一旦出现就认为生产过程异常。
3) 部分数据点在控制限外，以下三种情况就是应用得较多的点出界判异情况：

① 连续 25 点中至少有 1 个数据点在控制限之外，如图 4-32 所示。

令 x：连续 25 点中落在控制限之外的点数。则 $P\{x\geq 1\}$ 为小概率，它对应的事件为小概率事件。

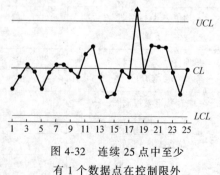

图 4-32 连续 25 点中至少有 1 个数据点在控制限外

$$p\{x \geq 1\} = 1 - P\{x = 0\}$$
$$= 1 - 0.9973^{25} = 0.06536$$

② 连续35点中至少有2个数据点在控制限之外，如图4-33所示。

令 x：连续35点中落在控制限之外的点数。则 $P\{x \geq 2\}$ 为小概率，对应的事件为小概率事件：

$$p\{x \geq 2\} = 1 - P\{x = 0\} - P\{x = 1\}$$
$$= 1 - 0.9973^{35} - C_{35}^{34} \times 0.9973^{34} \times 0.0027 = 0.0041$$

③ 连续100点中至少有3个数据点在控制限之外，如图4-34所示。

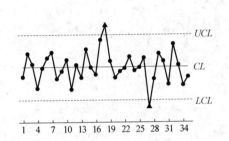

图4-33 连续35点中至少有2个数据点在控制限之外

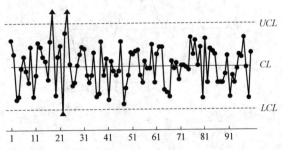

图4-34 连续100点中至少有3个数据点在控制限之外

令 x：连续100点中落在控制限之外的点数。则 $P\{x \geq 3\}$ 为小概率，对应的事件为小概率事件：

$$P\{x \geq 3\} = 1 - P\{x = 0\} - P\{x = 1\} - P\{x = 2\}$$
$$= 1 - 0.9973^{100} - C_{100}^{99} \times 0.9973^{99} \times 0.0027 - C_{100}^{98} \times 0.9973^{98} \times 0.0027^2$$
$$= 0.0026$$

4）链在中心线上方或下方连续出现 n 个点称为 n 点链。

$$P(\text{在中心线一侧出现7点链}) = 0.5^7 \times 2 = 0.007812 \times 2 = 0.016$$

此概率也认为是小概率，对应的事件为小概率事件，说明在中心线一侧出现7点链，则生产过程可判定为异常状态，如图4-35所示。

5）点子在中心线一侧多次出现。

① 连续11点中至少有10点在同一侧，如图4-36所示，其发生的概率计算如下：

$$P\{x \geq 10\} = (C_{11}^{10} \times 0.5^{10} \times 0.5 + C_{11}^{11} \times 0.5^{11}) \times 2$$
$$= 0.0059 \times 2 = 0.012$$

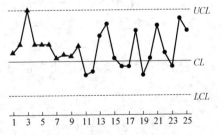

图4-35 连续7点链或7点以上出现在中心线一侧

② 连续14点中至少有12点在同一侧，如图4-37所示。

$$P\{x \geq 12\} = (C_{14}^{12} \times 0.5^{12} \times 0.5^2 + C_{14}^{13} \times 0.5^{13} \times 0.5 + C_{14}^{14} \times 0.5^{14}) \times 2$$
$$= 0.00645 \times 2 = 0.0129$$

③ 连续17点中至少有14点在同一侧，如图4-38所示。

$$P\{x \geq 14\} = (C_{17}^{14} \times 0.5^{14} \times 0.5^3 + C_{17}^{15} \times 0.5^{15} \times 0.5^2 + C_{17}^{16} \times 0.5^{16} \times 0.5 + C_{17}^{17} \times 0.5^{17}) \times 2$$
$$= 0.013$$

④ 连续20点中至少有16点在同一侧，如图4-39所示。

$$P\{x \geq 16\} = 2 \times \sum_{i=16}^{20} C_{20}^{i} \times 0.5^{i} \times 0.5^{20-i} = 0.0118$$

以上均可认为是小概率事件，一旦出现就可判断生产过程处于失控状态。

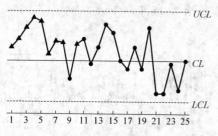

图4-36 连续11点中至少有10点在同一侧

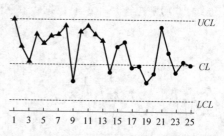

图4-37 连续14点中至少有12点在同一侧

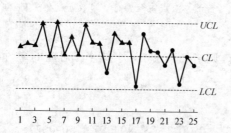

图4-38 连续17点中至少有14点在同一侧

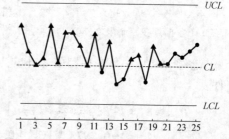

图4-39 连续20点中至少有16点在同一侧

6) 点子连续出现在$\pm 2\sigma \sim \pm 3\sigma$内。此时有以下几种情况：

① 连续3点中至少有2点在$\pm 2\sigma \sim \pm 3\sigma$内（见图4-40），设事件"点子出现在空间的位置"为x，则"1个点子出现在$\pm 2\sigma \sim \pm 3\sigma$内"的概率为

$$1 - P\{|x| < 2\sigma\} - P\{|x| > 3\sigma\} = 1 - 0.9546 - 0.0027 = 0.0427$$

那么"连续3点中至少2点在$\pm 2\sigma \sim \pm 3\sigma$"发生的概率为小概率：

$$P\{x \geq 2\} = C_3^2 \times 0.0427^2 \times (1 - 0.0427) + C_3^3 \times 0.0427^3 = 0.0053$$

② 连续7点中至少有3点出现在$\pm 2\sigma \sim \pm 3\sigma$内，如图4-41所示。

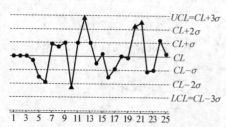

图4-40 连续3点中有2点落在警戒区

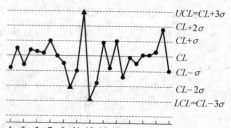

图4-41 连续7点中有3点落在警戒区内

$$P\{x \geqslant 3\} = \sum_{i=3}^{7} C_7^i \times 0.0427^i \times (1-0.0427)^{7-i} = 0.0024$$

③ 连续 10 点中至少有 4 点出现在 $\pm 2\sigma \sim \pm 3\sigma$ 内，如图 4-42 所示。

$$P\{x \geqslant 4\} = \sum_{i=4}^{10} C_{10}^i \times 0.0427^i \times (1-0.0427)^{10-i} = 0.00058$$

7) 点子连续呈上升或下降趋势。当点子连续有 7 个以上呈上升或下降趋势时，判定生产过程处于失控状态，如图 4-43 所示。在正常状况下，后一个质量特性值比前一个值大（或小）的概率为 1/2，因此上述事件的概率估算如下（仅仅表示连续 7 点上升或下降中的一种情况）：

$$P(x) = (1/2)^7 = 0.0078$$

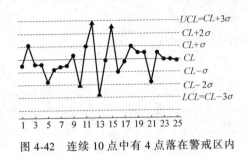

图 4-42　连续 10 点中有 4 点落在警戒区内

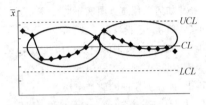

图 4-43　连续 7 点上升或下降

以上只是简单的估算，根据推导，连续 n 点倾向的概率为 $\dfrac{1}{n!}$，则 7 点连续上升或者 7 点连续下降任何一种情况的概率等于 $\dfrac{1}{7!} = 0.0002$，是小概率事件。

8) 其他典型异常情况。实际生产过程中导致生产过程异常的原因多种多样，反映在控制图上的情况也会呈现不同的点子排列。如图 4-44 所示，当控制图上的点子排列呈周期性变化时，很可能生产过程受到了周期性的异常因素的影响，要在弄清周期发生原因的基础上，及时采取相应的措施，使生产过程恢复正常。图 4-45 显示样本点水平存在突变情况；图 4-46 显示样本点水平位置逐渐变化，有偏离受控状态的趋势；图 4-47 显示样本点离散度大。这些状态均表明生产过程存在系统原因，应及时采取措施。

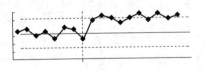

图 4-44　样本点的周期性变化

图 4-45　样本点分布的水平突变

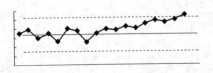

图 4-46　样本点分布的水平位置渐变

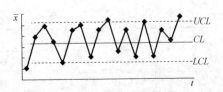

图 4-47　样本点的离散度变大

在生产过程中可能出现的小概率事件有很多,除上述列举的点子排列的判断方法外,还有许多其他方法。不同的企业生产的产品不同,生产工艺条件不同,即使同一家企业在不同的时期,它的生产工艺水平也可能不同。因此,判断生产过程是否处于受控或失控状态的准则也是不一样的,不可一概而论。一般情况下,只要认为是小概率事件发生了,就可以初步判定生产过程处于失控状态,必须及时采取相应的对策,以避免造成不可挽回的损失。

习 题

4-1 影响质量波动的原因有哪些?

4-2 根据 μ 和 σ 随时间的变化情况分析生产过程的失控状态。

4-3 简述工序能力与工序能力指数的概念。

4-4 如何应用工序能力指数的大小评价工序能力?

4-5 如何采用直方图法来对工序能力进行定性调查和判断?

4-6 简述 6σ 设计的含义。

4-7 简述 6σ 管理的组织机构及 DMAIC 方法。

4-8 简述控制图控制限确定的原理。

4-9 简述控制图的两类错误。

4-10 常用计数和计量控制图有哪些?

4-11 p 图和 np 图、u 图和 c 图的适用条件是什么?

4-12 分别简述控制图的判稳准则和判异准则。

4-13 通用控制图有什么优缺点?如何将 np 图和 c 图转换成通用控制图?

4-14 某化工厂生产一种化学试剂,标准规定产品含水量应小于 76.0%,现测得最近 20 天的数据,每天测一组,每组 4 个数据,具体见表 4-17。试绘制均值-极差控制图。

表 4-17 含水量数据 （%）

组号	X_1	X_2	X_3	X_4	组号	X_1	X_2	X_3	X_4	组号	X_1	X_2	X_3	X_4
1	71.3	70.5	68.5	67.6	8	71.1	71.8	71.3	71.8	15	74.7	71.4	75.0	77.4
2	69.5	68.7	70.7	67.7	9	70.0	71.2	71.2	70.2	16	68.5	67.7	71.7	68.7
3	67.4	68.1	69.6	68.1	10	71.9	74.5	70.1	70.5	17	69.7	70.9	69.0	73.9
4	71.6	66.8	72.9	69.8	11	72.5	71.2	70.8	73.2	18	69.5	69.0	69.1	70.1
5	67.5	72.2	67.8	70.2	12	68.1	69.3	69.4	70.3	19	71.3	75.9	71.5	76.0
6	69.6	66.3	67.9	68.3	13	70.2	67.4	73.5	66.4	20	72.0	74.7	70.2	72.7
7	70.4	71.0	68.6	73.1	14	69.5	72.3	67.7	72.6	—	—	—	—	—

4-15 某微电路生产线氧化工序对针孔缺陷建立 u 和 c 控制图,每批选择 5 个晶片检测针孔,表 4-18 是 20 批样本的缺陷数据,计算 u 和 c 控制图控制限,并画 u 和 c 控制图。

表 4-18 晶片针孔缺陷数据

批号	1	2	3	4	5	6	7	8	9	10
缺陷数	10	12	8	14	10	16	11	7	10	15
批号	11	12	13	14	15	16	17	18	19	20
缺陷数	9	5	7	11	12	6	8	10	7	5

4-16 某零件内径尺寸公差为 $\phi 20_{-0.010}^{+0.025}$，加工数量为 100 件的一批零件后，计算得平均值为 20.0075，标准差为 0.005，求该工序的工序能力指数，并根据计算结果评价工序能力。

4-17 某种规格的轴，其直径要求为 $\phi(18\pm0.2)$ mm。长期检验结果表明，其直径均值 $\mu=18.05$ mm，标准差 $\sigma=0.0399$。求：

(1) 该生产过程的偏移系数 k；
(2) 该生产过程的能力指数 C_{pk}；
(3) 该生产过程的产品合格率。

第 5 章 统计抽样检验

5.1 概述

统计抽样检验是企业对产品质量实施控制的一种十分重要的方法，也是统计质量控制的重要内容。它是利用从产品或生产过程中随机抽取样本，通过检验样本的质量是否合格，对产品或生产过程中的质量进行判定，做出是否接收的结论，是介于不检验与100%检验之间的一种检验方法。统计抽样检验方法是建立在概率论与数理统计基础之上的，它不同于传统的、不科学的抽样检验方法（例如百分比检验）。统计抽样检验自从创立以来，经历了近90年的发展历史，并逐渐被世界各国采用。它具有检验成本少，检验周期短，可适用于破坏性检验、全数检验有困难的场合等优点。简单回顾一下统计抽样检验发展的历史对于我们了解和正确使用这种抽样检验方法具有指导意义。

1929年，美国贝尔电话实验室的道奇（Dodge）和罗米格（Romig）发表了《挑选型抽样检查法》的论文，这是关于统计抽样检验的第一篇论文，标志着统计抽样检验技术的开始。

1942年，美国统计工作者配合美国陆军研究出另一张抽样表《陆军兵工署表》，以解决第二次世界大战期间军用物资检验的迫切需要。该表经过修订为《陆军军械表》即AFS表，于1994年发布。

1944年，道奇和罗米格又发表了《抽样检验表》，使得抽样检验的理论和方法得以迅速发展。

1948年，哥伦比亚大学统计学小组也在美国海军支持下，研制并于1948年发表了第一张调整型抽样表《SRG抽样表》。

1949年，美国国防部将《SRG抽样表》修改为JAN-STD-105标准，并开始推向军工以外的工业部门。

1950年，颁布的美国军方抽样检验标准MIL-STD-105A取代了JAN-STD-105标准。随后该标准于1957年、1958年、1961年又经过多次修订。

1956年，日本标准协会颁布了两个序贯抽样标准JISZ 9002及JISZ 9015。

1963年，美、英、加三国军方联合对MIL-STD-105A再次修订，形成三国联合军标，国际上用这三个国家的名字将其通称为ABC-STD-1050D，并由各国分别以自己的军用标准编号发布。修改后的标准比较完善，而且便于使用，因此，在国际上得到广泛的推广应用，成为许多国家和国际计数调整型抽样标准。

1973年，IEC（国际电工委员会）采纳ABC-STD-1050D，并命名为IEC 410（IEC Publication No.410）。

1974年，ISO（国际标准化组织）对MIL-STD-105D做了一些编辑上的修改后，制定了相应的抽样检验方法标准ISO 2859，并于1999年重新修订。

从以上统计抽样检验技术的发展过程可以看出,美军标 MIL-STD-105A 是统计抽样检验标准的基础,其实在计量抽样检验方面,美军标 MIL-STD-414 在国际上也具有一定的代表性。只不过,由于计量抽样检验标准的使用涉及一些统计量的计算,因此使用起来不是那么方便,在企业没有得到广泛使用。

在我国,统计抽样检验理论的研究和应用相对滞后,20 世纪 60 年代中期才开始研究抽样标准,直到 20 世纪 70 年代才由原四机部标准化所引进统计抽样技术。1978 年,原四机部参照 MIL-STD-105D 制定了计数调整型抽样标准 SJ 1288—1978《计数抽样程序和抽样表》,1981 年,我国又制定了国家标准 GB 2828—1981《逐批检查计数抽样程序和抽样表》的试行版。同时又根据我国例行试验的需要,独立制定了 GB/T 2829—1981《周期检测计数抽样程序及抽样表》并在全国试行。随后于 1987 年、2003 年、2012 年多次修订了 GB/T 2828,现在使用的最新版本是 GB/T 2828.1—2012《计数抽样检验程序 第一部分:按接收质量限(AQL)检索的逐批检验抽样计划》。迄今为止,我国已经发布了 20 多项统计抽样检验国家标准,形成了比较完整的抽样检验体系。其中应用最多的就是 GB/T 2828(计数型)和 GB/T 6378(计量型)系列抽样检验标准。

5.2 基本概念

下面首先介绍抽样检验中用到的部分通用术语,其他有关抽样检验的术语,将在相应章节中介绍。

1)单位产品:为实施抽样检查的需要而划分的基本单位。可为单件产品,也可为一个部件。

2)检查批(简称批):为实现抽样检查汇集起来的单位产品。其可以为投产批,销售批、运输批。每个检查批应由同型号、同等级、同种类且生产条件和生产时间基本相同的单位产品组成。

3)批量:检查批所包含的单位产品数,记为 N。

4)样本单位:从检查批中抽取并用于检验的单位产品。

5)样本:样本单位的全体。

6)样本大小:样本中包含的样本单位数,记为 n。

7)不合格:单位产品的质量特征不符合规定,称为不合格。

8)合格质量水平:在抽样检查中,认为可以接收的连续提交检查批的过程平均不合格率上限值,常用 AQL(Acceptable Quality Level)表示。

9)过程平均不合格率:指数批产品首次检查时得到的平均不合格品率。假设有 k 批产品,其批量分别为 $N_1, N_2, \cdots, N_k$,经检验其不合格品数分别为 $D_1, D_2, \cdots, D_k$,则过程平均不合格率为

$$\bar{p} = \frac{D_1 + D_2 + \cdots + D_k}{N_1 + N_2 + \cdots + N_k} (k \geq 20) \tag{5-1}$$

利用样本估计:

$$\bar{p} = \frac{d_1 + d_2 + \cdots + d_k}{n_1 + n_2 + \cdots + n_k} \tag{5-2}$$

10) 批不合格品率：p = 批的不合格品数/批量 = D/N。

11) 每百单位产品不合格数：批的不合格数除以批量，再乘以 100。

12) 合格判定数：做出批合格判断样本中所允许的最大不合格品数或不合格数，记为 Ac。

13) 不合格判定数：做出批不合格判断样本中所不允许的最小不合格品数或不合格数，记为 Re。

14) 检查水平：提交检查批的批量与样本大小之间的等级对应关系，记为 IL。

15) 批最大允许不合格率，用户所能接收的极限不合格率 $LTPP$（Lot Tolerance Percent Defective）。

16) 生产者风险 PR（Producer's Risk）。生产者（供方）所承担的合格批被判定不合格批的风险，风险概率正常记作 α。

17) 消费者风险 CR（Consumer's Risk）。消费者所承担的不合格批被判定合格批的风险，风险概率正常记作 β。

18) 抽样方案（Sampling Plan）：所使用的样本量和有关批接收准则的组合。其中，一次抽样方案是样本量、接收数和拒收数的组合即（n，Ac，Re），二次抽样方案是两个样本量、第一样本的接收数和拒收数及联合样本的接收数和拒收数的组合，但抽样方案不包括如何抽出样本的规则。

5.3 抽样检验方案的分类

抽样检验是建立在概率统计原理基础上的，因此，采用抽样的方式检验产品一定存在将合格批判为不合格批，或将不合格批判为合格批的风险，即无论是对生产方还是使用方都存在风险。虽然如此，抽样检验相对于全数检验仍然具有它不可替代的优点，人们可以通过选用合适的抽样检验方案，把这种误判的风险控制在可接受的范围内，使得抽样检验获得的结果符合生产方和使用方的实际需要。正因为如此，抽样检验在各国的企业得到广泛推行。不同的抽样检验方法，实际上是抽样方案的不同。统计学者和实践工作者根据各种不同需要，研究设计出许多形式的抽样检验方案，分别应用于不同的场合。这些抽样方案一般是根据产品质量特性、抽样方案制定原理、抽样程序等进行分类，企业可以根据产品生产的特点，对产品质量控制的程度、检验成本、周期以及供需双方的需求等方面进行选择。

1. 按产品质量特性分类

按产品质量特性分类，抽样方案有两大类：

（1）计数抽样方案　它是以所抽取的样本中不合格品的个数或缺陷数作为判定一批产品是否合格的依据，不管样本中各单位产品的质量特性值如何。

（2）计量抽样方案　它是通过测量样本中每个单位产品质量特性值，作为计量值（例如强度、尺寸等），并计算样本的平均质量特性值，以此作为判定产品是否合格的抽样方案。

2. 按抽样方案的制定原理分类

按抽样方案的制定原理分类，有三大类：

（1）标准型抽样方案　该方案是为保护生产方利益，同时保护使用方利益，预先规定双方所能接受的不合格品率，预先限制生产方风险 α 和使用方风险 β 的大小而制定的抽样方案。

（2）挑选型抽样方案　所谓挑选型方案是指按预先选定的抽样方案实施对批进行初次抽验，对经检验判为合格的批，只要替换样本中的不合格品。而对于经检验判为拒收的批，必须全检，并将所有不合格品全替换成合格品后再提交检验。

（3）调整型抽样方案　该类方案由一组抽样方案和一套转移规则组成。根据过去的检验数据或产品质量状况，按照转移规则，将抽样方案在正常方案、加严方案和放宽方案之间转换，及时调整方案的宽严程度，以不断满足供需双方对产品质量的要求。

3. 按抽样的程序分类

（1）连续性抽样方案　这种抽样是不必组成批的形式，一边生产一边检验，节省组成检查批所花费的时间。检验先从逐个全检开始，当合格品连续累积到一定数量后，转入每隔一定数量产品的抽检。如果出现不合格品，根据情况确定或恢复连续单体全检或停止验收或转入抽检。连续性抽样方案适用于连续生产线中的产品抽检。

（2）一次抽样方案　仅需从批中抽取一个大小为 n 的样本，便可判断该批接收与否。通常用 (N, n, Ac) 或 (n, Ac) 表示一次抽样方案。其中 N 表示批的大小，n 表示样本大小，Ac 表示合格判定数。一次抽样方案的程序框图如图 5-1 所示。

（3）二次抽样方案　抽样可能要进行两次，即由两个抽样方案构成。按第一个抽样方案对第一个样本检验后，可能有三种结果：接收、拒收、继续抽样。若得出"继续抽样"的结论，按第二个抽样方案抽取第二个样本进行检验（第二个与第一个样本数相等），最终做出接收还是拒收的判断。二次抽样方案的程序框图如图 5-2 所示。

（4）多次抽样方案　多次抽样可能需要抽取两个以上具有同等大小的样本，最终才能对批做出接收与否的判定。是否需要第 i 次抽样要根据前 $(i-1)$ 次抽样结果而定。多次抽样操作复杂，需做专门训练。ISO 2859 的多次抽样多达 7 次，GB 2898 为 5 次。因此，企业通常采用一次或二次抽样方案。

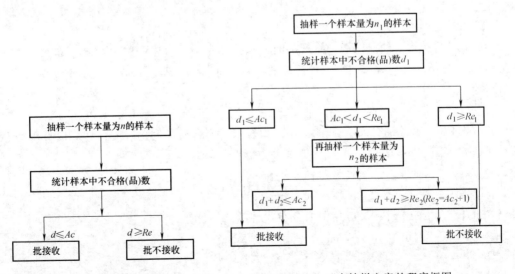

图 5-1　一次抽样方案的程序框图　　　　图 5-2　二次抽样方案的程序框图

5.4 计数抽样检验原理

5.4.1 接收概率

假设有一批产品,其批量为 N,假定这批产品的不合格品率为 p,从这批产品中抽取大小为 n 的一个样本,如果我们采用抽样方案 (n, Ac) 检验这批产品,当 $p=0$ 时,即该批产品中没有不合格品,也就是说抽到的不合格品数总是零,按照抽样方案判定肯定是接收的;而当 $p=1$ 时,即该批产品全是不合格品,抽到的不合格品数是 n,按照抽样方案肯定要拒收该批产品。但是,当 $0<p<1$ 时,抽到的不合格品数可能小于、等于或大于 Ac 数,所以可能接收,也可能拒收该批产品。不合格品率 p 越接近于零,抽到不合格品的概率越小,接收的可能性越大;p 值越接近于1,抽到不合格品的概率越大,接收这批产品的可能性越小。按给定的抽样方案对产品批进行抽检并判定批合格而接收的可能性大小,即该批产品的合格概率称为接收概率。从上面分析可知,接收概率与采用的抽样方案 (n, Ac) 和该批产品的不合格品率有关。如果抽样方案确定了,接收概率只依赖于不合格品率 p。

为了计算抽样方案 (n, Ac) 对应的接收概率 $L(p)$,首先计算"在样本中不合格品个数 x 等于 d"这个事件出现的概率。用 $P\{x=d\}$ 表示抽取样本 n 时发现 d 个不合格品的概率。首先采用超几何分布计算,由第 2 章式 (2-15) 可知

$$P\{x=d\} = \frac{\binom{D}{d}\binom{N-D}{n-d}}{\binom{N}{n}}$$

记为

$$h(d; n, D, N) = \frac{\binom{D}{d}\binom{N-D}{n-d}}{\binom{N}{n}} \tag{5-3}$$

当采用方案 (n, Ac) 检验一批产品时,只要样本中不合格品的个数 d 不超过 Ac,则认为此批产品是合格的。所以,当一批产品的不合格品率为 p 时,接收概率由下式给出:

$$L(p) = \sum_{d=0}^{Ac} h(d; n, D, N) \tag{5-4}$$

式 (5-4) 是超几何分布,是当批量 N 为有限,不合格品率为 p 时,计算接收概率 $L(p)$ 的精确公式。当 $N/n>10$ 时,可用二项式分布近似计算:

$$L(p) = \sum_{d=0}^{Ac} C_n^d p^d (1-p)^{n-d} \tag{5-5}$$

如果 $p<0.1$,$N/n>10$ 时,又可用泊松分布代替超几何分布计算:

$$L(p) = \sum_{d=0}^{Ac} \lambda^d \frac{e^{-\lambda}}{d!} \tag{5-6}$$

例 5-1 有一批外购的零部件需要做外观检验,该批产品的批量 $N=1000$,批不合格率

$p=4\%$，抽样方案为（30，1），分别应用超几何分布、二项分布和泊松分布计算这批产品的接收概率。

解：（1）超几何分布计算

据题意：

$$n=30, D=pN=4\%\times1000=40, N-D=1000-40=960$$

$$L(p)=\sum_{d=0}^{1}h(d;30,40,1000)=\sum_{d=0}^{1}\frac{C_{40}^{d}C_{960}^{30-d}}{C_{1000}^{30}}=\frac{1}{C_{1000}^{30}}(C_{40}^{0}C_{960}^{30}+C_{40}^{1}C_{960}^{29})$$

$$=0.2885+0.3718=0.6603=66.03\%$$

（2）二项分布计算

$$L(p)=\sum_{d=0}^{1}C_{30}^{d}\times0.04^{d}\times(1-0.04)^{30-d}$$

$$=C_{30}^{0}\times0.04^{0}\times(1-0.04)^{30}+C_{30}^{1}\times0.04^{1}\times(1-0.04)^{29}$$

$$=0.6625=66.25\%$$

（3）泊松分布计算

$$L(p)=\sum_{d=0}^{1}\frac{(30\times0.04)^{d}}{d!}\times e^{-30\times0.04}$$

$$=\frac{(30\times0.04)^{0}}{0!}\times e^{-30\times0.04}+\frac{(30\times0.04)^{1}}{1!}\times e^{-30\times0.04}$$

$$=0.6626=66.26\%$$

三种方法计算结果非常接近，因此在满足 $p<0.1$，$N/n>10$ 条件时，可以采用二项分布和泊松分布来近似计算接收概率，以减少计算量。也可以通过使用二项分布和泊松分布的累积概率表来获得接收概率。

5.4.2 抽样特性曲线（Operating Characteristic Curve，简称 OC 曲线）

对于具有不同的不合格率 p 的交验批产品，采用任何一个单次抽样方案（N, n, Ac），都可以求出相应的接收概率 $L(p)$。如果我们建立一个直角坐标系，横坐标为不合格率 p，纵坐标为 $L(p)$，那么 $L(p)$-p 在这个坐标系中的关系曲线称为接收概率曲线，也称为 OC 曲线，如图 5-3 所示。有一个抽样方案（N, n, Ac），就有一条 OC 曲线，而且是唯一的一条 OC 曲线与之对应。抽样方案的 OC 曲线直观地反映了采用该方案对不同质量水平的批产品接收和拒收的概率。所以，OC 曲线代表了一个抽样方案对所验收的产品质量的判断能

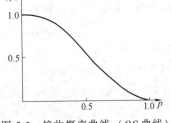

图 5-3 接收概率曲线（OC 曲线）

力，也称为抽样方案特性。$L(p)$ 为抽样方案（N, n, Ac）的抽样特性函数，简称 OC 函数，它具有下列性质：

1）$L(p)$ 是概率值，$0 \leq L(p) \leq 1$。

2）$L(p=0)=1$，即当交验批没有不合格品时，应被百分之百接收。

3）$L(p=1)=0$，即当交验批没有合格品时，应被百分之百拒收。

4) $L(p)$ 为 p 的减函数。即当交验批不合格品率 p 较大时，即劣质批被接收的概率相应减小；当交验批不合格品率 p 较小时，即优质批被接收的概率相应较大。

1. 理想方案的抽样特性曲线

验收抽样方案总是涉及生产方和使用方双方的利益。对生产方来说，希望达到使用方质量要求的产品批能够高概率被接收，特别要防止优质的产品批被错判拒收，而对使用方来说，则希望尽量避免或减少接收质量差的产品批，一旦产品批质量不合格，应以高概率拒收。如图5-4所示，假设使用方认为可接收质量水平 AQL 为 p_0，那么，理想的 OC 曲

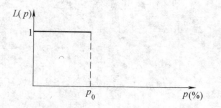

图 5-4　理想抽样特性曲线

线应该是当产品批的不合格率 $p_i \leq p_0$ 时，对交验的产品批100%接收，即 $L(p_i)=1$；而当批不合格率 $p_i > p_0$ 时，对交验的产品批100%拒收，即 $L(p_i)=0$。

这种垂直线型 OC 曲线只有在全检情况下才可能得到（即使采用百分之百检验，有许多场合也不易做到，因为全检同样可能存在错检和漏检）。所以，也称为全检的 OC 曲线。但全检往往是不现实或没有必要的。那么，抽样验收就成为必然。尽管全检的 OC 曲线是不现实的，但它为我们寻找现实的、合理的 OC 曲线指出了方向，那就是在权衡生产方和使用方的利益关系基础上确定最佳的 OC 曲线。

2. 两类风险

抽样检验是根据抽取的样本质量来推断批产品的质量，它是建立在概率统计基础上的，因此推断的结果就一定存在风险。把高质量的产品批判断为不合格的产品批而拒收的概率，称为第一类风险或第一类错误判断；把低质量的产品批判断为合格的产品批接收的概率，称为第二类风险或第二类错误判断。这两类风险的存在从实际的 OC 曲线也可以做如下分析：

第一类风险：对于给定的抽样方案 (n, Ac)，当批质量水平 p 为某一指定的可接收值（如 p_0）时的拒收概率叫作生产方风险 α，一般地，$\alpha = 0.05$。如图5-5所示，假定 p_0 是可接收的质量水平上限 AQL，即批不合格品率 $p \leq p_0$ 时，批质量应该是合格的，应100%接收。然而实际上当 $p = p_0$ 时，仍有 $\alpha = 1 - L(p_0)$ 的拒收概率，只有 $1-\alpha$ 的概率被接收。这种错判会使生产方遭受损失。

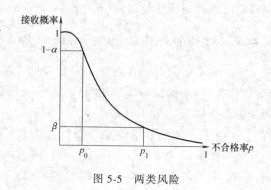

图 5-5　两类风险

第二类风险：对于给定的抽样方案 (n, Ac)，当批质量水平 p 为某一指定的不可接收值（如 p_1）时的接收概率称为使用方风险 β，一般地 $\beta = 0.01$，如图5-5所示，若 p_1 为可接收的极限不合格品率 LTPD。如果批不合格品率 $p \geq p_1$ 时，应该100%拒收。实际上，当 $p = p_1$ 时，仍有可能以 $\beta = L(p_1)$ 的概率接收，这种错判会使使用方遭受损失。

因此，实际上比较好的 OC 曲线应该是：对 $p < p_0$ 的产品批以尽可能高的概率接收，对 $p > p_1$ 的产品批以尽可能高的概率拒收。当产品质量变坏即 p 值变大时，接收概率应迅速减小，如图5-6所示。

比较好的 OC 曲线应该具有较高的辨别力。辨别力是指高质量批以低概率拒收和低质量批以高概率拒收的能力。一个辨别力高的抽样方案的 OC 曲线应接近直角型曲线。常用辨别率 OR 定量地衡量某个抽样方案的辨别力：

$$OR = \frac{p_{0.10}}{p_{0.95}} \quad (5-7)$$

其中，$p_{0.10}$ 是接收概率为 0.10 时对应的质量水平，$p_{0.95}$ 是接收概率为 0.95 时对应的质量水平。OR 值越小，对应的抽样方案的辨别力越高。因为 OR 值越小的 OC 曲线，在 p 比较小时下降得较快，如图 5-7 所示，图中的曲线②对应的方案比曲线①对应的方案辨别率高，但不能说成②比①严格，因为两条曲线相交，在交点 p_0 左右，两条曲线对应的方案宽严不同。在交点左边，方案①比方案②的接收概率小，要严点；在交点右边恰恰相反。在图 5-8 中，曲线②在曲线①下方，对于同一个不合格品率 p，曲线②对应的接收概率都比曲线①对应的接收概率小，可以说曲线②对应的方案比曲线①对应的方案严。

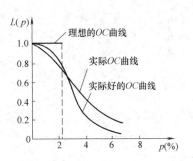

图 5-6　OC 曲线的比较

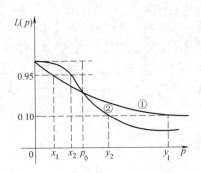

图 5-7　抽样方案辨别率比较

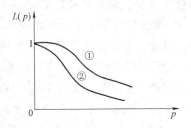

图 5-8　抽样方案宽严比较

3. OC 曲线的影响因素

OC 曲线是 $L(p)$-p 的关系曲线，从 $L(p)$ 的计算表达式可知，它是与抽样方案（N，n，Ac）有关的，即与产品批量 N、抽样的样本大小 n 和合格判定数 Ac 有关。因此这三个参数是决定 OC 曲线形状和变化趋势的主要因素。讨论和分析这些参数对 OC 曲线的影响，对于正确选择和使用抽样方案，以及比较不同抽样方案之间的鉴别力、宽严度等是有益的。

1）当样本大小 n 和合格判定数 Ac 一定时，批量 N 对 OC 曲线的影响。如图 5-9 所示，A（1000，20，0），B（100，20，0），C（50，20，0）是三个不同的抽样方案，它们的批量不同，抽样数及合格判定数相同，但它们的 OC 曲线十分接近，也就是说，对于同一个不合格品率，它们的接收概率相差很小。这说明批量 N 的大小对 OC 曲线的影响很小。正因为如此，常常只用（n，Ac）两个参数来表示一个单次抽样方案。从 $L(p)$ 的超几何分布计算公式可以知道，当 $N \geq 10n$ 时，超几何分布近似为二项分布，而二项分布的 $L(p)$ 计算 [见（式 5-5）] 只与（n，Ac）有关，与 N 无关。所以批量 N 对 OC 曲线或接收概率的影响不大。

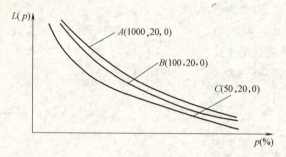

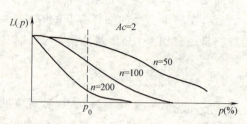

图 5-9 (n, Ac) 一定，N 对 OC 曲线的影响

图 5-10 (N, Ac) 一定，n 对 OC 曲线的影响

2) 当批量 N 和合格判定数 Ac 一定时，样本大小 n 对 OC 曲线的影响。如图 5-10 所示，三个抽样方案 (200, 2)，(100, 2)，(50, 2) 的抽样数 n 不同，随着 n 变大，OC 曲线向左偏移，趋势变陡，抽样方案变严格了，同时对应方案的鉴别力也变大。反之，随着 n 变小，OC 曲线倾斜度逐渐变缓，方案变宽松，抽样方案的鉴别力下降，例如，从图中可以得到当 $p_i = p_0$ 时，三个方案的接收概率相差悬殊。由于 n 的变化范围比较大，所以它对 OC 曲线的影响是最大的，在实际生产过程中，可以通过样本大小 n 的变化，选择使用合理的验收抽样方案，既可保证生产方的利益，又可满足使用方的质量要求。

3) 当批量 N 和样本大小 n 一定时，合格判定数 Ac 对 OC 曲线的影响如图 5-11 所示，有 6 个抽样方案，它们的抽样数 $n = 100$，合格判定数 Ac 分别为 0，1，2，3，4。随着 Ac 的变化，OC 曲线在水平位置和曲线倾斜度两方面都发生了变化。随着 Ac 变小，OC 曲线左移，而且曲线变陡。这说明抽样方案变得更严格，接收概率降低，鉴别力变大。另一方面，随着 Ac 变大，接收概率增大，抽样方案变宽松了。OC 曲线的这种变化是比较好理解的，对于同样一批交验产品，不合格率相同，当抽样数 n 相同时，如果合格判定数 $Ac = 0$，说明只要抽到 1 个或其以上的不合格品，该批产品就拒收，若 $Ac = 2$，则说明即使抽到不合格品数为 1 或 2，该批产品还是接收的。显然后者的接收概率较高，是较宽松的抽样方案。

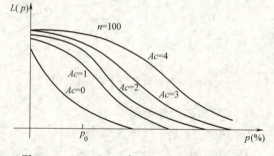

图 5-11 (n, N) 一定，Ac 对 OC 曲线的影响

以上分析了影响 OC 曲线的三大因素，也是影响抽样方案的鉴别力和宽严度的因素。至于在质量检验中，如何选择合理的抽样方案，应该从实际出发，综合考虑使用方的质量要求和生产方的平均质量水平，以及检验成本等，应用 OC 曲线对不同的抽样方案进行比较分析，确定适合于企业产品特点的抽样方案。

4. 百分比抽样方案的不合理性

在企业的抽样检验中仍然存在不少采用百分比抽样的方法。所谓百分比抽样是指，无论产品的批量 N 如何，均按同一百分比抽取样品，获得样本数 n，而且按照固定的合格判定数，判断产品批是否合格。按此抽样方案，如果批量 N 不同，抽样样本数 n 就不同，但 Ac 数仍然相同。例如，假定有批量不同的三批产品交检，它们都按 10% 抽取样品，$Ac = 0$，于是有下列三种抽样方案：

$$N = 900, \quad n = 90, \quad Ac = 0$$
$$N = 300, \quad n = 30, \quad Ac = 0$$
$$N = 90, \quad n = 9, \quad Ac = 0$$

这三批产品是在同样的稳定生产条件下生产的,因此产品批的质量应该类同,不管采用哪种抽样方案实施抽验,应该保证它们被判为合格的概率相近才是合理的,这也是抽样检验的基本原则。那么,采用上面的百分比抽样方法能否达到此目的?假设 $p = 0.05$ 时,利用式 (5-5) 分别计算这三种百分比抽样的接收概率:

$$C_{90}^0 \times 0.05^0 \times 0.95^{90} = 0.01 = 1\%$$
$$C_{30}^0 \times 0.05^0 \times 0.95^{30} = 0.22 = 22\%$$
$$C_9^0 \times 0.05^0 \times 0.95^9 = 0.63 = 63\%$$

显然,接收概率差别很大,甚至相差几十倍,判断力明显不同,如图 5-12 所示。采用百分比抽样方法,在不合格品百分率相同的情况下,批量 N 越大,方案越严,批量越小,方案越松,相当于对批量大的交检批提高了验收标准。而对批量小的交检批降低了验收标准,导致验收标准不统一,不能"一视同仁"。这样,在实际提交产品批检验时,如果把批量较大的产品批分成若干个较小的产品批提交检验,则很容易判为合格批,就起不到检验把关作用。因此,百分比抽样方案是不合理、不科学的。在国外,20 世纪 50 年代就已明令禁止使用百分比抽样,在我国也应避免使用。

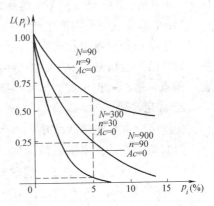

图 5-12 抽样比例为 10% 的 OC 曲线

5.5 计数抽样方案及应用

5.5.1 计数标准型抽样方案

1. 方案的特点及设计原理

计数标准型抽样方案,是一种通过同时控制生产方和使用方的风险,保证生产方和使用方利益的抽样检验方案。为了保护生产方利益,事先双方规定生产方可接收的质量水平 p_0,并要求质量优于 p_0 的优质批,应以高概率接收,拒收的概率或错判的风险不能超过 α;为了保护使用方利益,事先双方规定交付产品的最大或极限不合格品率(LTPD)p_1,并要求不合格品率大于 p_1 的劣质批被接收的概率或错判的概率不超过 β。也就是说通过确定 p_0 和 α 来保护生产方,通过确定 p_1 和 β 来保护使用方。采用数学表达式可表示为:

1) 当 $p = p_0$ 时,$L(p_0) = 1 - \alpha$。
2) 当 $p \leq p_0$ 时,$L(p) \geq 1 - \alpha$(即对于优质批,接收概率应该保证大于 $1 - \alpha$)。
3) 当 $p = p_1$ 时,$L(p_1) = \beta$。
4) 当 $p \geq p_1$ 时,$L(p) \leq \beta$(即对于劣质批,接收概率应该保证小于 β)。

从 1) 和 3) 可知,根据 p_0、α、p_1、β 所确定的抽样方案 (n, Ac),对应的 OC 曲线经过 $(p_0, 1-\alpha)$ 和 (p_1, β) 两点。即下列方程组成立:

$$\begin{cases} \sum_{d=0}^{Ac} C_n^d p_0^d (1-p_0)^{n-d} = 1 - \alpha \\ \sum_{d=0}^{Ac} C_n^d p_1^d (1-p_1)^{n-d} = \beta \end{cases} \tag{5-8}$$

因此,如果预先确定好 p_0、p_1、α、β 的大小,就可以通过求解上述方程组获得 n 和 Ac 的大小,也就是能确定标准型一次抽样方案 (n, Ac)。对于 α 和 β 的值,经过长期实践和理论证明,一般取 $\alpha = 5\%$,$\beta = 10\%$ 比较合适。

因此,计数标准型抽样方案实际上就是按照供需双方共同制定的,并且通过 $(p_0, 1-\alpha)$ 和 (p_1, β) 两点的 OC 曲线所对应的一种抽样方案。该方案的关键是确定 p_0、α、p_1、β 四个参数,并不需要生产方提供交验批的以往质量数据,例如过程平均不合格品率、生产工序是否处于稳定状态等。正因为如此,该方案比较适合孤立批的生产检验,例如初次供货的产品。我国制定的 GB/T 13262《不合格品率的计数标准型一次抽样检验程序及抽样表》国家标准,可作为此类抽样检验的依据。

2. 应用步骤

在应用计数标准型抽样方案时,一般按以下步骤实施:

(1) 规定单位产品的质量标准 首先要规定单个产品的合格与不合格判定标准。

(2) 确定 p_0、p_1、α、β 选取 $\alpha = 0.05$,$\beta = 0.10$,双方协商确定抽样方案的 p_0、p_1 值。

1) p_0 的确定,一般来说,对于致命缺陷与严重缺陷,p_0 值应取得小些,如取 $p_0 = 0.3\%$、0.5% 等。对轻微缺陷,可以取较大的 $p_0 = 3\%$、5%、10% 等。

2) p_1 的选取,一般应使 p_1 与 p_0 拉开一定的差距,并确保 $p_1 > p_0$,但 p_1/p_0 不宜过小,太小会增加样本数量,使检验成本增加;也不宜过大,太大会放松对产品质量的要求,对使用方不利。在 $\alpha = 0.05$,$\beta = 0.10$ 时,一般多取 $p_1 = (4 \sim 10) p_0$。

(3) 组成检验批 检验批的组成要满足一定的条件,不是随便一定数量的产品就可以成为一个检验批次,否则会影响抽样检验结果的可靠性。组成批的基本原则是:同一批内的产品应当是在同一生产条件(5M1E)下生产的,批量大小要适当。

(4) 查表获得抽样方案

1) 利用主表确定抽样方案。在主表(附录 E)找到 p_0 所在的行和 p_1 所在的列,然后找出它们的交叉格。在交叉格中,如果是两个数,则左边是 n,右边是 Ac,得到 (n, Ac)。如果交叉格是箭头,则按箭头所指方向查到有数字的格,得到 (n, Ac)。如果交叉格是空白,表示给的 p_0 比 p_1 大,没有这种抽样方案。如果交叉格是"△"号,则按辅助表,计算 n、Ac 值。

2) 利用辅助表确定抽样方案。计算出 p_1/p_0 比值,依据计算的 p_1/p_0 值,查辅助表对应的行,得到 Ac,并按该行所列出的计算式,求出 n 值。

(5) 抽样 按照获得的抽样方案从产品批中随机抽取具有代表性的 n 个样本。

(6) 检验 按照规定的产品质量标准,逐个对样本单位进行检验和判断,并记录不合格品数 d。

(7) 产品批的判断与处置 当 $d \leq Ac$ 时,判定批合格予以接收;当 $d > Ac$ 时,判定批不合格予以拒收。

例 5-2 某批产品交验,供需双方规定 $p_0=1\%$,$p_1=10\%$,$\alpha=5\%$,$\beta=10\%$,求检验该批产品的标准型一次抽样方案。

解:查附录 E 主表,$p_0=1\%$ 在 $0.901\%\sim1.12\%$ 范围内,$p_1=10\%$ 在 $9.01\%\sim11.2\%$ 范围内,由表可得,标准型一次抽样方案 $(n,Ac)=(40,1)$。

例 5-3 若上例中的 $p_0=2.4\%$,$p_1=5\%$,求抽样方案。

解:在附录 E 主表中查到 $p_0=2.4\%$ 所在行与 $p_1=5\%$ 所在列的交叉格,该格为"△",此时需要用辅助表计算 n 和 Ac。因为 $p_1/p_0=2.08$,从该表中得到 $Ac=15$,$n=520/p_0+1065/p_1=430$,即抽样方案为 $(430,15)$。

5.5.2 计数挑选型抽样方案

计数挑选型抽样方案是许多企业实际上实施的一种产品验收制度。按抽样方案对产品批进行抽样检验时,检验结果要么判定合格,要么判定不合格,只有这两种可能。所谓挑选型抽样方案就是指,当产品批判断为合格时,将样本中的不合格品换成合格品直接接收;当产品批判断为不合格时,对该批产品实施全数检验,将不合格的产品挑选出来,换成合格产品,然后再提交检验。这种抽样方案,实际上是在正常的抽样方案实施后,又增加了一道全检挑选的把关程序,实际上加严了检验,出厂产品的平均不合格率下降了,以确保出厂产品的质量。显然,这种抽样方案不适用于带有破坏性检验的产品。它主要适用于按批验收入库的产品,工序间半成品的转序检验,以及连续批的逐批检验等情况的抽样检验。

计数挑选型抽样检验方案最早是由美国贝尔电话实验室的工程师道奇(H. F. Dodge)和罗米格(H. G. Romig)于 1929 年研制的一套抽样表,它是至今仍被广泛应用的挑选型抽样方案表。我国在此基础上,于 1992 年制定并发布了 GB/T 13546《挑选型计数抽样检查程序及抽样表》。

在采用计数挑选型抽样方案时,由于可能增加一次全数检验,因此改变了需要检验的产品数量,同时对发现的不合格品进行更换,同时也改变了出厂产品的不合格品率。因此,在制定此挑选型抽样方案时,涉及两个重要概念:平均检验件数和平均不合格品率。

1. 平均检验件数 *ATI*(Average Total Inspection)

假设有一批待检产品,批量为 N,不合格品率为 p,过程平均不合格率为 $\bar{p}$,采用一次抽样方案 (n,Ac) 进行抽检。对该批产品的抽检结果为合格或不合格。因此,被抽检到的产品平均数,可以通过在这两种情况下的检验数量的平均值得到:

1)当判为合格时,此时抽检的产品数量是 n,对应的判为批合格的概率为 $L(p)$,也就是抽检 n 件产品的概率。

2)当判为不合格时,因为要实施全检,此时需要检验的产品数量为 N(抽检时已检的产品数量是 n,全检时,只需对剩下的 $N-n$ 件产品全检),对应的概率就是判为批不合格的概率 $1-L(p)$。

因此计数挑选型抽样方案的平均检验产品件数

$$ATI=nL(p)+N[1-L(p)]$$

化简得

$$ATI=n+(N-n)[1-L(p)] \tag{5-9}$$

根据 OC 曲线可知，随着不合格品率 p 的增加，接收概率 $L(p)$ 减少，则平均检验件数 ATI 增加。$L(p)$ 也与抽样方案 (n, Ac) 有关。接收概率 $L(p)$ 用二项分布计算可表示为

$$L(p) = \sum_{d=0}^{Ac} h(d;n,p) \tag{5-10}$$

将式（5-10）代入式（5-9），得到产品批的平均检验件数为

$$ATI = n + (N-n)\left[1 - \sum_{d=0}^{Ac} h(d;n,p)\right] \tag{5-11}$$

由于待检批的不合格品率 p 往往是未知的，而过程平均不合格品率 $\bar{p}$，可以根据以往的质量水平估计得到，因此可近似用过程平均不合格品率 $\bar{p}$ 代替 p，得到

$$ATI = n + (N-n)\left[1 - \sum_{d=0}^{Ac} h(d;n,\bar{p})\right] \tag{5-12}$$

例 5-4 $N = 1000$，$p = 3\%$，$n = 30$，$Ac = 2$ 时，$L(p) = 0.940$，求平均检验总数。

解：

$$\begin{aligned}
ATI &= nL(p) + N[1 - L(p)] \\
&= 30 \times 0.940 + 1000(1 - 0.940) \\
&= 88.2 \approx 89 \text{(件)}
\end{aligned}$$

2. 平均出厂不合格品率 AOQ

按照计算平均检验件数的方法，可以计算计数挑选型抽样方案的平均出厂不合格率或平均出厂质量。设有一批量为 N 的产品批，不合格品率为 p。对其抽检，抽样数为 n，则结果可能接收，也可能拒收。判为接收后要将 n 中可能的不合格品数即 np 换成合格品，则此时批不合格率变为

$$\frac{Np - np}{N} = \frac{(N-n)p}{N} \tag{5-13}$$

而判为接收的概率为 $L(p)$，也就是不合格率为式（5-13）时的概率。该批产品判为拒收后，需要 100% 挑选，则此时批中的不合格品数经挑选后为 0，不合格率为 0。而判为拒收的概率为 $1 - L(p)$，也就是不合格率为 0 时的概率。那么平均出厂不合格率或平均检出质量 AOQ（Average Outgoing Quality）为

$$AOQ = L(p)\frac{(N-n)p}{N} + [1 - L(p)] \times 0 = \frac{p(N-n)}{N}L(p) \tag{5-14}$$

若 $N/n > 10$

$$AOQ \approx pL(p) \tag{5-15}$$

AOQ 是 p 和 $L(p)$ 的函数，而 $L(p)$ 又是 p 的递减函数。随着 p 的增大，$L(p)$ 是减小的。这样一来 p 和 $L(p)$ 的乘积可能存在一个极大值。如果以 p 为横坐标，AOQ 为纵坐标，作一条曲线，即 AOQ-p 曲线，这条曲线称为平均检出质量特性曲线，它代表的是平均出厂不合格率与检验前不合格品率 p 之间的关系，如图 5-13 所示。从曲线的变化趋势可以看出，当 p 从开始逐渐增大时，AOQ

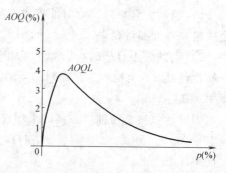

图 5-13 AOQ 曲线

也逐渐增大，在 p 增大到某一值时，AOQ 的确达到一个极大值，继续增大 p，AOQ 的数值又会逐渐减小。这是因为继续增大 p，根据 OC 曲线可知，接收概率 $L(p)$ 下降得很明显，拒收概率增大，实施全数挑选检验的可能性增大，那么出厂产品的质量会提高，平均出厂不合格率 AOQ 的数值就会逐渐减小。AOQ-p 曲线的变化趋势表明，对于确定的抽样方案 (n, Ac)，不论产品抽检前的不合格率 p 有多大，在长期的生产过程中，平均出厂不合格品率存在一个上限极值，也就是 AOQ 曲线的最大值，称为平均检出质量上限，简称 AOQL（Average Outgoing Quality Limit）。我们可以通过求导的方式求出它的极大值。

例 5-5 用 $(10, 0)$ 的抽样方案对 $N = 1000$ 的批不合格率为 5% 的批产品进行挑选型抽样检验，试求平均检出质量 AOQ。

解：
$$L(p) = C_{10}^0 p^0 (1-p)^{10} = (1-p)^{10}$$

令 $p = 0.05$，故
$$L(p) = (1-0.05)^{10} = 0.95^{10} = 0.610$$

于是
$$AOQ = 0.05 \times 0.610 = 0.0305$$

3. 计数挑选型抽样方案的设计

挑选型抽样方案对于产品质量的保证有下列两种。这两种方案都是在满足一定条件下，使得平均检验件数 ATI 最小的检验方案。

（1）提交批的质量保证方案（指定 p_1，使用 SL 表） 这种方案的出发点是当提交批的质量劣于使用方所能承受的最大不合格品率（LTPD）时，以低概率接收，以确保提交批的产品质量。即当 $p \geq p_1 = LTPD$ 时，$L(p) \leq \beta$ （$\beta = 0.10$）。在这个前提条件下，选择其中平均检验件数最小的一个抽样方案。即满足下列方程组的 (n, Ac)：

$$\begin{cases} \min ATI = nL(\bar{p}) + (N-n)[1-L(\bar{p})] \\ \text{s. t. } L(p \geq p_1) \leq \beta = 0.1 \end{cases} \tag{5-16}$$

这种方案是已知 N、$\bar{p}$、p_1，求出 n、Ac、AOQL。

该方案是在保证接收概率不大于 β（$\beta = 0.10$）的条件下，求出使平均检验件数最少的抽样方案 (n, Ac)。当产品批的不合格品率为 p 时，方案 (n, Ac) 的接收概率为

$$L(p) = \sum_{d=0}^{Ac} h(d; n, D, N) \tag{5-17}$$

$$\approx \sum_{d=0}^{Ac} h(d; n, p)$$

当 $N/n \geq 10$，且 $p \leq 0.10$ 时，可用泊松分布近似，则有

$$L(p) = \sum_{d=0}^{Ac} h(d; np) \tag{5-18}$$

当 $\beta = 0.10$ 时，

$$L(p) = \sum_{d=0}^{Ac} h(d; np) = 0.10 \tag{5-19}$$

在满足式（5-19），使式（5-12）即 ATI 为最小的条件下求出的 n 和 Ac，就是所要求的方案。实际检验过程中，为了避免上述复杂的计算过程，可以直接从道奇和罗米格抽样表查出相应方案。道奇和罗米格极限质量抽样表给出的 p_1 值有 0.005，0.01，0.03，0.04，0.05，0.07，0.10 等，附录 F 列出了 $p_1 = 0.03$ 的抽样方案表。

（2）平均质量保证的方案（指定 AOQL，使用 SA 表） 这种方案的出发点是在长期使用这

个抽样方案以后，能保证验收批的平均不合格品率在 AOQL 值以下。即 $pL(p) \leq AOQL$。在这个前提条件下，选择其中平均检验件数最小的一个抽样方案。即满足下列方程组的 (n, Ac)：

$$\begin{cases} \min ATI = nL(\bar{p}) + (N-n)[1-L(\bar{p})] \\ \text{s.t. } pL(p) \leq AOQL \end{cases} \tag{5-20}$$

这种方案是已知 N、$\bar{p}$、$AOQL$，求出 n、Ac、p_1。

这是在规定平均出厂质量上限 AOQL 条件下，使平均检验件数最少的抽样方案。在给定 AOQL 条件下，可以先通过对平均出厂质量 AOQ 求极值的方法，得到不同的 Ac 值所对应的 n 值，再选出平均检验件数最少的抽样方案。具体求解过程如下：

由式（5-14）可得

$$AOQ = \frac{N-n}{N} pL(p) \tag{5-21}$$

$$= \left(\frac{1}{n} - \frac{1}{N}\right) np \sum_{d=0}^{Ac} \frac{(np)^d}{d!} e^{-np}$$

为求 AOQ 的极大值，可将式（5-21）对 p 求一阶导数并令其等于零，则可得

$$\sum_{d=0}^{Ac} \frac{(np)^d}{d!} e^{-np} = \frac{(np)^{Ac+1}}{Ac!} e^{-np} \tag{5-22}$$

设 $np = x$，式（5-22）变为

$$\sum_{d=0}^{Ac} \frac{(x)^d}{d!} e^{-x} = \frac{(x)^{Ac+1}}{Ac!} e^{-x} \tag{5-23}$$

若令

$$y = x \sum_{d=0}^{Ac} \frac{(x)^d}{d!} e^{-x} = \frac{(x)^{Ac+2}}{Ac!} e^{-x} \tag{5-24}$$

则 AOQ 的极大值

$$AOQL = \left(\frac{1}{n} - \frac{1}{N}\right) y \tag{5-25}$$

若给定 Ac 值，可由式（5-23）求出对应的 x 值，进而由式（5-24）计算出对应的 y 值。因此，若给定了 N 和 AOQL 值，代入式（5-25）进而求出样本量 n 值。这样可得到 Ac 和 n 的多个组合，即多个满足平均出厂不合格率不超过 AOQL 的抽样方案，再应用平均检验件数公式计算比较，确定平均检验件数最少的方案，就是所需要的抽样方案。

实际检验过程中，为了避免上述复杂的计算过程，可直接从抽样表（附录 F）查出相应抽样方案。

4. 计数挑选型抽样方案的应用步骤

对于实际产品检验，一般采取查表的方式确定抽样方案。总结其步骤如下：

1）规定单位产品的质量标准：首先要规定单个产品的合格与不合格判定标准。

2）确定 p_1 或 AOQL 值：一般是由供需双方统一商定。p_1 可选择的值有 1%，2%，3%，5%，7%，10% 等；AOQL 可选择的值有 0.5%，0.7%，1%，2%，3%，5% 等。

3）估计过程平均 $\bar{p}$：可以利用以往的质量数据求得 $\bar{p}$。

4）从 SL 表或 SA 表查出抽样方案。

① 已知 p_1 使用 SL 表：根据确定的 p_1 值，选择对应的 SL 表，按已知的 N、$\bar{p}$ 从表中查出

样本容量 n 和合格判定数 Ac，同时可查得 $AOQL$ 值。

② 已知 $AOQL$ 使用 SA 表：根据确定的 $AOQL$ 值，选择对应的 SA 表，按已知的 N、$\bar{p}$ 从表中查出样本容量 n 和合格判定数 Ac，同时可查得 p_1 值。

5）抽样：按照获得的抽样方案从产品批中随机抽取具有代表性的 n 个样本。

6）检验：按照规定的产品质量标准，逐个对样本单位进行检验和判断，并记录不合格品数 d。

7）产品批的判断与处置：当 $d \leqslant Ac$ 时，判定批合格，将样本中的不合格品换成合格品后直接予以接收，当 $d > Ac$ 时，判定批不合格，实施全数检验，把不合格品全部改换成合格品，再提交检验后验收。

例 5-6 已知过程平均不合格品率 $\bar{p} = 0.03\%$，批量 $N = 900$，给定极限不合格品率 $p_1 = 3\%$，试选择挑选型一次抽样方案。

解：由附表 F SL 表中 $N = 701 \sim 1000$ 之行和 $\bar{p} = (0 \sim 0.055)\%$ 之列交叉处，得 $n = 125$，$Ac = 1$，即所求方案为 $(125, 1)$，$AOQL = 0.67\%$。

例 5-7 已知 $N = 500$，$AOQL = 2\%$，$\bar{p} = 0.27\%$，试选择挑选型一次抽样方案。

解：根据附表 F SA 表，查 $N = 201 \sim 500$，与 $\bar{p} = (0.23 \sim 0.33)\%$ 交叉之处，得 $n = 18$，$Ac = 0$，$p_1 = 11.7\%$。

5.5.3 计数调整型抽样方案

所谓调整型抽样检验是指根据过去的检验数据或产品质量状况，随时按一套转移规则"调整"检验的宽严程度的抽样检验过程。这种抽样方案之所以称为调整型抽样方案，是因为它会针对产品质量的变化情况，及时改变抽样方案，即使是对于同批量的产品批，采取的抽样方案也可能因为质量变化而采用不同的抽样方案以保护生产方和使用方的利益。计数调整型抽样方案设计了正常、加严、放宽、停检等不同严格程度的一整套抽样方案，并规定了一套转移规则，只要产品生产质量满足其中的转移规则，正在使用的抽样方案就会转移到相应的新的抽样方案，采用新的抽样方案对下一批产品抽验。所以，抽样方案并不是一成不变的。具体来说，当生产方提供的产品处于正常质量水平，采用正常检验方案抽验；当通过抽验发现产品质量比正常情况有明显提高且生产稳定时，可以采用放宽检验方案进行检验，以免第一类错判概率 α 变大，同时减少检验成本，保证生产方利益；当产品质量下降或生产不稳定时，采用加严检验方案抽验，以免第二类错判概率 β 变大，保护使用方利益，如果下降到一定程度甚至要停止检验。加严检验或是停止检验，可以促使生产方加强质量管理，提高产品质量的稳定性。

计数调整型抽样检验方案是根据以往的抽样检验数据来调整抽样方案的，因此比较适合于能提供大量检验数据的连续型生产批的产品检验，以及进厂原材料检验、工序间半成品转序检验、库存产品复检以及一定条件下的孤立批的检验，是目前使用最广泛、理论上研究得最多的一种抽样检验方法。

前面介绍的美国军用标准 MIL-STD-105D 是较早使用的调整型抽样标准，也是应用最为广泛的调整型抽样标准。国际标准化组织（ISO）制定的 ISO 2859-1《按接收质量限（AQL）检索的逐批抽样计划》，以及我国的国家标准 GB/T 2828.1《计数检验程序第一部分：按接收质量限（AQL）检索的逐批抽样计划》，都参照了此标准。英国、加拿大、日本等国家也参照此标准制定了各自的计数调整型抽样方案。

1. 抽样方案的设计思想

计数调整型抽样检验方案的设计是基于以下几方面的考虑：

1）确定一个过程平均不合格品率的上限值 AQL。针对过程平均不合格品率 $\bar{p}$ 规定一个接收和拒收的界限值——接收质量限或合格质量水平 AQL，它是计数调整型抽样方案的核心指标及检索指标。

2）不合格或缺陷的分类是计数调整型抽样方案选择 AQL 的重要依据之一，也是整个抽样系统的重要特点。

把不合格或缺陷分为不同的严重级别（例如 A、B、C 类），由于致命、严重不合格或缺陷对产品的质量影响较大，因此，按照计数调整型抽样方案，对于致命、严重不合格或缺陷的检测项目所设定的 AQL 值要小些，而对于轻微不合格或缺陷的 AQL 值就要大些，相应的抽样方案前者比后者要严格得多。

3）生产方利益的保护。如果生产方提供的产品批的质量等于或优于 AQL 对应的产品质量（即该批产品的不合格率的数值小于等于 AQL）时，根据 AQL 选定的抽样方案将以高概率接收该产品批，体现了对生产方利益的保护。

4）使用方利益的保护。当生产方提供的产品批的质量劣于 AQL（即该批产品的不合格率的数值大于 AQL）时，即产品质量低劣时，根据 AQL 的接收准则，一般不能对使用方进行令人满意的保护，为弥补这一不足，在抽样方案系统中拟定了从正常检验转为加严检验的内容，从而保护了使用方利益。

5）转换规则的有效使用。当生产方提供产品质量连续保持很好时，并满足转移条件的情况下，可按转移规则转至样本容量较小而且比较松的放宽抽样方案，并可以给生产方减少检验成本。

6）批量与样本容量的合理确定。计数调整型抽样系统，在确定批量和样本容量间的关系时，不仅仅是依据概率统计原理计算得到的结果，而是更多地考虑了实践经验，使得批量和样本容量间的关系更为合理。同时也关注到了从批量较大的产品中随机取样的困难，以及由于错判导致的严重后果。

2. 接收质量限 AQL

（1）AQL 的定义及含义　接收质量限（Acceptable Quality Limit）是当一个连续系列批被提交验收抽样时，可允许的最差过程平均质量水平，符号用 AQL 表示。即在抽样检验中，认为满意的连续提交批的过程平均不合格品率的上限值，它是双方可接收或允许的最大过程平均不合格率。根据上述定义可知：

1）AQL 采用不合格品百分率或每百单位缺陷数表示。它表示的是过程平均质量，并不代表某一批产品的质量。因此，不要将生产过程中的批产品不合格率与 AQL 混淆。

2）AQL 是可接收的和不可接收的过程平均不合格品率的分界线。它是计数调整型抽样方案的设计基础，抽样方案的检索指标和抽样方案的宽严度主要取决于它。

3）AQL 是生产方所能达到的平均质量水平，也是使用方所希望的质量水平。生产方应使提交的产品批的平均质量优于 AQL。当生产方提供的产品批优于 AQL 时，抽样方案可以保证高概率接收。

4）AQL 是过程平均不合格品率，只规定 AQL 并不能完全保证使用方接收的每一批产品的不合格品率小于等于 AQL 值。但从长远看，使用方得到的产品批的平均质量等于或优于 AQL。

5) 指定一个 AQL 值，并不意味着产品批的不合格率在此值附近就是所需要的质量水平，毕竟没有不合格品总比存在一定百分数的不合格品更理想，而且不合格品率比 AQL 值越小越好。

（2）AQL 的数值　AQL 的数值设定是以几何级数递增的，每个数值都是前一个数值的 $\sqrt[5]{10}=1.585$ 倍。在 GB 2828 中，AQL 值是按优先系列值选用的。如果指定的 AQL 不在这些优先值当中，就不能使用该值在 GB 2828 中的抽样表中检索抽样方案。GB 2828 中的 AQL（%）采用 0.01，0.015，…，1000，共 26 档。小于或等于 10 的合格质量水平，可以是每百单位产品不合格品数，也可以是每百单位产品不合格数，因此，在实际使用时应该明确到底是不合格品数还是不合格数的百分比（一个单位产品上可能有多个不合格项目数，例如一个铸件上有 5 个气孔）。大于 10 的合格质量水平，仅仅是每百单位产品不合格数。另外，需要注意的是，AQL 值太大的不常使用，例如，AQL 值超过 100 的抽样方案，意味着平均每个产品上都有不合格的情况也是可以接收的。除非这种不合格极其轻微，否则一般是不允许这种情况发生的。

（3）AQL 的确定方法　AQL 的大小是决定抽样方案宽严度的主要因素。因此，在选择时应综合考虑生产方的生产能力、产品的重要性、使用方的合理需求、检验成本等因素。实际检验过程中，一个具体抽样方案的 AQL 值的确定方法，可以从以下几个方面考虑：

1) 按使用方要求的质量确定：一般情况下，使用方会根据自己对产品的使用要求，向生产方提出产品质量要求，该质量要求应作为 AQL。对这种单方面质量要求，生产方经常是必须接收的，当实际生产水平达不到这个要求时，必须采用挑选的方式。

2) 生产方与使用方协商决定：这种选择 AQL 的方式是实际当中比较常见的。为了达到供需双方的平衡，既要考虑到生产方所能达到的质量水平，又要兼顾使用方对产品质量的要求，通常是双方共同商定一个合理的 AQL 值，并在合同或技术协议中约定，以避免产生不必要的质量纠纷。

3) 按过程平均不合格品率确定：所谓过程平均不合格品率是指以往数批（一般超过 20 批产品）产品首次检验时得到的平均不合格品率，见式（5-2）。根据过程平均不合格品率确定 AQL 值，有利于权衡供需双方的利益。因为过程平均不合格品率与 AQL 之间有如下关系：

① 如果规定的 AQL 值劣于过程平均，则能高概率接收产品批，生产方的利益得到充分的保证，生产过程不致中断。

② 如果规定的 AQL 值优于过程平均，则不合格产品批增多，生产方需要挑选产品或暂停生产，增加返工成本，不过这样做对提高产品质量，保护使用方的利益有好处。

因此，决定 AQL 时，应考虑到促使生产方提高产品质量，一般多取略优于过程平均作为 AQL。

4) 按缺陷类别确定：对不合格或缺陷分类是调整型抽样系统的特点。不合格或缺陷的性质不同对产品的性能影响也不同，因此重要度也不同，同样抽样检验的宽严度也应有所不同。针对不同的不合格或缺陷类别，分别规定不同的 AQL 值，这是国际上一些国家经常采用的方法。对严重不合格或缺陷，应规定严格的 AQL 值即较小的值。原则上要求 AQL 值 A

类（致命缺陷）<B 类（严重缺陷）<C 类（轻微缺陷）。例如对某些电子元器件产品，A 类电性参数的 AQL 值常取 0.1%，B 类电性参数的 AQL 值常取 1.0%，C 类外观参数的 AQL 值常取 4.0%。

5）按检验项目数确定：同一类检验项目多的要比检验项目少的 AQL 值适当大些，但不能成比例增加。不是单独检验的检验项目，不能单独规定 AQL 值。

另外，在实际确定 AQL 时还需注意，成品的 AQL 值应比构成成品的零部件的 AQL 值大些。

表 5-1 列出了某些行业产品的 AQL 取值范围，仅供参考。

表 5-1 AQL 参考数值

使用要求	特高	高	中	低
AQL	≤0.1	≤0.65	≤2.5	≥4.0
适用范围	导弹、卫星、宇宙飞船	飞机、舰艇、重要军工产品	一般军用和工农业产品	一般民用产品

3. 检查水平 IL

当产品批量给定后，抽样的样本数的大小也是需要确定的一个重要参数，在调整型抽样方案中，它是通过检验水平或检查水平来确定的。所以除了规定 AQL 值外，还要选择确定一个检查水平。所谓检验水平是指经过综合考虑所需抽检费用和一旦被拒收可能造成的损失而确定的样本大小。它反映了批量大小与样本大小之间的关系。在 AQL 相同条件下，如果检查水平低，样本就小，检验费用也少。GB 2828 标准的检查水平分为一般检查水平和特殊检查水平两类。

（1）一般检查水平 一般检查水平分为 Ⅰ、Ⅱ、Ⅲ 种，这三种检查水平对生产方所提供的保障是相同的，但对使用方的保证程度则不一致。也就是说，检查水平的变化对 α 的影响甚微，对 β 则有较大的影响，因此，检查水平一般是由使用方选择的。

三种检查水平，检查水平 Ⅰ 的样本为最小，检查水平 Ⅲ 的样本数最大。在 GB 2828 中，检查水平的设计原则为：如果批量增大，样本量一般也随之增大，但不是成正比增加，大批量中样本量所占的比例比小批量所占比例要小。三者的样本含量比率约为 0.4∶1∶1.6。三种检查水平的鉴别力也不同，从检查水平 Ⅰ 到检查水平 Ⅲ 逐渐增高。因此，检查水平 Ⅱ 的抽样数和鉴别力最为适中，也是应用较为广泛的一种检查水平。

（2）特殊检查水平 特殊检查水平分为 S-1、S-2、S-3、S-4 四种。当产品的检验需要用极小的样本数及可冒较大风险时，才可应用这四种检查水平。这四种检查水平的样本大小，是从 S-1 到 S-4 逐渐增多，鉴别力也是按此逐渐提高的。一般用于破坏性检验或检验费用很高的检验。

（3）几种不同检查水平鉴别力的区别 提高检查水平，可以提高方案的鉴别力，如图 5-14 所示，给出了在 AQL 和批量相同情况下，检查水平 Ⅰ、Ⅱ、Ⅲ 和特殊检查水平 S-3 的 OC 曲线。从图中可以看出，检查水平越高，鉴别力也越高。即优于或等于 AQL 质量批的接收概率 $L(p)$ 增大，劣质批的接收概率 $L(p)$

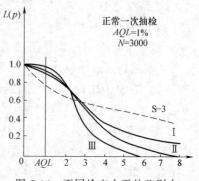

图 5-14 不同检查水平的鉴别力

减小，可以减小使用方和生产方的风险。

综上所述，在选择检查水平时，当需要的鉴别力比较低时，可规定使用一般检查水平Ⅰ，当需要的鉴别力比较高时，可规定使用一般检查水平Ⅲ，如果无特殊要求，一般选择一般检查水平Ⅱ。特殊检查水平所抽取的样品较少，仅适用于必须用较小样本且允许有较大误判风险的场合。另外，在选择检查水平时，还应考虑产品的复杂程度、质量状况、检验性质、检验成本等因素。当产品批质量劣于 AQL 或质量不稳定时，或者检验成本较低时，可选用较高的检查水平，以减少误判；反过来若产品质量较稳定，或者检验成本较高，或者检验是破坏性的，适当选择较低的检查水平。

4. 样本大小字码

抽样检验的样本大小是与批量大小和检查水平有关的。在调整型抽样检验系统中（例如 GB 2828 抽样标准）设置了样本字码表（见表 5-2），采用 17 个不同的英文字母（从 A、B、C 一直到 R，除 I 外）表示不同的样本大小。该表把批量分成了 15 档，并列出了所有检查水平。通过在表中查找相应的批量 N 与检查水平的相交栏来确定样本字码，再根据字码在抽样主表中查找具体的样本大小和抽样方案。

表 5-2 样本大小字码

批量范围 N	特殊检查水平				一般检查水平		
	S-1	S-2	S-3	S-4	Ⅰ	Ⅱ	Ⅲ
1~8	A	A	A	A	A	A	B
9~15	A	A	A	A	A	B	C
16~25	A	A	B	B	B	C	D
26~50	A	B	B	C	C	D	E
51~90	B	B	C	C	C	E	F
91~150	B	B	C	D	D	F	G
151~280	B	C	D	E	E	G	H
281~500	B	C	D	E	F	H	J
501~1200	C	C	E	F	G	J	K
1201~3200	C	D	E	G	H	K	L
3201~10000	C	D	F	G	J	L	M
10001~35000	C	D	F	H	K	M	N
35001~150000	D	E	G	J	L	N	P
150001~500000	D	E	G	J	M	P	Q
≥500001	D	E	H	K	N	Q	R

5. 转移规则

由一种检验状态转移到另一种检验状态的规定称为一个转移规则。转移规则的全体称为系统的转移规则，简称转移规则。GB 2828 标准规定有正常检验、加严检验和放宽检验三种不同严格程度的检验。正常检验适用于交验批的质量处于或优于 AQL 时实施；加严检验适用于交验批的质量明显劣于 AQL 时实施；放宽检验适用于交验批的质量明显优于 AQL 时实施。除另外有规定或非使用方特别要求，检验一般均从正常检验开始。正常、加严及放宽检验可一直沿用，如需转换，应按标准中规定的转移规则改变抽样方案。这些规则如下：

（1）从正常检验到加严检验　当进行正常检验时，如果在连续5批或不足5批的初次检验中有两批经检验不合格，则从下一批开始转到加严检验。

（2）从正常检验到放宽检验　当进行正常检验时，若下列条件均满足，则从下一批开始转到放宽检验。

1）当前转移得分至少30分。

所谓转移得分是在正常检验情况下，用于确定当前的检验结果是否足以允许转移到放宽检验的一种判定指标。在 GB/T 2828.1 中给出了转移得分的计算方法。例如，对于一次抽样方案，评分规则如下（正常检验开始时，应将转移得分设定为0）：

① 当接收数等于或大于2时，如果 AQL 值加严一级后该批次被接收，则给转移得分加3分，否则，将转移得分重新设定为0。

② 当接收数为0或1时，如果该批被接收，则给转移得分加2分，否则，将转移得分重新设定为0。

2）生产稳定。

3）负责部门认为放宽检验可取。

（3）从加严检验转到正常检验　当进行加严检验时，若连续5批经初次检验合格，则从下一批开始转到正常检验。

（4）从放宽检验转到正常检验　在进行放宽检验时，若出现系列情况之一时，则从下一批开始转到正常检验。

1）有一批放宽检验不合格。

2）生产不稳定或延迟。

3）认为恢复正常检验正当的其他情况。

（5）从加严检验到暂停检验　加严检验开始后，不合格批数累积到5批时（不包括转到加严检验的不合格批）暂停检验。在生产方采取了措施使产品质量得以改进，才能重新回到加严检验。

图 5-15 给出了正常检验、加严检验、放宽检验、暂停检验之间转换的路径和条件。

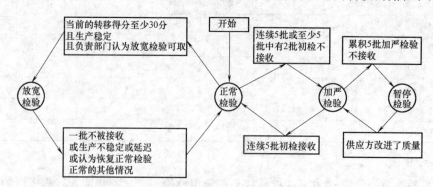

图 5-15　转移规则简图

6. 应用步骤

（1）一次抽样方案

1）规定单位产品的质量特性：首先要规定单个产品的合格与不合格判定标准。

2) 规定不合格的分类：根据产品的实际情况将不合格分为 A 类、B 类及 C 类三种类别。

3) 确定可接收质量限 AQL。

4) 决定检查水平：一般从检查水平 Ⅱ 开始。

5) 组成检验批。

6) 规定检验的严格度：确定是采取正常检验、放宽检验还是加严检验。

7) 检索抽样方案：应用表 5-2、附表 G ~ 附表 I，求出样本数 n、合格判定数 Ac 和不合格判定数 Re。

8) 抽样：按照获得的抽样方案从产品批中随机抽取具有代表性的 n 个样本。

9) 检验：按照规定的产品质量标准，逐个对样本单位进行检验和判断，并记录不合格品数 d。

10) 产品批的判断与处置：产品批的判断与处置：当累积不合格品数 $d \leqslant Ac$ 时，判定批合格，将样本中的不合格品换成合格品后直接予以接收；当 $d > Ac$ 时，判定批不合格，退回生产方或双方协商解决。

（2）二次抽样方案　二次抽样方案的设计程序与一次抽样方案基本相同，只不过有可能要多抽检一次样品。二次抽样方案也分为正常检验抽样方案、加严抽样方案和放宽抽样方案。

（3）多次抽样方案　多次抽样方案与二次抽样方案的检验程序与规则一样，只是根据多次抽样表来搜索正常检验、加严检验和放宽检验方案。

例 5-8　某批数量 5000 件的产品，$AQL = 0.65\%$，选用检查水平 Ⅱ。试求正常检验一次抽样方案和放宽检验一次抽样方案。

解：（1）正常检验抽样方案

1) 从表 5-2 样本大小字码表索引查 $N = 5000$ 及检查水平 Ⅱ，查得样本字码 L。

2) 应用附表 G，找到样本字码 L 和 $AQL = 0.65\%$ 的交叉格，求出抽样方案为 $n = 200$，$Ac = 3$，$Re = 4$，即（200，3，4）。

3) 在该批 5000 件产品中，随机抽取 200 件进行检验，得到不合格品数 d。若 $d = 3$ 或 3 件以下，批产品合格，则接收整批产品；若 $d = 4$ 件或 4 件以上，批产品不合格，则拒收整批产品。

（2）放宽检验抽样方案

1) 从表 5-2 查得样本大小字码 L。

2) 从附表 I 查得抽样方案：$n = 80$，$Ac = 2$，$Re = 3$。

3) 在每批数量为 2000 件产品中，随机抽取 80 件，进行检验，得到不合格品数 d。若 $d \leqslant 2$ 时，接收整批产品；若 $d \geqslant 3$ 时，拒收整批产品，并从下一批开始转为正常检验抽样方案。

例 5-9　某批数量 20000 件的产品，$AQL = 1.5\%$，选用检查水平 Ⅱ，试求正常和放宽的二次抽样方案。

解：（1）正常检验二次抽样方案

1) 应用表 5-2，查出 $N = 20000$，检查水平 Ⅱ，找到样本大小字码为 M。

2) 从附表 J 得到抽样方案见表 5-3。

表 5-3 查表得到的抽样方案 1

样本	样本数	累积样本数	Ac	Re
第一次	125	125	5	9
第二次	125	250	12	13

3）进行第一次抽样检验。从 20000 件产品中随机抽取样本 125 件，进行检验，得到不合格品数 d_1。若 $d_1 \leqslant 5$，判为合格批，接收整批产品；若 $d_1 \geqslant 9$，则判为不合格批，拒收整批产品；若 $5<d_1<9$，则进行第二次抽样检验。

4）进行第二次抽样检验。从该批产品中再抽取样本 125 件，进行检验，得到不合格数 d_2。若 $d_1+d_2 \leqslant 12$，判为合格批，接收整批产品；若 $d_1+d_2 \geqslant 13$，判为不合格批，拒收整批产品。

（2）放宽二次抽样方案

1）应用表 5-2，查出 $N=20000$，检查水平Ⅱ，找到样本大小字码为 M。

2）应用附表 L，得到抽样方案见表 5-4。

表 5-4 查表得到的抽样方案 2

样本	样本数	累积样本数	Ac	Re
第一次	80	80	3	6
第二次	80	160	7	8

3）进行第一次抽样检验。从 20000 件产品中，抽取第一个样本 80 件，进行检验，得到不合格品数 d_1。若 $d_1 \leqslant 3$，判为合格批，接收整批产品；若 $d_1 \geqslant 6$，判为不合格批，从下一批开始转到正常检验抽样方案；若 $3<d_1<6$，进行第二次抽样检查。

4）进行第二次抽样检查。从同一批产品中，抽取第二个样本 80 件进行检查，得到不合格品数 d_2。若 $d_1+d_2 \leqslant 7$，判为合格批，接收整批产品；若 $d_1+d_2 \geqslant 8$，判为不合格批，并从下一批开始转到正常检验抽样方案。

*5.6 计量抽样检验介绍

前面介绍的计数抽样检验是根据样本中的不合格品数或缺陷数来判断一批产品是否合格，而计量抽样检验则是按规定的抽样方案从产品批中抽取部分样本，并对每个单位样本测量其质量特性值，再通过计算样本质量特性值的均值或样本方差，来判断一批产品是否合格。两者比较起来，计数抽样检验得到的信息量少，往往要检验较大的样本量才能做出是否可接收的判断。而计量抽样检验所需要的样本量少，获得的信息多。但是，计量抽样检验由于是要对样本的质量特性进行测量，所需的时间较长，工作量大，成本高，判断程序较复杂。从可靠性角度讲，由于计量抽样检验是通过测量样本的质量特性值来判断，要比仅仅通过样本的合格与不合格数进行判断的计数抽样检验可靠性高。从难易程度角度来看，计数抽样检验比较简单，较易接收，计量抽样检验较难。计量抽样检验也可以从不同角度进行分类,本节只简单介绍计量标准型的一次抽样检验。计量标准型一次抽样方案一般又可分为已知标准差和未知标准差的计量一次抽样检验。每一种情况又可分为以批均值为质量特性指标和以批不合格率为特性指标两种情况。

5.6.1 计量抽样方案的设计原理

在很多情况下,需要利用产品质量特性值的平均值来衡量产品质量的好坏,例如,灯的平均使用寿命越长越好,溶液中杂质的平均百分比含量越少越好。实际操作中,往往是通过抽取产品批中的若干样本来获得质量特性值的平均值。因此,计量抽样检验方法就是利用抽取的样本质量特性值的平均值与接收或合格判定值进行比较来判断产品批是否接收或拒收。因此,这种抽样方法的核心内容就是确定抽样数 n 和接收判定值 k。由于不同的产品其合格判定的标准不同,因此就存在以下几种情况:

1) 对于质量特性值只有上规范限的情况,如果合格判定值为 T_U,则抽样方案应使得 $\bar{x} \leq T_U$ 时,高概率接收产品;$\bar{x} > T_U$ 时,高概率拒收产品。

2) 对于质量特性值只有下规范限的情况,如果合格判定值为 T_L,则抽样方案应使得 $\bar{x} \geq T_L$ 时,高概率接收产品;$\bar{x} < T_L$ 时,高概率拒收产品。

3) 对于质量特性值既有上规范限,又有下规范限的情况,则抽样方案应使得 $T_L \leq \bar{x} \leq T_U$ 时,高概率接收产品;$\bar{x} > T_U$ 或 $\bar{x} < T_L$,高概率拒收产品

计量抽样检验方法就是根据上述判断依据来获得抽样方案 (n, k)。下面仅介绍以批均值为质量特性值的计量标准型一次抽样检验。

5.6.2 已知标准差的计量一次抽样方案

设某产品的质量特性值 x 服从正态分布,即 $x \sim N(\mu, \sigma^2)$,从产品批中随机抽取 n 个单位产品组成样本,则根据正态性假定和式(2-32),样品的均值 $\bar{x} = \frac{1}{n}\sum_{i=1}^{n}x_i$ 服从正态分布,并有 $\bar{x} \sim N(\mu, \sigma^2/n)$。

1. 规定单侧上规范限

因为是上规范限,此时希望质量特性值的均值越小越好。若规定 μ_0 为合格质量值,μ_1 为极限质量值,且 $\mu_0 < \mu_1$,如图 5-16 所示。这就意味着均值为 μ_0 或小于 μ_0 的产品批是优质批,均值为 μ_1 或大于 μ_1 的产品批是劣质批。这样的规定实际上是要求当总体平均值 $\mu \leq \mu_0$ 时,以高概率接收产品批;当 μ 大于 μ_0 并达到一定程度,例如 $\mu \geq \mu_1$ 时,应以高概率拒收或以低概率接收产品批。如果已知第一类风险概率 α,第二类风险概率 β,则高概率即大于或等于 $1-\alpha$,低概率即不超过 β。α 和 β 的取值如前所述分别取 $\alpha = 0.05$,$\beta = 0.10$。则上述描述可以用下式表示:

$$\begin{cases} \mu \leq \mu_0 \text{ 时}, & L(\mu) \geq 1-\alpha \\ \mu \geq \mu_1 \text{ 时}, & L(\mu) \leq \beta \end{cases} \quad (5-26)$$

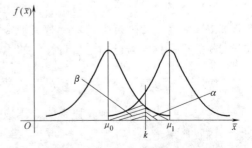

图 5-16 样本均值 $\bar{x}$ 的概率密度曲线(单侧上规范限)

现假定从批中随机抽取大小为 n 的样本,同时规定质量特性平均值的接收判定数为 k。对抽取的样本测量得到质量特性值的平均值 $\bar{x}$,采用下面的判断规则,对产品批判断:

$$\begin{cases} \bar{x} \leq k \text{ 时,} & \text{接收} \\ \bar{x} > k \text{ 时,} & \text{拒收} \end{cases}$$

从图 5-16 看出,在规定了接收判定数 k 并确定了判断准则后,为了满足 $\mu \leq \mu_0$ 时,以不低于 $1-\alpha$ 高概率接收;$\mu \geq \mu_1$ 时,以不高于 β 低概率接收,应有

$$\begin{cases} \mu \leq \mu_0 \text{ 时,} & P\{\bar{x} \leq k\} \geq 1-\alpha \\ \mu \geq \mu_1 \text{ 时,} & P\{\bar{x} \leq k\} \leq \beta \end{cases} \tag{5-27}$$

对于 $\mu=\mu_0$ 的优质批,以及对于 $\mu=\mu_1$ 的劣质批,式(5-27)取等号:

$$\begin{cases} \mu = \mu_0 \text{ 时,} & P\{\bar{x} \leq k\} = 1-\alpha \\ \mu = \mu_1 \text{ 时,} & P\{\bar{x} \leq k\} = \beta \end{cases} \tag{5-28}$$

利用式(2-29)进行标准正态分布变换,并注意式(5-28)中的 μ 分别为 μ_0 和 μ_1,则式(5-28)转换为

$$\begin{cases} \Phi\left(\dfrac{k-\mu_0}{\sigma/\sqrt{n}}\right) = 1-\alpha \\ \Phi\left(\dfrac{k-\mu_1}{\sigma/\sqrt{n}}\right) = \beta \end{cases}$$

其中,$\Phi(x)$ 为标准正态分布函数,如果用 $\Phi^{-1}(x)$ 表示 $\Phi(x)$ 的反函数,并根据标准正态分布函数的性质,则上式可转换为

$$\begin{cases} \dfrac{k-\mu_0}{\sigma/\sqrt{n}} = \Phi^{-1}(1-\alpha) = -\Phi^{-1}(\alpha) \\ \dfrac{k-\mu_1}{\sigma/\sqrt{n}} = \Phi^{-1}(\beta) \end{cases} \tag{5-29}$$

因此,可解出 n 和 k,从而求得满足要求的抽样方案 (n, k)。

$$\begin{cases} n = \left[\dfrac{\Phi^{-1}(\alpha) + \Phi^{-1}(\beta)}{\mu_1 - \mu_0}\sigma\right]^2 \\ k = \dfrac{\mu_1\Phi^{-1}(\alpha) + \mu_0\Phi^{-1}(\beta)}{\Phi^{-1}(\alpha) + \Phi^{-1}(\beta)} \end{cases} \tag{5-30}$$

$\Phi(x)$ 和 $\Phi^{-1}(x)$ 可通过附录 A 标准正态分布表查出。从式(5-30)还可以看出,如果 σ^2 越大,$(\mu_1-\mu_0)^2$ 越小,抽样数 n 越多。根据式(5-30)可以求出抽样方案 (n, k),对于实际的产品批,若已知质量特性值的均值为 μ,则其接收概率为

$$L(\mu) = P\{\bar{x} \leq k\} = \Phi\left(\dfrac{k-\mu}{\sigma/\sqrt{n}}\right) \tag{5-31}$$

从式(5-31)可知,接收概率的大小取决于均值 μ 的大小,μ 值越小,接收概率越大,反之,接收概率越小。

例 5-10 设有一批金属材料,希望它在使用时热胀冷缩引起的伸缩越小越好。已知伸缩量服从正态分布 $N(21, 1.5^2)$,规定批平均值不大于 $20.2\mu m$ 为合格,批平均值大于

21.8μm 为不合格，$\alpha = 0.05$，$\beta = 0.10$。试求：

1) 计量标准型一次抽样方案；

2) 当 $\mu = 21\mu m$ 时的接收概率。

解：1) 查附表 A 得

$$\Phi^{-1}(0.05) = -1.64, \quad \Phi^{-1}(0.10) = -1.28$$

由题可知 $\mu_0 = 20.2$，$\mu_1 = 21.8$，$\sigma = 1.5$，由式（5-30）可求得

$$n = \left(\frac{-1.64 - 1.28}{21.8 - 20.2} \times 1.5\right)^2 = \frac{2.92^2}{1.6^2} \times 1.5^2 = 7.49 \approx 8$$

$$k = \frac{21.8 \times (-1.64) + 20.2 \times (-1.28)}{-1.64 - 1.28} = \frac{61.61}{2.92} = 21.1$$

所以获得满足要求的抽样方案为 (8, 21.1)，即从产品批中随机抽取 8 个单位产品构成抽样样本，测试并计算样本的伸缩量平均值，若平均值不超过 21.1μm，则接收此批产品，否则拒收此批产品。

2) 当 $\mu = 21$ 时，由式（5-31）得到接收概率为

$$L(\mu = 21) = \Phi\left(\frac{21.1 - 21}{2/\sqrt{8}}\right) = \Phi(0.1 \times \sqrt{2}) = \Phi(0.14) = 0.5557 \approx 55.6\%$$

对于平均值 $\mu = 21$ 的产品批，由于 μ 并不满足小于等于 $\mu_0 = 20.2$ 的条件，所以不是优质批，从计算结果可知接收概率并不高。同时该批产品也不满足劣质批的条件即 $\mu \geq 21.8$，所以接收概率也不太低，超过了 10%。

2. 规定单侧下规范限

因为是下规范性限，此时希望质量特性值的均值越大越好。若规定 μ_0 为合格质量值，μ_1 为极限质量值，且 $\mu_1 < \mu_0$，如图 5-17 所示。这就意味着均值为 μ_0 或大于 μ_0 的产品批是优质批，均值为 μ_1 或小于 μ_1 的产品批是劣质批。这样的规定实际上是要求当总体平均值 $\mu \geq \mu_0$ 时，以高概率（大于或等于 $1-\alpha$）接收产品批；当 $\mu \leq \mu_1$ 时，应以低概率（不超过 β）接收产品批。

规定质量特性平均值的接收判定数为 k，对于抽取大小为 n 的样本，获得的质量特性值的平均值 $\bar{x}$，由于是望大质量特性，希望质量特性值的平均值越大越好，所以应采用下面的判断规则，对产品批进行判断：

$$\begin{cases} \bar{x} \geq k \text{ 时}, & \text{接收} \\ \bar{x} < k \text{ 时}, & \text{拒收} \end{cases}$$

对于 $\mu = \mu_0$ 的优质批，以及对于 $\mu = \mu_1$ 的劣质批，为了满足接收概率的要求，同样可以得到

$$\begin{cases} \mu = \mu_0 \text{ 时}, P\{\bar{x} \geq k\} = 1 - \alpha \\ \mu = \mu_1 \text{ 时}, P\{\bar{x} \geq k\} = \beta \end{cases} \quad (5\text{-}32)$$

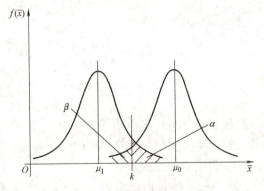

图 5-17 样本均值的概率密度曲线
（单侧下规范限）

利用式（2-30）进行标准正态分布变换，并注意式（5-32）中的 μ 分别为 μ_0 和 μ_1，则

式（5-32）转换为

$$\begin{cases} 1-\Phi\left(\dfrac{k-\mu_0}{\sigma/\sqrt{n}}\right) = 1-\alpha \\ 1-\Phi\left(\dfrac{k-\mu_1}{\sigma/\sqrt{n}}\right) = \beta \end{cases}$$

根据标准正态分布函数及反函数的性质，则上式可转换为

$$\begin{cases} \dfrac{k-\mu_0}{\sigma/\sqrt{n}} = \Phi^{-1}(\alpha) \\ \dfrac{k-\mu_1}{\sigma/\sqrt{n}} = -\Phi^{-1}(\beta) \end{cases} \quad (5\text{-}33)$$

从式（5-33）可解出 n 和 k，从而求得满足要求的抽样方案 (n, k)。

$$\begin{cases} n = \left[\dfrac{\Phi^{-1}(\alpha) + \Phi^{-1}(\beta)}{\mu_1 - \mu_0}\sigma\right]^2 \\ k = \dfrac{\mu_1\Phi^{-1}(\alpha) + \mu_0\Phi^{-1}(\beta)}{\Phi^{-1}(\alpha) + \Phi^{-1}(\beta)} \end{cases} \quad (5\text{-}34)$$

它与式（5-30）形式一样。如果 σ^2 越大，$(\mu_1-\mu_0)^2$ 越小，抽样数 n 越多。在求出抽样方案 (n, k) 后，对于实际的产品批，若已知质量特性值的均值为 μ，则其接收概率为

$$L(\mu) = P\{\bar{x} \geq k\} = 1 - P\{\bar{x} < k\} = 1 - \Phi\left(\dfrac{k-\mu}{\sigma/\sqrt{n}}\right) \quad (5\text{-}35)$$

例 5-11 某型号电子元器件产品的使用寿命是望大质量特性，已知使用寿命的标准偏差，$\sigma = 120h$，并规定 $\mu_0 = 1800h$，$\mu_1 = 1700h$，$\alpha = 0.05$，$\beta = 0.10$。试求：

1）计量一次抽样方案；

2）当 $\mu = 1850h$ 时的接收概率。

解：1）查附表 A 得

$$\Phi^{-1}(0.05) = -1.64, \quad \Phi^{-1}(0.10) = -1.28$$

由式（5-34）可求得

$$n = \left(\dfrac{-1.64-1.28}{1700-1800} \times 120\right)^2 = \dfrac{8.53}{100^2} \times 120^2 = 12.28 \approx 13$$

$$k = \dfrac{1700 \times (-1.64) + 1800 \times (-1.28)}{-1.64-1.28} = 1743.84 \approx 1744$$

所以获得满足要求的抽样方案为 (13, 1744)，即从产品批中随机抽取 13 个单位产品构成抽样样本，测试并计算样本的工作寿命平均值，若平均值等于或超过 1744h，则接收此批产品，否则拒收此批产品。

2）当 $\mu = 1850h$ 时，由式（5-35）得到接收概率为

$$L(\mu=1850) = 1 - \Phi\left(\dfrac{1744-1850}{120/\sqrt{13}}\right) = 1 - \Phi(-3.19) = \Phi(3.19) = 0.9993 = 99.93\%$$

对于平均值 $\mu = 1850$ 的产品批，由于 μ 大于 $\mu_0 = 1800$，满足优质批的条件，所以是优质批，从计算结果可知是高概率接收。

3. 同时规定上、下双侧规范限

参考前面的讨论和分析，对于同时给定上下规范限的情况，应先分别给定上下规范限对应的产品批的合格质量限与极限质量限。设 μ_{0U} 和 μ_{1U}（$\mu_{0U} < \mu_{1U}$）分别为批均值的上限合格质量与极限质量；μ_{0L} 和 μ_{1L}（$\mu_{1L} < \mu_{0L}$）分别为批均值的下限合格质量与极限质量，如图 5-18 所示。同理，这就意味着均值为 μ_{0U} 或小于 μ_{0U} 的产品批，以及均值为 μ_{0L} 或大于 μ_{0L} 的产品批，均是优质批，应以高概率（大于或等于 $1-\alpha$）接收；而均值为 μ_{1U} 或大于 μ_{1U} 的产品批，以及均值为 μ_{1L} 或小于 μ_{1L} 的产品批，均是劣质批，应以低概率（不超过 β）接收。

由于具有上下规范限，分别对应上下限规定质量特性平均值的接收判定数为 k_1 和 k_2，对于抽取大小为 n 的样本，获得的质量特性值的平均值 $\bar{x}$，希望质量特性值的平均值在 k_1 和 k_2 之间，所以应采用下面的判断规则，对产品批进行判断：

$$\begin{cases} k_2 \leqslant \bar{x} \leqslant k_1 \text{ 时}, & \text{接收} \\ \bar{x} > k_1 \text{ 或 } \bar{x} < k_2 \text{ 时}, & \text{拒收} \end{cases}$$

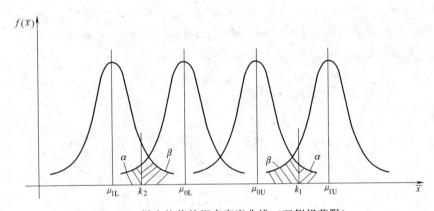

图 5-18　样本均值的概率密度曲线（双侧规范限）

对于 $\mu = \mu_{0U}$，$\mu = \mu_{0L}$ 的优质批，为了满足接收概率的要求，可以得到

$$\begin{cases} \mu = \mu_{0U} \text{时}, P\{k_2 \leqslant \bar{x} \leqslant k_1\} = 1-\alpha \\ \mu = \mu_{0L} \text{时}, P\{k_2 \leqslant \bar{x} \leqslant k_1\} = 1-\alpha \end{cases} \tag{5-36}$$

对于 $\mu = \mu_{1U}$，$\mu = \mu_{1L}$ 的劣质批，为了满足接收概率的要求，同样可以得到

$$\begin{cases} \mu = \mu_{1U} \text{时}, P\{k_2 \leqslant \bar{x} \leqslant k_1\} = \beta \\ \mu = \mu_{1L} \text{时}, P\{k_2 \leqslant \bar{x} \leqslant k_1\} = \beta \end{cases} \tag{5-37}$$

按照前述只有上规范限或下规范限的计算方法，由式（5-36）和式（5-37）可以计算得到双侧规范限时的抽样数 n，以及合格判定数 k_1 和 k_2：

$$\begin{cases} n = \left[\dfrac{\Phi^{-1}(\alpha) + \Phi^{-1}(\beta)}{\mu_{1U} - \mu_{0U}} \sigma\right]^2 = \left[\dfrac{\Phi^{-1}(\alpha) + \Phi^{-1}(\beta)}{\mu_{1L} - \mu_{0L}} \sigma\right]^2 \\ k_1 = \dfrac{\mu_{1U}\Phi^{-1}(\alpha) + \mu_{0U}\Phi^{-1}(\beta)}{\Phi^{-1}(\alpha) + \Phi^{-1}(\beta)} \\ k_2 = \dfrac{\mu_{1L}\Phi^{-1}(\alpha) + \mu_{0L}\Phi^{-1}(\beta)}{\Phi^{-1}(\alpha) + \Phi^{-1}(\beta)} \end{cases} \tag{5-38}$$

需要注意的是上述结果必须在满足下列条件时才适用：
$$\begin{cases} |\mu_{1U}-\mu_{0U}|=|\mu_{1L}-\mu_{0L}| \\ (\mu_{0U}-\mu_{0L})/(\sigma/\sqrt{n})>1.7 \end{cases}$$

在求出抽样方案后，对于实际的产品批，若已知质量特性值的均值为 μ，则其接收概率为

$$L(\mu)=P\{k_2\leq \bar{x}\leq k_1\}=\Phi\left(\frac{k_1-\mu}{\sigma/\sqrt{n}}\right)-\Phi\left(\frac{k_2-\mu}{\sigma/\sqrt{n}}\right) \tag{5-39}$$

例 5-12 某袋装化学试剂产品的净重要求是 20g，产品批的平均净重如果在 (20 ± 0.1)g 时为合格，如果产品批的平均净重超过 20.3g 或不足 19.7g 时为不合格。现已知某批产品净重服从正态分布，标准差 $\sigma=0.21$g，规定 $\alpha=0.05$，$\beta=0.1$。求：

（1）计量一次抽样方案。
（2）当 $\mu=20.1$g 时的接收概率。

解：由题意 $\mu_{0U}=20.1$，$\mu_{0L}=19.9$，$\mu_{1U}=20.3$，$\mu_{1L}=19.7$，$\alpha=0.05$，$\beta=0.1$

（1）查附录 A 得 $\Phi^{-1}(0.05)=-1.64$，$\Phi^{-1}(0.10)=-1.28$
由于 $|\mu_{1U}-\mu_{0U}|=|\mu_{1L}-\mu_{0L}|=0.2$，由式（5-38）可解得

$$n=\left(\frac{-1.64-1.28}{20.3-20.1}\times 0.21\right)^2=\frac{2.92^2}{0.2^2}\times 0.21^2=9.4\approx 10$$

又由于

$$(\mu_{0U}-\mu_{0L})/(\sigma/\sqrt{n})=(20.1-19.9)/(0.21/\sqrt{10})\approx 3>1.7$$

所以

$$k_1=\frac{20.3\times(-1.64)+20.1\times(-1.28)}{-1.64-1.28}=\frac{59.02}{2.92}\approx 20.21$$

$$k_2=\frac{19.7\times(-1.64)+19.9\times(-1.28)}{-1.64-1.28}=\frac{57.78}{2.92}=19.79$$

所以获得满足要求的抽样方案为 $n=10$，$k_1=20.21$ 和 $k_2=19.79$。即从产品批中随机抽取 10 个单位产品构成抽样样本，测试并计算样本的净重平均值 $\bar{x}$，若平均值满足 $19.79\leq \bar{x}\leq 20.21$ 时，接收此批产品；若 $\bar{x}>20.21$ 或 $\bar{x}<19.79$ 时，拒绝此批产品。

（2）当 $\mu=20.1$g 时，由式（5-39）得到接收概率为

$$L(\mu=20.1)=P\{19.79\leq\bar{x}\leq 20.21\}=\Phi\left(\frac{20.21-20.1}{0.21/\sqrt{10}}\right)-\Phi\left(\frac{19.79-20.1}{0.21/\sqrt{10}}\right)$$
$$=\Phi(1.66)-\Phi(-4.66)=\Phi(1.66)+\Phi(4.66)-1$$
$$\approx \Phi(1.66)=0.9515=95.15\%$$

对于平均值 $\mu=20.1$ 的产品批，由于此时 $\mu=\mu_{0U}$，满足优质批的条件（均值为 μ_{0U} 或小于 μ_{0U}），所以是优质批，从计算结果可知是高概率接收，接收概率大于 95%。

5.6.3 未知标准差的计量一次抽样方案

如果待检产品批的以往质量信息不知道，因此无法获得待检产品批的总体标准差 σ，因此，只能用以往的检验数据或用样本标准差 s 来得到 σ 的估计值。下面仅介绍单侧规范限的计量一次抽样方案的求解方法。具体做法类似于前述介绍的已知总体标准差 σ 的求解方法。

1. 规定单侧上规范限

规定均值为 μ_0 或小于 μ_0 的产品批是优质批,均值为 μ_1 或大于 μ_1 的产品批是劣质批。现假定从批中随机抽取大小为 n 的样本,对抽取的样本检验得到质量特性值的平均值 $\bar{x}$ 和样本标准差 s。采用下面的判断规则,对产品批判断:

$$\bar{x}-ts \leq \mu_0, \quad 接收$$
$$\bar{x}-ts > \mu_0, \quad 拒收$$

其中,t 为待定实数。

假设总体 $x \sim N(\mu, \sigma^2)$,那么 $\bar{x} \sim N(\mu, \sigma^2/n)$,$s$ 近似服从的正态分布为 $s \sim N\left(\sqrt{\dfrac{2(n-1)-1}{2(n-1)}}\sigma, \dfrac{\sigma^2}{2(n-1)}\right)$,当抽取的样本数 n 比较大时,$2(n-1)-1 \approx 2(n-1)$,因此 $s \sim N\left(\sigma, \dfrac{\sigma^2}{2(n-1)}\right)$。当 n 较大时,样本标准差 s 的这个正态分布与第 2 章式(2-40)是一样的。在确定了 $\bar{x}$ 和 s 的正态分布基础上,就可以得到变量 $(\bar{x}-ts)$ 的分布为

$$(\bar{x}-ts) \sim N\left(\mu-t\sigma, \dfrac{\sigma^2}{n}+\dfrac{t^2\sigma^2}{2(n-1)}\right) \tag{5-40}$$

为了满足 $\mu \leq \mu_0$ 时以不低于 $1-\alpha$ 的高概率接收,当 $\mu \geq \mu_1$ 时以不高于 β 的低概率接收,根据判断规则,应有

$$\begin{cases} \mu \leq \mu_0 \text{ 时}, P\{\bar{x}-ts \leq \mu_0\} \geq 1-\alpha \\ \mu \geq \mu_1 \text{ 时}, P\{\bar{x}-ts \leq \mu_0\} \leq \beta \end{cases} \tag{5-41}$$

对于 $\mu=\mu_0$ 的优质批,以及对于 $\mu=\mu_1$ 的劣质批,式(5-41)取等号:

$$\begin{cases} \mu=\mu_0 \text{ 时}, P\{\bar{x}-ts \leq \mu_0\} = 1-\alpha \\ \mu=\mu_1 \text{ 时}, P\{\bar{x}-ts \leq \mu_0\} = \beta \end{cases} \tag{5-42}$$

利用式(2-29)进行标准正态分布变换。根据式(5-40)可知变量 $(\bar{x}-ts)$ 的期望值为 $\mu-t\sigma$,方差为 $\dfrac{\sigma^2}{n}+\dfrac{t^2\sigma^2}{2(n-1)}$,并注意式(5-42)中的 μ 分别为 μ_0 和 μ_1,则式(5-42)转换为

$$\begin{cases} \Phi\left(\dfrac{\mu_0-(\mu_0-t\sigma)}{\sigma\sqrt{\dfrac{1}{n}+\dfrac{t^2}{2(n-1)}}}\right) = \Phi\left(\dfrac{t}{\sqrt{\dfrac{1}{n}+\dfrac{t^2}{2(n-1)}}}\right) = 1-\alpha \\ \Phi\left(\dfrac{\mu_0-(\mu_1-t\sigma)}{\sigma\sqrt{\dfrac{1}{n}+\dfrac{t^2}{2(n-1)}}}\right) = \Phi\left(\dfrac{\mu_0-\mu_1+t\sigma}{\sigma\sqrt{\dfrac{1}{n}+\dfrac{t^2}{2(n-1)}}}\right) = \beta \end{cases} \tag{5-43}$$

根据标准正态分布函数及反函数的性质,则式(5-43)可转换为

$$\begin{cases} \dfrac{t}{\sqrt{\dfrac{1}{n}+\dfrac{t^2}{2(n-1)}}} = \Phi^{-1}(1-\alpha) = -\Phi^{-1}(\alpha) \\ \dfrac{\mu_0-\mu_1+t\sigma}{\sigma\sqrt{\dfrac{1}{n}+\dfrac{t^2}{2(n-1)}}} = \Phi^{-1}(\beta) \end{cases} \tag{5-44}$$

当 n 较大时，有 $n \approx n-1$。通过整理式（5-44）并解方程，可求出 n 和 t：

$$\begin{cases} n = \left[\dfrac{\Phi^{-1}(\alpha)+\Phi^{-1}(\beta)}{\mu_1-\mu_0}\sigma\right]^2 + \dfrac{[\Phi^{-1}(\alpha)]^2}{2} \\ t = \dfrac{(\mu_1-\mu_0)\Phi^{-1}(\alpha)}{\sigma[\Phi^{-1}(\alpha)+\Phi^{-1}(\beta)]} \end{cases} \quad (5\text{-}45)$$

式（5-45）中均出现了未知量总体标准差 σ，可以用以往检验样本的数据来估算 σ。根据式（5-45）可以求出抽样数 n 和常数 t，从而确定抽样方案 (n, t)。将式（5-45）与式（5-30）比较发现，在同样的条件下，在总体标准差 σ 未知的情况下，抽取的样本数要多。这是因为估算 σ 时采用的数据个数少，估算的结果往往比总体的标准差 σ 大，另外，式（5-45）中计算 n 的式子多出 $(\Phi^{-1}(\alpha))^2/2$，所以 n 的结果会变大；对于实际的产品批，若已知质量特性值的均值为 μ，在确定了抽样方案 (n, t) 后，则其接收概率为

$$L(\mu) = P\{\bar{x} - ts \leq \mu_0\} = \Phi\left[\frac{\mu_0 - (\mu - t\sigma)}{\sigma\sqrt{\dfrac{1}{n} + \dfrac{t^2}{2(n-1)}}}\right]$$

$$= \Phi\left[\frac{\mu_0 - \mu + t\sigma}{\sigma\sqrt{\dfrac{1}{n} + \dfrac{t^2}{2(n-1)}}}\right] \quad (5\text{-}46)$$

以例 5-11 为例，如果总体 σ 未知，通过对以往样本检验的数据得到 σ 的估计值为 2.2，代入式（5-45）得

$$n = \left[\frac{-1.64 - 1.28}{21.8 - 20.2} \times 2.2\right]^2 + \frac{(-1.64)^2}{2} = 17.6 \approx 18$$

$$t = \frac{(21.8 - 20.2) \times (-1.64)}{2.2 \times (-1.64 - 1.28)} = 0.41$$

与例 5-11 的计算结果比较可知，需要抽取的样本数由 8 个增加到 18 个，增加不少。这时的抽样方案为 (18, 0.41)，即从产品批中随机抽取 18 个单位产品构成检验样本，检测并计算样本的伸缩量均值 $\bar{x}$、标准差 s 以及 $\bar{x} - ts$ 的值，当 $\bar{x} - ts \leq \mu_0$ 时，接收此批产品，否则拒收此批产品。

如果计算 $\mu = 21$ 时产品批的接收概率，将 $n = 18$，$t = 0.41$，$\mu = 21$ 代入式（5-46）得到
$$\mu_0 = 20.2, \quad \mu_1 = 21.8$$

$$L(\mu = 21) = \Phi\left[\frac{20.2 - 21 + 0.41 \times 2.2}{2.2 \times \sqrt{\dfrac{1}{18} + \dfrac{0.41^2}{2 \times (18-1)}}}\right] = \Phi(0.19) = 0.5753 = 57.53\%$$

接收概率与例 5-11 的计算结果接近。

2. 规定单侧下规范限

规定均值为 μ_0 或大于 μ_0 的产品批是优质批，均值为 μ_1 或小于 μ_1 的产品批是劣质批。现假定从批中随机抽取大小为 n 的样本，对抽取的样本检验得到质量特性值的平均值 $\bar{x}$ 和样本标准差 s。采用下面的判断规则，对产品批判断：

$$\bar{x} - ts \geq \mu_0, \quad 接收$$
$$\bar{x} - ts < \mu_0, \quad 拒收$$

其中，t 为待定实数。

对于 $\mu \geq \mu_0$ 的优质批应以不低于 $1-\alpha$ 的高概率接收，对于 $\mu \leq \mu_1$ 的劣质批以不高于 β 的低概率接收，所以对于 $\mu = \mu_0$ 的优质批，以及对于 $\mu = \mu_1$ 的劣质批，根据判断规则，应有

$$\begin{cases} \mu = \mu_0 \text{ 时}, P\{\bar{x} - ts \geq \mu_0\} = 1-\alpha \\ \mu = \mu_1 \text{ 时}, P\{\bar{x} - ts \geq \mu_0\} = \beta \end{cases} \quad (5\text{-}47)$$

利用式 (2-30) 进行标准正态分布变换，并注意式 (5-47) 中的 μ 分别为 μ_0 和 μ_1，则式 (5-47) 转换为

$$\begin{cases} 1-\Phi\left[\dfrac{\mu_0-(\mu_0-t\sigma)}{\sigma\sqrt{\dfrac{1}{n}+\dfrac{t^2}{2(n-1)}}}\right] = 1-\Phi\left[\dfrac{t}{\sqrt{\dfrac{1}{n}+\dfrac{t^2}{2(n-1)}}}\right] = 1-\alpha \\ 1-\Phi\left[\dfrac{\mu_0-(\mu_1-t\sigma)}{\sigma\sqrt{\dfrac{1}{n}+\dfrac{t^2}{2(n-1)}}}\right] = 1-\Phi\left[\dfrac{\mu_0-\mu_1+t\sigma}{\sigma\sqrt{\dfrac{1}{n}+\dfrac{t^2}{2(n-1)}}}\right] = \beta \end{cases}$$

根据标准正态分布函数及反函数的性质，则上式可转换为

$$\begin{cases} \dfrac{t}{\sqrt{\dfrac{1}{n}+\dfrac{t^2}{2(n-1)}}} = \Phi^{-1}(\alpha) \\ \dfrac{\mu_0-\mu_1+t\sigma}{\sigma\sqrt{\dfrac{1}{n}+\dfrac{t^2}{2(n-1)}}} = -\Phi^{-1}(\beta) \end{cases} \quad (5\text{-}48)$$

当 n 较大时，有 $n \approx n-1$。所以，由以上两式可解出 n 和 t：

$$\begin{cases} n = \sigma^2 \left[\dfrac{\Phi^{-1}(\alpha)+\Phi^{-1}(\beta)}{\mu_1-\mu_0}\right]^2 + \dfrac{[\Phi^{-1}(\alpha)]^2}{2} \\ t = \dfrac{(\mu_1-\mu_0)\Phi^{-1}(\alpha)}{\sigma[\Phi^{-1}(\alpha)+\Phi^{-1}(\beta)]} \end{cases} \quad (5\text{-}49)$$

式 (5-45) 与式 (5-49) 的形式是一样的，但上规范限时，由于 $\mu_0 \leq \mu_1$，t 为正值，而下规范限时，由于 $\mu_0 \geq \mu_1$，t 为负值。

对于实际的产品批，若已知质量特性值的均值为 μ，在确定了抽样方案 (n, t) 后，则其接收概率为

$$L(\mu) = P\{\bar{x}-ts \geq \mu_0\} = 1-P\{\bar{x}-ts \leq \mu_0\} = 1-\Phi\left[\dfrac{\mu_0-\mu+t\sigma}{\sigma\sqrt{\dfrac{1}{n}+\dfrac{t^2}{2(n-1)}}}\right] \quad (5\text{-}50)$$

计量标准型抽样检验可以同时对生产方风险和使用方风险进行控制，对产品质量的控制较为严格。在检验过程中抽取的样本数较少，但提供的产品质量信息较多。因此，虽然在应用时涉及一些烦琐的统计量计算，在许多场合都有应用。有时会把计量抽样检验与计数抽样

检验结合起来使用，以充分发挥两种方法的特点，例如，对于成本高的检验或破坏性检验项目，可以采用计量检验，而对于一般性的检验项目就可以采用计数检验。计量抽样检验还有其他的方法，如保证不合格率的计量抽样检验和计量调整型抽样检验等，在此不做介绍。

习 题

5-1 根据抽样方案制定原理，抽样检验分成哪几类？

5-2 按抽样的程序，抽样检验如何分类？

5-3 理想抽样特性曲线有何特点？

5-4 简述抽样检验的两类风险。画图表示实际检验中较好的 OC 曲线。

5-5 解释抽样方案的辨别率 OR 的定义，抽样方案的辨别力与检验的严格与否有何区别？

5-6 简述抽样方案 (N, n, Ac) 是如何影响抽样特性曲线的？

5-7 分析 $Ac=0$ 的抽样特性曲线特点。

5-8 简述计数标准型、计数挑选型抽样方案的制定原理。

5-9 简述 AQL 的含义以及确定 AQL 的方法。

5-10 在 GB 2828 中，检查水平是如何分类的？

5-11 简述计数调整型抽样方案的转换规则。

5-12 比较计量抽样检验与计数抽样检验的区别。

5-13 用 GB/T 2828 对产品进行检验，规定 $N=2000$，$AQL=1\%$，选用检查水平（IL）为 Ⅱ。查表求批产品正常、加严、放宽一次抽样的抽样方案 (n, Ac)。

5-14 采用 GB/T 2828 对产品进行检验，规定 $N=2000$，$AQL=1.5\%$，选用检查水平（IL）为 Ⅱ，若检验结果发现 $d=4$ 件不合格品。问该批产品正常、加严、放宽一次抽样是否合格？

5-15 使用百分比抽样方案对某产品进行验收，规定抽取比例为 1%，接收数为 $Ac=0$，当交检批质量水平为 10% 时，问当 $N=200$，800 时，接收概率 $L(p)$ 分别为多少？由此得出什么结论？

5-16 设有一批产品，批量 $N=1000$，$n=5$，$Ac=1$，不合格率 $p=0.04$，试用二项分布、泊松分布计算抽样方案 $(30, 1)$ 对这批产品的接收概率 $L(p)$ 和平均出厂质量 AOQ 值（保留到小数点后 4 位）。

5-17 已知产品批不合格率 $p=0.01$，采用一次抽样方案 $(80, 2)$，应用泊松分布，

（1）计算接收概率 $L(p)$ 和平均出厂质量 AOQ 值。

（2）若 $N=1000$，采用计数挑选型检验，求平均检验产品数 ATI。

5-18 设一批产品批量分别为 $N=1000, 100, 50$，试画出抽样方案为 $(20, 0)$ 的 OC 曲线。

5-19 钢材的抗拉强度是望大特性。某型号钢材的抗拉强度平均值规定在 450MPa 以上为合格，抗拉强度平均值在 425MPa 以下为不合格，应拒收。已知标准差 $\sigma=30$MPa，$\alpha=0.05$，$\beta=0.10$。求满足要求的计量标准型一次抽样方案，以及抗拉强度平均值为 $455N/mm^2$ 的产品批的接收概率。

第6章 计量基础

6.1 概述

6.1.1 计量的内容

计量是利用技术和法制管理进行的单位统一、量值准确可靠的测量。凡是以实现计量单位统一和测量准确可靠为目的的科学、法制、管理等活动都属于计量的范畴。

计量的内容通常由以下六个方面组成：计量单位与单位制；计量器具（或者是测量仪器），包括计量单位的计量基准（或者是计量标准）与工作的计量器具；量值的传递与溯源，还有校准、测试、检定、检验或检测；物理常量、物质与材料特征的测量；不确定度的测量、测量理论和数据处理及其方法；计量管理中的计量监督与计量保证等。

6.1.2 计量的分类

1. 按计量领域分类

（1）法制计量　法制计量，是从安全、社会发展和国民经济方面考虑，依据行政管理、技术和法制的需要，由政府官方授权强制管理进行的计量，包括了计量单位、计量器具及其计量基准或标准、计量方法以及对计量人员的专业技能等的具体要求和明确规定。法制计量一般是有利害冲突或特殊领域的强制计量，涉及方面有环境监测、安全防护、贸易结算和医疗卫生等。例如，压力表、水表、电表、煤气表、血压计等的计量。

（2）科学计量　科学计量主要是基础性的，具有探索性、先进性的计量科学研究，包括测量物理常数、测量误差、计量单位与单位制、计量基准与标准、测量不确定度与数据处理等。科学计量的研究通常由计量科学研究单位，特别是国家计量科学研究机构来进行。

（3）工业计量　工业计量是各种工业企业中的应用计量，也称工程计量。涉及方面有能源、原材料的消耗、工艺流程的监控以及产品质量与性能的计量测试等。工业计量是各个工业企业普遍开展的一种计量，涉及面极为广泛。

2. 按计量学分类

（1）几何量计量　几何量计量就是我们平常使用的长度计量，是最基础的一个计量科学领域。概括地说，长度和角度是几何量计量中的基本参量，由它们可以导出圆度、圆柱度、坡度、锥度、平面度、表面粗糙度等。几何量计量的基本单位是"米"，符号为"m"，是国际单位制七个基本单位之一。常用的几何量计量器具主要有金属直尺、千分尺、游标卡尺、量块、角度块等。

（2）温度计量　温度计量是通过不同物质的热效应来计量物体的冷热程度。计量单位为开（尔文），符号为"K"。常用的温度计量器具主要包括水银温度计、体温计、热电偶、半导体点温计等。

(3) 力学计量　力学计量是计量物体的各种物理特征的测量，包括质量、密度、压力、硬度、真空、测力、容量、力矩、冲击、流量、振动、速度、加速度等。常用的力学计量器具主要有拉力表、压力计、血压计、密度计、天平、衡器、硬度计、流量计、测速仪、转速表等。

(4) 电磁计量　电磁计量是根据电磁原理，利用各种标准电磁仪器、仪表，对物体的电磁物理量进行测量。电磁计量包括电阻、电流、电容、电感、电动势、磁场强度、磁通量等。常用的电磁计量器具主要有电流表、电压表、万用表、功率表、磁通表、电能表、电阻器、电容器、互感器等。

(5) 无线电计量　无线电计量是指接收到的全部频率范围内电磁波的所有电气特性的测量。包括高频电压、功率、阻抗、噪声、相位、脉冲、失真等。常用的无线电计量器具主要有信号发生器、示波器、心电图机、音频分析仪、扫频仪、心电监护仪等。

(6) 时间频率计量　时间乘以频率等于一，它们互为倒数，所以共用同一个计量基准。计量单位为秒，符号为"s"。常用的时间频率计量器具主要包括石英晶体振荡器、频率计、通用电子计数器、秒表、频率合成器、时间间隔发生器、电子计时器、电话计时计费装置等。

(7) 电离辐射计量　电离辐射计量也称放射性计量，是对能直接或间接引起电离辐射的物质进行的测量，例如关于 X 射线、γ 射线、镭、铀钍元素的中子辐射等的测量。电离辐射计量又分为强度计量和剂量计量。常用的电离辐射计量器具主要有 X 射线无损检测机、工业用 γ 射线辐射源、医用 CT 扫描仪、医用诊断 X 辐射源、X 辐射防护仪器、剂量笔、γ 辐射防护仪表等。

(8) 光学计量　光学计量是对光传播中的各种特性计量。主要包括亮度、照度、色度、辐射度、光强、光通量、感光度等。光学计量的基本单位是发光强度坎（德拉），符号为"cd"。常用的光学计量器具主要有照度计、亮度计、验光机、标准镜片、光谱分析仪、标准色板、色差计、瞳距测量仪、汽车前照灯检测仪等。

(9) 声学计量　声学计量是对物质中声波的产生、传播、吸收和影响特性的研究。声学计量中三个重要的基本参量为声强、声压、声功率，其中最为广泛应用的是声压。常用的声学计量器具主要有超声无损检测仪、超声测厚仪、医用超声源、超声功率源、听力计、传声器、声级计、助听器等。

(10) 化学计量　化学计量也称物理化学计量，用来分析、测定各种物质的成分和物理特性、基本物理常数。主要包括酸碱度、燃烧热、黏度、气体分析、标准物质等。化学计量的显著特点是由计量部门通过发放标准物质进行量值传递。常用的化学计量器具主要包括酸度计、热量计、烟尘浓度测定仪、液相色谱仪、气相色谱仪、电导率仪、一氧化碳测定仪、二氧化硫分析仪、分光光度计、滤光光电比色计、黏度计、水分测定仪等。

6.1.3　计量的特点

计量是量值准确、单位一致的测量。怎样才可以使量值准确，单位一致，就一定要有公认或法定的计量单位、计量人员、计量器具、计量检定系统（也称量值传递系统）、检定规程等。总结起来，计量具有以下基本特点：

1）准确性：准确性是计量的基本特点，代表的是测量结果与被测量的真值的接近程度。所以说，计量应明确地给出被测量的值及其误差范围（不确定度）。否则，量值就没有什么社会实用价值。量值的统一，也就是在一定准确性范围内的统一。

2）一致性：计量的一致性，国内外都适用。即在任何时间、地点，利用任何方法、器具以及任何人进行测量，只要符合有关计量的要求，计量结果就会在误差范围内一致。

3）溯源性：在实际工作中，因为所要达到的目的和需求条件的不同，所以对计量结果的要求也不相同。为了计量结果准确一致，所有的量值都应该使用相同的基准（或标准）传递得到。也就是说，无论哪一个计量结果，都可以通过连续的比较链与原始标准器具联系起来，这称为溯源性。

4）法制性：计量需要有一定的法制保障才能保证量值的统一，所以不但需要技术手段，而且还要有相应的法律和行政管理。对于国计民生重中之重的计量，必须有法制保障。如若没有，就不能实现量值的统一，计量的作用便无法发挥。

6.1.4　计量法规

我国的计量法规体系主要有四个层次，分别为计量法、计量法实施细则、计量管理规章和以法制计量（强制执行）器具目录为主的计量技术文件等构成。

1. 计量法律

《中华人民共和国计量法》（下面简称《计量法》）是 1985 年 9 月 6 日由第六届人大常委会第十二次会议通过，自 1986 年 7 月 1 日起实行。《计量法》首次以法律的形式明确了计量管理工作中应遵循的基本准则，它是中华人民共和国境内计量管理工作所必须遵循的基本法，内容涉及计量监督、强制检定、制造、修理计量器具、授权、计量纠纷、法律责任、量值传递与溯源、计量检定等。此后，有关部门对其进行了三次条款修订。在 2017 修订生效的计量法，不但立法思想完成由计划体制走向市场规则的亮丽转身，而且较好地体现了"简政放权、激发市场活力"的精神。

2. 计量法规

我国的计量行政法规主要是由国务院依据《计量法》制定和批准的计量领域的包括《中华人民共和国计量法实施细则》《进口计量器具监督管理办法》等在内的 8 部行政法规。狭义的计量行政法规通常是指由国务院计量行政部门起草，经国务院批准后直接发布或由国务院批准后由国家计量行政部门发布的。《中华人民共和国计量法实施细则》是由国务院可以修改和变更的计量管理领域的行政法规，它是对计量法的细化，特点是更详尽，更具有可操作性，在实际的法律法规实践中，其变更和调整主要是为了适应《计量法》的修改。2018 年修正本于 2018 年 3 月 19 日生效，取消了制造、修理计量器具许可证制度规定、缩小了计量检定人员资质认定范围等。

3. 部门计量规章和地方规章

计量规章可分为三类，一是国家计量行政部门批准发布的全国性计量规章，二是国务院有关主管部门制定发布的部门行业性或专业性计量规章制度，三是各省级政府制定的规章。

4. 技术法规

计量技术法规是规定计量技术要求的法规，是直接规定或引用包括标准、技术规范或规范的内容而提供技术要求的法规。计量技术法规有三类：
1) 国家计量技术规范。
2) 国家计量检定系统表格。
3) 计量器具检定规程。

6.2 量值溯源、校准与检定

6.2.1 量值传递与溯源

1. 量值传递

量值传递就是将国家计量基准复现的计量单位量值，通过检定（或其他传递方式）逐级传递给计量标准，并依次逐级传递到工作计量器具，这样就可以保证对被测对象所测得的量值是准确一致的。

量值传递不仅是统一计量器具的重要手段，而且是确保计量结果准确可靠的基础。任何一种计量器具，由于种种原因，将引起计量器具的计量特性发生变化，都具有不同程度的误差，所以需定期用规定等级的计量标准对其进行检定。因此，量值传递的必要性是显而易见的。

（1）量值传递系统　对一个国家来说，每一个量值传递系统，只允许有一个国家计量基准。我国大部分国家计量基准保存在中国计量科学研究院内。较高准确度等级的计量基准，大多设置在省级计量技术机构及少数特大型企业内，较低等级的计量标准，大多数设置在市（地）、县级计量技术机构及计量准确度要求较高的大、中型企业内，而工作计量器具则广泛应用于社会各行各业及院校、科研院所等。

国家计量基准复现的单位量值通过各级计量标准传递到工作计量器具，从而形成了量值传递系统。

（2）量值传递方式　目前我国主要的量值传递方式有用实物标准进行逐级传递、用发放标准物质进行传递、用发播标准信号进行传递和用传递标准全面考核（通常说的 Map 法，即计量方案）进行传递四种方式。

2. 量值溯源

目前，在国际上都使用溯源性这一术语。可以认为"量值溯源"是"量值传递"的相对说法，相当于量值传递的逆过程。即通过连续的比较链（溯源链），使得测量结果能够与国际或国家计量基准比较，进而联系起来的特性。其意义是指计量器具及其测得的量值都可以在一定范围内追溯到国家基准，进而从工作计量器具到计量标准器具直到国家计量基准，由下向上地量值溯源，从而形成一个可靠准确的量值保证体系，进而达到在全国范围内量值统一、准确的目的。

"量值传递"含有自上而下的意识，往往体现出政府的行为，有一种强制性的含意。而"溯源性"往往指企、事业行为，有一种非强制的特点；"溯源性"强调"数据"的溯源，"量值传递"强调"器具"的传递。一个体现了"数据"管理的特征，一个体现了"器具"管理的特点。量值传递与溯源的示意图如图 6-1 所示。

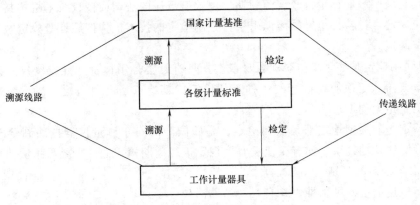

图 6-1 量值传递与溯源的示意图

6.2.2 校准与检定

1. 校准

校准是在一定的条件下，研究测量仪器或测量系统所指示的量值，或实物量具或参考物质所指示的量值，与对应的标准所复现的量值之间关系的一组技术操作。

计量器具就是测量系统、测量仪器、实物量具或参考物体等。校准可以总结为将测量设备测量值与测量标准值进行技术比较，从而得到被校测量设备的量值及其不确定度的一组操作。校准可以确定测量设备示值误差的大小，并通过测量标准与整个量值溯源体系相联系，说明测量设备的量值具有溯源性。

校准一般根据校准规范或校准方法来校准执行，校准的结果可以保存在校准证书或校准报告中，也可表示为校准因数或校准曲线等形式。

2. 检定

检定是指查证和确认计量器具是否符合法定要求的操作程序，包括检查、加上标记和出具检定证书。

检定的依据是按照法定程序审批公布的计量检定规程。检定步骤中的检查既包括了测量设备与测量标准的技术比较，也要将校准结果与计量要求相比较，最后判断是否符合相关规定的准确度等级；如果符合相对的准确度等级的测量，就应该对该设备加上标记和出具检定证书。

检定的法制性是用法制管理在其管理范围内的测量仪器。如果一台测量仪器检定合格，就是一台拥有法制特性的测量仪器。在最后的检定结果中，一定要有是否合格的结论，并应有证书或加计量合格检定印记。从事检定工作的人员一定要参加考核并合格通过，且拥有有关计量部门颁发的检定员证。

我国将检定分为强制检定和非强制检定。

1) 强制检定是对某些测量仪器实行的一种定点定期的检定，此项工作由政府计量行政主管部门下属的法定计量检定机构或授权的计量检定机构来进行。我国政府明确规定，用于医疗卫生、贸易结算、环境监测、安全防护几个方面且列入《中华人民共和国强制检定的工作计量器具明细目录》的计量器具，在国家强制检定的管理范围之内。在此之外，我国对各部门、企业和事业单位等社会公用计量标准的各项最高计量标准，实行强制检定。强制检定的特点是统归政府计量行政部门管辖，由政府下属的法定或授权技术机构具体执行，检定关系，定时定点送检，检定的周期由执行强制检定的技术机构按照计量检定规程，结合实际使用情况确定。

2) 非强制检定是使用单位企业自身或委托具有社会公用计量标准或授权的计量检定机构，对测量仪器依定检规程进行的一种定期检定。其特点是自由送检，自行管理，自行溯源，自行确定检定周期。

强制检定与非强制检定都是法制检定，是我国政府对于测量仪器按法制管理的两种形式，两者皆受法律的约束。如有企业没有按规定进行周期检定的，需要承担法律责任。

3. 校准与检定的区别

校准与检定的主要区别见表6-1。

表6-1 校准和检定的主要区别

序号	检定	校准
1	具有法制性，属于计量管理范围的法制行为	不具有法制性，是企业自行自愿的行为
2	是按要求对测量器具的技术要求和计量特性的全面评定	一般是确定计量器具的示值误差
3	依据是检定规程，权威机构发布	根据校准规范、校准方法，一般做统一规定但是也可自行制定
4	要对所检的测量器具做出是否合格的结论	不管测量器具是否合格，只在需要时确定测量器具的某一项特性是否符合预期的要求
5	检定结果合格的发检定证书，不合格的发不合格通知书	校准结果通常是发校准证书或校准报告

6.3 计量基准与计量标准

6.3.1 计量基准

计量基准是用来定义、保存、实现、复现量的单位，一个或多个量值，适用于有关量的测量标准定值依据的测量仪器、实物量具、标准物质或测量系统，也称为国家计量基准。国家计量基准由国家质检技术监督部门负责建立，根据需要可代表国家参加国际对比，使其量值与国际计量基准的量值保持一致。

计量基准通常分为主基准、副基准和工作基准。

（1）主基准 主基准也称为国家计量基准，一般用来保存和复现计量单位，是现有科学技术可达到的最高准确度的计量器具，经由国家机构鉴定批准，将它作为全国统一计量单位量值的最高依据。

（2）副基准 副基准也称为国家副计量基准，通过与国家基准直接或间接比对，确定其量值并经国家机构鉴定批准的计量器具，其在全国作为复现计量单位的副基准，其准确度仅次于国家基准，一般用来代替国家基准使用或者验证国家基准是否变化。

（3）工作基准 工作基准是与主基准或副基准校准或比对，同样经由国家机构鉴定批准，用以检定下属计量标准的计量器具。其在全国作为复现计量单位的准确度在主基准和副基准之下。设定工作基准的目的是避免主基准和副基准因为频繁使用而丢失本来的准确度。

6.3.2 计量标准

　　计量标准是将计量基准的量值准确传递到工作计量器具的一系列计量器具。计量标准按不同准确度可以分成若干个等级。如量块分成六等；天平分成十级。在不同的情况下，不同等级的计量标准不但准确度不相同，而且原理结构也差异很大。

　　计量标准同时也是一定范围内统一量值的依据。有关部门（如电力、交通、气象）根据特殊需要建立的最高计量标准是统一本部门量值的依据。

　　计量标准有企业、部门、事业单位内部使用的计量标准和社会公用计量标准两种。社会公用计量标准与部门、企业计量标准的主要区别在于它们的法律地位不同。社会公用计量标准对社会实施的计量监督具有公证作用，是用来统一本地区量值的根本。由于计量标准在统一量值中的重要地位和作用，所以它的建立和使用都有严格的规定。

6.4 测量仪器

6.4.1 测量仪器的定义

　　测量仪器是指"由单个设备或者与一个或多个其他辅助设备组合，用来测量的装置"。测量仪器就是提供与被测量进行比较的装置，是为了得到被测物体的量值的工具。因此，无论测量仪器差异多么大，它的特征一定是与量值有关的，测量仪器一般会有指示值。计量器具是测量仪器的同义语，两个都是英语 measuring instrument 的意思。我国计量界的传统称呼为"计量器具"。综上所述，"测量仪器"无论是含义还是对应英语原意都比"计量器具"更为准确，但是因为一直以来的习惯用法特别是现存法律法规中的表述，"计量器具"一词还是有必要保留的。

6.4.2 测量仪器的分类

　　根据测量仪器的结构和功能特点，测量仪器可分为显示式、比较式、积分式和累积式四种：

　　1) 显示式测量仪器，即能直接或间接显示出被测量的示值的测量仪器，所以又称为指示式测量仪器。例如温度计、密度计、转速计、功率表、弹簧式压力表、千分尺、电流表、频率计等。按此类测量仪器给出示值的形式，又可以分为模拟式、数字式和记录式三种。

　　2) 比较式测量仪器，即能使被测量物体与标准量具相互比较的测量仪器。例如天平、电位差计、长度比较仪、光度计、测量电桥等。

　　3) 积分式测量仪器，即通过一个值对另一个值的积分来确定被测量值的测量仪器。例如家用电能表，被测量值就是在两次扣费时刻之间的一定时间内，其消耗的电功率对时间的积分。

　　4) 累积式测量仪器，这类测量仪器的被测量值是由一个或多个测量源中，同一时刻或依次测量获得的被测量的部分值求和得到。例如电子轨道衡、累积式皮带秤、总加式电功率表等。

6.4.3 测量仪器的计量特性

测量仪器的计量特性是指能影响最终测量结果的一些主要因素，其中包括测量范围、稳定性、分辨力、偏移、鉴别力、重复性和示值误差等。为了得到测量的预定标准，测量仪器必须具有符合有关规范要求的计量特性。

1. 标称范围、量程和测量范围

测量仪器的操控元器件调整到一定位置时可得的示值范围，其称为标称范围。示值范围通常与测量仪器的整体有关，即是指针所指示的被测量值可以达到的范围。无论标尺上所标志的单位是什么，标称范围都以被测量的单位表示。例如：有一台档位调到×10档的万用表，其标尺上、下限的数码为0~10，则其标称范围为0~100V。示值范围通常用上限和下限说明，例如：100~200V。当下限正好为零时，标称范围就可以用上限来表示，例如：0~100V的电压表，其标称范围即为100V。

标称范围的上下限之差的绝对值，就称为量程。例如：一个温度计的标称范围为-20~80℃，其量程即为|80-(-20)|℃=100℃。

测量范围，也称为工作范围，是指测量仪器的误差在所规定的极限范围内的被测量的示值范围。在此测量范围内工作，测量仪器的示值误差一定处于允许极限内；否则超出测量范围工作，示值误差就会超出允许极限。也就是说，测量范围就是在正常的工作条件下，能保证测量仪器规定准确的被测量值的范围。所以标称范围总是大于测量范围。

2. 示值误差和最大允许误差

示值就是测量仪器通常显示的被测量值。测量仪器最主要的计量特性之一是测量仪器示值与对应的输入量的真值之差，称为测量仪器的示值误差，其在根本上反映了测量仪器的准确度，即测量仪器示值接近真值的能力。示值误差就是测量仪器示值其误差的大小，示值误差越大，其准确度就越低；示值误差越小，则其准确度就越高。

示值误差是相对真值来说的，因为真值无法确定，所以通常实际使用的是约定真值或者是实际值。为了得到测量仪器的示值误差，在使用高等级的测量标准对其进行校准或检定时，此时测量标准器复现的量值就是约定真值，通常称为校准值、实际值或标准值。所以：

$$实物量具的示值误差 = 标称值 - 实际值$$
$$指示式测量仪器的示值误差 = 示值 - 实际值$$

例如：当被检电流表的示值 I 为50A时，此时用标准电流表检定，测得电流实际值为 $I_0 = 49A$，则示值50A的误差 Δ 为 $\Delta = I - I_0 = (50-49)A = 1A$，即此时该电流表的示值比其约定真值大1A。

测量仪器示值误差，也可简称为测量仪器的误差，一般用绝对误差的形式来表示，此外也可以用相对误差形式表示。

给定一个测量仪器，其相关的规范、规程等所允许的极限误差值，称作测量仪器的最大允许误差。最大允许误差也就是指标准、检定规程、校准规范等技术规范所规定的允许的极限误差值，其作用是用来判定测量仪器是否合格。

3. 灵敏度

测量仪器响应的变化与对应的激励变化相比得到的值，称为灵敏度。其反映的是测量仪器被测量即输入值变化引起仪器示值即输出值变化的程度，其表示为观察变量的变化量

（如响应或输出量）与相应被测量的变化量（如激励或输入量）相比之值。如果被测量值的变化很小，但是影响示值的变化却很大，即说明该测量仪器的灵敏度很高。

$$k = \frac{\Delta y}{\Delta x} \tag{6-1}$$

式中　k——灵敏度；

　　　Δx——输入变化量；

　　　Δy——输出变化量。

灵敏度是测量仪器非常重要的计量特性之一，但其值应该适应其测量目标，并不是越高就会越好。

4. 分辨力

显示设备可以辨认出的最小示值差，称为显示设备的分辨力，也可简称为分辨力。分辨力指显示设备对其最小示值的辨别能力。其中：

分辨力是绝对数值，如 0.1g、0.01mm、10ms。

而分辨率是相对数值：分辨率是指能检测出的最小示值与其对应的满量程相比的百分数，如：0.1%、0.01%。

5. 稳定性和漂移

稳定性即是指测量仪器随时间流逝保持其计量特性恒定的能力。稳定性一般以下列两种方式定量地表征：

1) 计量特性变化一定量所经过的时间。

2) 计量特性经过一定时间内所发生的变化量。

稳定性对于测量仪器，特别是测量标准和某些实物量具，也是重要的计量特性之一。测量仪器不稳定的因素有很多，其主要原因是零部件的磨损、元器件的老化以及使用、维护、储存相关工作不细致等所导致的。通常对测量仪器进行定期校准或周期检定，就是测量仪器稳定性检查的一种。

测量仪器计量特性的慢变化称为漂移。其表示的是在特定的条件下，测量仪器计量特性随着时间流逝的慢变化，例如在几十分钟或几小时甚至几天内，保持其计量特性不变的能力。例如测量仪器在特定时间内的零点漂移。漂移往往是因为压力、温度、湿度等这些外界条件变化所致，或因为仪器自身性能的不稳定所导致的。

6.5 测量结果分析

数据的测量过程就像在黑箱里面操作，测量过程的输出值就是可观测到的示值。测量值的好坏通常是以影响测量值的变差来表示。测量的变差来源于生产过程中的各种影响因素变差的累积。

6.5.1 测量准确度和精密度

准确度是指测量结果和被测量真值的相同程度。所以，多次测量结果的平均值可以准确反映准确度的优劣。准确度反映了随机误差和系统误差的综合效果。测量准确度是个定性的概念，所以不应将其定量化，所以一般说准确度高低、准确度等级高等，而不应该说准确度为 0.1%，0.1mg 等。

精密度是指测量结果中重复测量所得各个独立观测值之间的相同程度。显然，多次测量结果的标准差反映了精密度的高低。精密度高，说明重复性好，各个测量值的分布密集，分散性小，即随机误差小。

准确度可由对仪器的校准来提高；精密度则取决于仪器本身的质量水平。图 6-2 直观地显示了准确度和精密度。

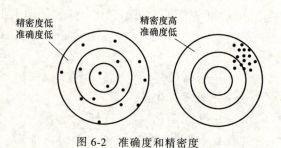

图 6-2 准确度和精密度

*6.5.2 重复性和再现性

1. 测量重复性（Repeatability）

同样的测量条件下，对一个被测量物进行连续多次测量得到的结果之间的一致性，称为测量结果的重复性，一般为设备变差（Equipment Variation，EV）。性能稳定的测量设备应该具有很好的测量重复性，所以设备本身的性能是影响重复性误差的主要原因。以下这些条件是进行重复性测量必须满足的条件：①相同的观测者；②相同的测量程序；③相同的地点；④在同样的条件下使用相同的测量仪器；⑤在短时间内重复测量。也就是说，最好在尽量相同的人员、仪器、程序、环境等条件下，用尽可能短的时间间隔内完成重复性测量任务。

2. 测量再现性（Reproducibility）

在不同的测量条件下，被测量的不同测量结果之间的一致性，称为测量结果的再现性，通常为再现人变差（Appraiser Variation，AV）。再现性又称为重现性、复现性。给出再现性的同时，应详细说明测量条件情况的改变，其中测量方法、测量原理、测量仪器、观测者、参考测量标准、时间、地点及使用条件等内容可以改变，无论是一项或多项还是全部。

但是在许多实际工作中，测量条件的改变仅限于操作者的改变。通常来说最重要的再现性是因为是不同操作者操作的，但操作者们采用的测量方法、仪器及环境条件都是相同的。由不同的操作者在相同的条件下测量同一被测量的测量结果之间的一致性。

测量结果重复性和再现性的区别是非常大的。虽然同是表示同一被测量的测量结果之间的一致性，但它们的前提条件却不同。重复性是在测量条件相同的情况下，连续多次测量结果之间的一致性；而再现性则是指在测量条件不同的情况下，测量结果之间的一致性。

3. 测量系统的方差

在不考虑交互影响的条件下，测量过程的总方差是由测量仪器的方差、测量人员的方差，以及测量零件的方差之和得到。前两者分别表示重复性和再现性引起的方差，合成得到测量系统的方差；测量零件的方差是由生产工序的波动引起的。因此测量过程的总方差可表示为

$$\sigma^2 = \sigma_e^2 + \sigma_o^2 + \sigma_p^2 \tag{6-2}$$

其中，σ_e^2、σ_o^2、σ_p^2 分别表示测量仪器、测量人员以及测量零件变异引起的方差。测量系统的方差 σ_{MSE}^2 为测量仪器和测量人员的方差和，即

$$\sigma_{MSE}^2 = \sigma_e^2 + \sigma_o^2 \tag{6-3}$$

4. 测量系统的 R&R 计算方法

测量系统分析时,重要的是分析由测量设备和测量人员引起的测量系统的重复性和再现性($R\&R$)。分析的方法主要有均值-极差法和方差分析法。

(1) 均值-极差法　均值-极差法是一种传统的测量系统分析方法,其中最主要的 3 个方差即仪器变异方差 σ_e^2、人员变异方差 σ_o^2 以及零件变异方差 σ_p^2 都是用均值和极差获得的。均值-极差法运算步骤如下:

1) m 位的测量者对 n 个零件进行测量,每个零件测量 r 次。在获得测量值 X_{ijk} 后,计算每个测量者测量每个零件 r 次的极差 R_{ij} 及平均极差 $\overline{R}$:

$$R_{ij} = \max\{X_{ijk}\} - \min\{X_{ijk}\} \tag{6-4}$$

$$\overline{R} = \frac{1}{mn}\sum_{i=1}^{m}\sum_{j=1}^{n}R_{ij} \tag{6-5}$$

2) 计算每个测量者测量结果的均值 $\overline{X}_i$ 和均值的极差 R_o:

$$\overline{X}_i = \frac{1}{nr}\sum_{j=1}^{n}\sum_{k=1}^{r}X_{ijk} \quad (i=1,2,\cdots,m) \tag{6-6}$$

$$R_o = \max\{\overline{X}_i\} - \min\{\overline{X}_i\} \tag{6-7}$$

3) 计算每个零件测量值的均值 $\overline{X}_j'$ 和均值的极差 R_p:

$$\overline{X}_j' = \frac{1}{mr}\sum_{i=1}^{m}\sum_{k=1}^{r}X_{ijk} \quad (j=1,2,\cdots,n) \tag{6-8}$$

$$R_p = \max\{\overline{X}_j'\} - \min\{\overline{X}_j'\} \tag{6-9}$$

4) 计算 EV、AV 及 PV:

测量仪器的标准差 σ_e 与变差 EV(重复性)计算:

$$\sigma_e = \overline{R}K_1, \quad EV = 5.15\sigma_e \tag{6-10}$$

测量人员的标准差 σ_o 与变差 AV(再现性)计算:

$$\sigma_o = \sqrt{(R_oK_2)^2 - \sigma_e^2/nr}, \quad AV = 5.15\sigma_o \tag{6-11}$$

零件的标准差 σ_p 与变差 PV 计算:

$$\sigma_p = R_pK_3, \quad PV = 5.15\sigma_p \tag{6-12}$$

测量系统的重复性和再现性 $R\&R$ 定义为

$$R\&R = 5.15\sigma_{\text{MSE}} = 5.15\sqrt{\sigma_e^2 + \sigma_o^2} = \sqrt{EV^2 + AV^2} \tag{6-13}$$

测量过程的总变差为

$$TV = = \sqrt{EV^2 + AV^2 + PV^2} \tag{6-14}$$

上述各式中,K_1、K_2 及 K_3 是与测量次数及测量者人数相关的常数,将测量次数和测量者人数作为样本含量,查表 6-2 ~ 表 6-4 即可得到。之所以取 5.15 倍,是因为在正态分布下,落在 5.15 倍标准差范围的概率为 99%。

表 6-2　K_1 数值表

试验次数 r	2	3
K_1	0.8862	0.5908

表 6-3　K_2 数值表

测量人数 m	2	3
K_2	0.7071	0.5231

表 6-4　K_3 数值表

样本数 n	2	3	4	5	6	7	8	9	10
K_3	0.7071	0.5231	0.4467	0.4030	0.3742	0.3534	0.3375	0.3249	0.3146

5) R&R 计算及评价。测量系统的重复性和再现性 R&R 可以表征测量系统的好坏，显然 R&R 越小越好。一般采用 R&R 占测量数据的总变差的百分比来衡量测量系统的测量能力，根据式（6-13）、式（6-14）：

$$\%R\&R = \frac{\sqrt{AV^2+EV^2}}{\sqrt{PV^2+AV^2+EV^2}} \times 100\% = \frac{\sigma_{\text{MSE}}}{\sqrt{\sigma_p^2+\sigma_{\text{MSE}}^2}} \times 100\% \tag{6-15}$$

有时也可采用 R&R 在公差范围 $T_U - T_L$ 所占的百分比来表示测量系统的测量能力。

(2) 方差分析法　在 3.8 节介绍了方差分析方法在分析不同因素水平对试验指标的影响中的应用。方差分析法是一种标准的统计技术，也可用来分析测量误差和测量系统分析中数据的其他变异来源。对于典型测量系统模型，总的离差平方和以及各效应的离差平方和为（与上面一样，m 位的测量者对 n 个零件进行测量，每个零件测量 r 轮）

总的离差平方和：

$$SS_T = \sum_{i=1}^{m}\sum_{j=1}^{n}\sum_{k=1}^{r}(X_{ijk}-\overline{X})^2 \tag{6-16}$$

测量者离差平方和：

$$SS_O = nr\sum_{i=1}^{m}(\overline{X}_i - \overline{X})^2 \tag{6-17}$$

零件离差平方和：

$$SS_P = mr\sum_{j=1}^{n}(\overline{X}_j - \overline{X})^2 \tag{6-18}$$

重复性误差平方和：

$$SS_E = \sum_{i=1}^{m}\sum_{j=1}^{n}\sum_{k=1}^{r}(X_{ijk}-\overline{X}_{ij})^2 \tag{6-19}$$

测量者与零件交互作用的离差平方和：

$$SS_{OP} = r\sum_{i=1}^{m}\sum_{j=1}^{n}(\overline{X}_{ij} - \overline{X}_i - \overline{X}_j + \overline{X})^2 \tag{6-20}$$

容易证明，$SS_T = SS_O + SS_P + SS_E + SS_{OP}$

各离差平方和对应的方差计算见表 6-5。

表 6-5　各离差平方和的方差计算

来源	偏差平方和（SS）	自由度（f）	方差（MS）
测量者	SS_O	$m-1$	$SS_O/(m-1)$
零件	SS_P	$n-1$	$SS_P/(n-1)$
交互作用	SS_{OP}	$(m-1)(n-1)$	$SS_{OP}/(m-1)(n-1)$
重复性误差	SS_E	$mn(r-1)$	$SS_E/mn(r-1)$

相应地，测量系统中各效应的方差估计为

$$\hat{\sigma}_o^2 = \frac{(MS_O - MS_{OP})}{nr} \tag{6-21}$$

$$\hat{\sigma}_p^2 = \frac{(MS_P - MS_{OP})}{mr} \tag{6-22}$$

$$\hat{\sigma}_{op}^2 = \frac{(MS_{OP} - MS_E)}{r} \tag{6-23}$$

$$\hat{\sigma}_e^2 = MS_E \tag{6-24}$$

因为方差不可能小于 0，所以在计算时，如果方差估计值为负数时，默认把方差按等于零处理。所以由重复性和再现性合成的测量系统总方差的估计为

$$\hat{\sigma}_{\text{MSE}}^2 = \hat{\sigma}_o^2 + \hat{\sigma}_{op}^2 + \hat{\sigma}_e^2 \tag{6-25}$$

则有：

$$\%R\&R = \frac{\hat{\sigma}_{\text{MSE}}}{\sqrt{\hat{\sigma}_{\text{MSE}}^2 + \hat{\sigma}_p^2}} \times 100\% \tag{6-26}$$

（3）测量系统 %R&R 判断原则　　国外一些企业根据 R&R 百分比的大小，按下列方法判断测量系统是否可接受：

1）如果 %R&R 小于 10%，则此系统无问题。

2）如果 %R&R 介于 10% 与 30% 之间，为模糊区域，可结合实际情况考虑是否接受此系统。

3）如果 %R&R 大于 30%，此系统不能接受。

（4）处置方式　　%EV、%AV 分别表明了测量仪器变差、测量人员变差在总变差中所占比例，可据此判断现有测量系统中所存主要问题，并采取相应的措施。

1）当测量设备变差（%EV）为主要变差时，一般对测量设备采取以下措施：

① 调整、保养。

② 维修。

③ 更新、改进。

2）当测量人员变差（%AV）为主要变差时，一般采取以下措施：

① 对测试人员进行培训。

② 重新检查操作方法。

③ 检查测量设备刻度是否清晰。

④ 分析环境等因素对测量仪器稳定性的影响等。

5. *R&R* 计算分析举例

例 6-1　　检验员采用测量仪器测量球型缺陷的尺寸，并将测量数据记录到表 6-6 中，分别采用均值-极差法和方差分析法进行 *R&R* 计算分析。

解：（1）均值-极差分析法　　将表 6-6 中所得到的测量数据进行数据分析，结合均值-极

差法得出计算结果见表6-7。计算过程如下:

$$\overline{R} = (0.16+0.16)/2 = 0.16$$

$$R_o = \max\{\overline{X_i}\} - \min\{\overline{X_i}\}$$

$$= 4.063 - 3.99 = 0.073$$

依据统计参数表可得:在测量轮为3时,K_1为0.5908;在测量人员人数为2时,K_2为0.7071。故可计算出σ_e、σ_o、σ_{MSE}如下:

$$\sigma_e = \overline{R} \times K_1 = 0.16 \times 0.5908 = 0.0945$$

$$\sigma_o = \sqrt{(R_o K_2)^2 - \sigma_e^2/(nr)} = \sqrt{(0.073 \times 0.7071)^2 - 0.0945^2/(10 \times 3)} = 0.048$$

$$\sigma_{MSE} = \sqrt{\sigma_o^2 + \sigma_e^2} = \sqrt{0.048^2 + 0.0945^2} = 0.106$$

表6-6 4mm球型缺陷测量尺寸

样品	轮数	测量人员 A			测量人员 B		
		第1轮	第2轮	第3轮	第1轮	第2轮	第3轮
1		4.1	3.9	4.1	3.9	4	4.1
2		3.2	3.1	3.3	3.4	3.5	3.3
3		3.9	4	4	4.1	4.1	4
4		4.1	4.2	4.2	4	4.2	4.2
5		3.9	4.1	4.1	3.9	4	4.1
6		4.2	4.2	4	4.2	4.1	4.3
7		4	4.2	4.1	4.1	4.2	4.1
8		4.1	4.1	4.2	4.2	4.3	4.2
9		3.9	4.2	4.2	4.2	4.2	4.4
10		4.2	4.3	4.2	4.2	4.2	4.1

因为$\overline{x}_{.j}$的个数为10个,而R_p的个数为1个,此时查表6-4可知K_3为0.3146,则$\sigma_p = 0.9 \times 0.3146 = 0.283$,可得

$$EV = 5.15\sigma_e = 0.49, \quad AV = 5.15\sigma_o = 0.247, \quad PV = 5.15\sigma_p = 1.458$$

从而可计算%R&R:

$$\%R\&R = \frac{\sigma_{MSE}}{\sqrt{\sigma_{MSE}^2 + \sigma_p^2}} = 35\%$$

其计算结果详见表6-7。

通过球型缺陷运用均值-极差法可得系统的重复性与再现性$R\&R = 35\% > 30\%$,根据判断原则可知,该测量系统能力不足,应改进。

(2)方差分析法 按式(6-16)~式(6-26)计算,将结果记录于表6-8。

表 6-7 球型缺陷均值-极差法分析结果

测量人	零件	测量次数			均值 $\bar{X}$	测量者均值 $\bar{X}_a$	测量者极差 R_a	总均值 $\bar{\bar{X}}$	零件极差 R	零件平均极差 $\bar{R}$
		1	2	3						
A	1	4.1	3.9	4.1	4.03	3.99	0.073	4.027	0.2	0.16
	2	3.2	3.1	3.3	3.2				0.2	
	3	3.9	4	4	3.97				0.1	
	4	4.1	4.2	4.2	4.03				0.1	
	5	3.9	4.1	4.1	4.03				0.2	
	6	4.2	4.2	4	4.13				0.2	
	7	4	4.2	4.1	4.1				0.2	
	8	4.1	4.1	4.2	4.13				0.1	
	9	3.9	4.1	4.1	4.03				0.2	
	10	4.2	4.3	4.2	4.23				0.1	
B	1	3.9	4	4.1	4	4.063			0.2	
	2	3.4	3.5	3.3	3.4				0.2	
	3	4.1	4.1	4	4.07				0.1	
	4	4	4.2	4.2	4.13				0.2	
	5	3.9	4	4.1	4.03				0.2	
	6	4.2	4.1	4.3	4.2				0.2	
	7	4.1	4.2	4.1	4.13				0.1	
	8	4.2	4.3	4.2	4.23				0.1	
	9	4.2	4.2	4.4	4.27				0.2	
	10	4.2	4.2	4.1	4.17				0.1	

零件	1	2	3	4	5	6	7	8	9	10
$\bar{X}_b$	4.017	3.30	4.017	4.08	4.032	4.167	4.117	4.183	4.15	4.20
极差	R_p	0.317								

重复性	σ_e	0.095	EV	0.489	PV	1.46	R&R	0.546	%R&R	35%
再现性	σ_o	0.048	AV	0.247						

表 6-8 球型缺陷方差分析法分析结果

样品 \ 轮数	测量人员 A			测量人员 B		
	第 1 轮	第 2 轮	第 3 轮	第 1 轮	第 2 轮	第 3 轮
1	4.1	3.9	4.1	3.9	4	4.1
2	3.2	3.1	3.3	3.4	3.5	3.3
3	3.9	4	4	4.1	4.1	4
4	4.1	4.2	4.2	4	4.2	4.2
5	3.9	4.1	4.1	3.9	4	4.1
6	4.2	4.2	4	4.2	4.1	4.3

(续)

样品\轮数	测量人员 A			测量人员 B		
	第1轮	第2轮	第3轮	第1轮	第2轮	第3轮
7	4	4.2	4.1	4.1	4.2	4.1
8	4.1	4.1	4.2	4.2	4.3	4.2
9	3.9	4.1	4.1	4.2	4.2	4.4
10	4.2	4.3	4.2	4.2	4.2	4.1
测量人数 m	2	零件数 n	10	重复次数 r	3	
变异来源	平方和	自由度	均方	统计量 F	p 值	
测量人 O	0.08	1	0.08			
零件 P	3.77	9	0.42			
测量人×零件 $O \times P$	0.12	9	0.013			
量具(误差) E	0.4	40	0.01			
总变差 T	4.37	59				
SS_O	0.08	$\hat{\sigma}_o^2$	0.002			
SS_P	3.77	$\hat{\sigma}_p^2$	0.07	%R&R	37.9%	
SS_{OP}	0.12	$\hat{\sigma}_{op}^2$	0.001			
SS_E	0.4	$\hat{\sigma}_e^2$	0.01			
SS_T	4.37	$\hat{\sigma}_{MSE}^2$	0.012			

对球型缺陷运用方差分析法可得系统的重复性与再现性 %R&R = 37.9% > 30%，根据判断原则可知，所使用的检测仪器是不可接受的，该测量系统能力不足，应努力改进测量系统。

通过对例 6-1 分析发现，两种方法对测量系统的评价结果差异不大，但方差分析较均值极差法对测量系统的评价更为精细，它不仅分析了测量系统的重复性和再现性，而且还分析了测量者与零件之间的交互作用，对测量系统的能力要求更高。

6.5.3 测量不确定度评定

1. 测量不确定度

（1）概述　所谓的测量不确定度（Uncertainty of Measurement）是指与测量结果相联系的一个参数，用于表征合理赋予被测量的值的分散性。上述的"合理"意思是应考虑到各种因素对测量的影响产生的修正，尤其是测量应该在统计控制的状态中，即处于随机控制过程中。而其中的"相联系"意思是测量不确定度与测量结果相关的参数，最终的测量结果中应包含测量不确定度。

测量不确定度是对测量结果有效性、可信性的不肯定程度或怀疑程度，是对测量结果的质量定量说明的一个参数。实际上因为测量的不足和人们的理解不足，得到被测量值有一定的分散性，所以每次测得的结果都不相同，且以一定的概率分散在某个区域内。尽管客观存在的系统误差是一个固定值，但是因为操作人员并不能完全掌握，所以我们认为它是以某种概率分布于某个区域，并且这种概率分布其本身也具有一定分散性。测量不确定度是指被测量的值分散性的参数,它并不能说明测量结果是否接近真值。

(2) 测量不确定度的来源主要有下列几个方面

1) 对被测量的定义不完整或不完善。例如:一根标称值为 1m 的钢棒,定义被测量值为其长度,如果测准的要求测到微米级,那这个被测量的定义就不完整,因为没有在定义中说明此时被测钢棒所处环境的大气压力和温度。因为定义的不完整,温度和大气压力影响的不确定度将会影响到测量结果。此时完整的定义应该是:在 25.0℃和 101325Pa 时标称值为 1m 的钢棒的长度。只要在定义要求的大气压力和温度下测量,就能避免因此引起的不确定度。

2) 实现被测量定义的方法不理想。例如上面所举的例子,被测量的定义虽然完整,但因为测量时大气压力和温度实际上达不到定义的要求(大气压力和温度的测量自身也存在不确定度),从而使测量结果中引入了不确定度。

3) 取样的代表性也不够,即被测量的样本并不能代表所定义的被测量。例如:测量在给定频率下某种介质材料的相对介质常数,因为测量设备和测量方法的有限,只好采集这种材料的其中一部分作为样本进行测量。由于测量所采集的样本在均匀性方面或材料的成分都不能完全代表定义的被测量,那么样本同样会引起不确定度。

4) 对环境条件的测量和控制不完善,或对被测量过程受环境影响的认识不全面。同样用上面的钢棒举例,影响其长度的不仅仅是温度和大气压力,实际上还有钢棒的支承方式和湿度。但因为认知不够,很少采取措施,同样会引起不确定度。

5) 对模拟仪器的读数通常都存在人为偏差。对模拟仪器读取其示值时通常估读到最小刻度值的 1/10,因为观测者个人习惯不同和观测者所在位置不同等因素,同一状态下的显示值可能会产生不同的估读值,这种差异也将产生不确定度。

6) 测量仪器的鉴别力或分辨力不足。数字式测量仪器的分辨力也是其不确定度因素之一。尽管指示是为理想重复,但是这种重复性的测量不确定度还是不为零,其原因是当输入信号在已知的区域内变化时,该仪器却做出了相同的指示。

7) 赋予测量标准及标准物质的值不准确。测量通常是通过被测量与测量标准所给出的值相比较实现的,所以此测量标准的不确定度将会直接引入到测量结果。例如:用直尺测量时,测得长度的不确定度中包括了直尺刻度的不确定度。

8) 用于数据计算的常量或其他参量不准确。例如:在测量黄铜的长度随温度改变而变化时,此时需要知晓黄铜的线热膨胀系数。为了找到所需的值可以查有关数据手册,也可一并查出或计算出其值的不确定度,它也是测量结果不确定度的一个因素。

9) 测量方法和测量程序的假定性和近似性。例如:被测量表达式的相近程度,自动测试程序的迭代程度,电测量中因为测量系统的不完善所引起的绝缘漏电、热电势等,都会引起不确定度。

10) 在表面上看来完全相同的条件下,被测量重复观测值的变化。实际工作中我们发现不管如何控制各类对测量结果可能产生影响的因素和环境条件,而最终的测量结果总会有一定的分散性,也就是多次测量的结果总会有一些不相同。此现象是客观存在的,是因为某些随机效应产生的。

(3) 测量不确定度分类

1) 标准不确定度:即是由标准差表征的测量结果的不确定度,也称标准不确定度。按照估计方法的不同分为两类：用统计方法计算的称为 A 类标准不确定度，或者称为标准不确定度的 A 类估算法；不是 A 类的其他计算方法，称为 B 类标准不确定度，也可称为标准不确定度的 B 类估算法。

将标准不确定度区分为 A 类和 B 类的目的只是说明计算方法的不同，方便研究，并不是两种方法得到的分量在根本上有什么不同，两种方法都基于概率分布。

凡是不可能获得实验数据的时候，就不可能用 A 类评定方法评定不确定度，此时可用 B 类评定方法评定。例如，有些科学实验仅是单次性的，即无法重复测量，此时随机影响量导致的测量不确定度只能通过 B 类评定方法进行评定。B 类评定时的区间宽度可根据有用的信息判断，在信息不足时，也可以凭经验假设；其概率分布是一种"先验分布"，通常是假设的。因此 B 类评定实际上应用非常广泛。

2) 合成标准不确定度：它是由一些量值的测量结果的标准不确定度求出所需被测结果的标准不确定度，它的计算为各项分量标准不确定度的平方和的正平方根，也就是方和根。

3) 扩展不确定度，也称为总不确定度：它是定义测量结果区间的相关量，也就是被测量的值以一定的概率（也就是置信水平）落入此区间中。扩展不确定度通常是该区间的半宽，我们以前常说误差界限与此相似。

2. 标准不确定度的两类评定

(1) 标准不确定度分量的评定原则　在建立一个测量模型后，需要定量评定各个输入量的标准不确定度。可用输入量的标准不确定度乘灵敏系数得到输出量的标准不确定度分量。

对各个不确定度分量做一个预估是必要的，测量不确定度评定的重点应放在识别并评定那些对测量结果的值有明显影响的、重要的、占支配地位的分量上。例如，如果估计的测量重复性导致的标准不确定度为 $10\mu m$，而因为分辨力导致的标准不确定度为 $1\mu m$，则在评定时可以不考虑分辨力导致的不确定度。

对每项不确定度来源不必严格去区分性质是随机性的还是系统性的，而是要考虑一下可以用什么方法估计其标准差。如果能通过测量及数据计算其实验标准差的就为标准不确定度 A 类评定，其他的都归为标准不确定度 B 类评定。

(2) 标准不确定度 A 类评定

1) A 类评定方法。不确定度 A 类评定就是对观测列进行统计分析来评定其标准不确定度的方法。其信息来源于对输入量 x 进行多次重复测量得到的测量列：x_1，x_2，…，x_n，由式 (6-27) 得到的算术平均值 $\bar{x}$ 作为测量的估计值：

$$\bar{x} = \frac{1}{n}\sum_{i=1}^{n} x_i \tag{6-27}$$

由 A 类评定得到的被测量最佳估计值的标准不确定度 $u(x)$ 按式 (6-28) 计算：

$$u(x) = u_A(x) = s(\bar{x}) = s(x_k)/\sqrt{n} \tag{6-28}$$

式中　$s(x_k)$——用统计分析方法得到的任意一个测得值 x_k 的实验标准差；

$s(\bar{x})$——算术平均值 $\bar{x}$ 的实验的标准差。

2) A 类不确定度的自由度。在 JJF 1059.1—2012《测量不确定度评定与表示》中对自由度的定义为：在方差的计算中，和的项数减去对和的限制数。所以 A 类评定得到的标准

不确定度 $u(x)$ 的自由度其实就是实验标准差 $s(x_k)$ 的自由度。由式（6-28）可见，$u(x)$ 与 $\sqrt{n}$ 成反比，在标准不确定度比较大的时候，就应该适当增加测量次数减小其不确定度。另外，A 类不确定度的自由度大小与实验标准差的估计方法有关。

标准不确定度 A 类评定流程图如图 6-3 所示。

3) A 类评定时实验标准差的估计。

① 贝塞尔公式法。通常用贝塞尔公式法估计，这时的实验标准差 $s(x_k)$ 按式（6-29）计算：

$$s(x_k) = \sqrt{\frac{\sum_{i=1}^{n}(x_i - \bar{x})^2}{n-1}} \quad (6\text{-}29)$$

用贝塞尔公式法估计实验标准差的自由度 $\nu = n-1$（n 为测量次数）。测量次数增加即自由度加大，可以提高对估计的 A 类评定得到的标准不确定度的可信程度。

② 极差法。当测量次数较少时也可用极差法估计实验标准差，测得值中的最大值和最小值之差称为极差，用符号 R 表示，在 x_i 可以预计近似正态分布的前提下，单个测得值 x_i 的实验标准差 $s(x_k)$ 按式（6-30）近似地估计：

$$s(x_k) = R/C \quad (6\text{-}30)$$

式中 C——极差系数，有时也可写成 C_n，下标 n 为测量次数。C 的取值与式（2-35）中的 d_2 相同。

极差系数 C 以及用极差法估计的实验标准差的自由度 ν 可查表 6-9 得到。

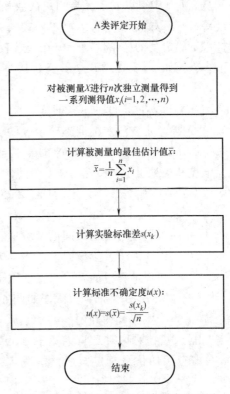

图 6-3 标准不确定度 A 类评定流程图

表 6-9 极差系数及自由度表

n	2	3	4	5	6	7	8	9
C	1.13	1.69	2.06	2.33	2.53	2.70	2.85	2.97
ν	0.9	1.8	2.7	3.6	4.5	5.3	6.0	6.8

例 6-2 对某工件的长度进行 6 次测量，其测得的量值中最大值与最小值之差为 6cm，用 A 类评定方法评定长度测量的标准不确定度。

解：用极差法评定，$n=6$，极差 $R=6$cm，查表得到极差系数 C 为 2.53，则被测量估计值的标准不确定度为

$$u(x) = \frac{s(x_k)}{\sqrt{n}} = \frac{R}{C\sqrt{n}} = \frac{6\text{cm}}{2.53 \times \sqrt{6}} = 0.968\text{cm}$$

自由度为 $\nu = 4.5$。

从表 6-9 中可以发现，当测量次数相同时，用贝塞尔公式法估计的实验标准差自由度大于极差法，例如 $n=8$ 时，贝塞尔公式法 $\nu=7.0$，而极差法 $\nu=6.0$，说明贝塞尔公式法估计的标准不确定度的可信度高。但在次数较少时，极差法的自由度与贝塞尔公式法的自由度相差不多，例如 $n=3$ 时，贝塞尔公式法 $\nu=2.0$，而极差法 $\nu=1.8$，但极差法使用起来方便得多。

（3）标准不确定度的 B 类评定

1）B 类评定方法。标准不确定度的 B 类评定是通过一切可利用的相关信息进行科学判断获得估计的标准差。一般是根据经验或有关信息，得出被测量的可能值区间 $[\bar{x}-a, \bar{x}+a]$，假设其被测量值的概率分布，根据要求的概率 p 和其概率分布来分析置信因子或包含因子的 k 的值，那么 B 类评定的标准不确定度 $u(x)$ 可通过式（6-31）计算得到：

$$u(x)=u_B(x)=a/k \tag{6-31}$$

式中　a——被测量可能值区间的半宽度；

　　　k——包含因子或置信因子。当 k 为扩展不确定度的倍乘因子时称为包含因子，而由概率论获得的 k 称为置信因子。

标准不确定度 B 类评定流程图如图 6-4 所示。

2）区间半宽度 a 的确定。

① 输入量在对称时区间半宽度 a 的确定。区间半宽度 a 可由有关的信息确定，通常情况下，能利用的信息如下：

a. 生产厂提供的技术说明书。

b. 手册或某些资料给出的数据。

c. 以前测量的数据或实验确定的数据。

d. 对有关仪器性能或材料特性的了解和经验。

e. 校准证书、检定证书、测试报告或其他文件提供的数据。

f. 校准规范、检定规程或测试标准中给出的数据。

g. 其他有用的信息。

例如：

a. 生产厂家给的说明书表明测量仪器的最大允许误差为 $\pm\Delta$，并经由计量部门检定为合格，则在评定仪器不确定度时，可能值区间的半宽度 $a=\Delta$。

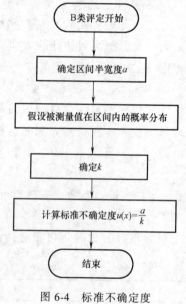

图 6-4　标准不确定度 B 类评定流程图

b. 校准证书通常提供的校准值，表明其扩展不确定度为 U，则区间的半宽度 $a=U$。

c. 通过手册查询需要的参考数据，同时计算出该数据的误差即为 $\pm\Delta$，则值区间的半宽度 $a=\Delta$。

d. 数字显示装置的分辨力为最低位 1 个数字，所代表的量值为 δ_x，则区间半宽度为 $a=\delta_x/2$。

e. 当测量仪器或者是实物量具表明了其准确度等级时，就可以按检定规程所规定的该等级的最大允许误差获得其对应区间的半宽度。

f. 必要时，可由过去的经验判断某量值不会超出的区间范围或是通过实验方法来估计可能的区间。

② 界限不对称时的区间半宽度 a 的确定：通常以上限与下限之差的一半近似为区间半宽度。

例如：在输入量 X_i 可能值的下限 a_- 和上限 a_+ 相对于其最佳估计值 x_i 并不对称的情况下，即下限 $a_-=x_i-b_-$ 和上限 $a_+=x_i-b_+$，其中 $b_-\neq b_+$，这时 X_i 的概率分布在区间内不对称，其可以取区间半宽度为

$$a=(a_+-a_-)/2 \tag{6-32}$$

3) k 的确定方法。

① 如果扩展不确定度为合成标准不确定度的若干倍时，那么其倍数就是包含因子 k，例如，已知 $U=0.3\text{mm}(k=3)$，则 B 类评定时，k 为 3。

② 假设正态分布时，根据要求的概率查表 6-10 得到 k。

表 6-10 正态分布情况下置信概率 p 与包含因子 k 间的关系

$p(\%)$	50	68.27	90	95	95.45	99	99.73
k	0.67	1	1.645	1.960	2	2.576	3

③ 假设为非正态分布时，根据要求的概率查表 6-11 得到 k（表中 β 为梯形上底半宽度与下底半宽度之比）。

4) B 类不确定度分量的自由度。B 类不确定度分量的自由度和其得到的标准不确定度 $u(x_i)$ 的相对标准不确定度 $\sigma\{u(x_i)\}/u(x_i)$ 有关，其关系为

$$\nu_i \approx \frac{1}{2}\frac{u^2(x_i)}{\sigma^2[u(x_i)]} \approx \frac{1}{2}\left[\frac{\Delta u(x_i)}{u(x_i)}\right]^{-2} \tag{6-33}$$

表 6-11 常用分布与 k、$u(x_i)$ 的关系

分布类别	$p(\%)$	k	$u(x_i)$
三角	100	$\sqrt{6}$	$a/\sqrt{6}$
矩形(均匀)	100	$\sqrt{3}$	$a/\sqrt{3}$
反正弦	100	$\sqrt{2}$	$a/\sqrt{2}$
两点	100	1	a
梯形	100	$\sqrt{6/(1+\beta^2)}$	$a/\sqrt{6/(1+\beta^2)}$

根据经验可以按所依据的信息来源的可信程度来判断 $u(x_i)$ 的标准不确定度，从而推算出比值 $\sigma\{u(x_i)\}/u(x_i)$。按式 (6-33) 计算出的 ν_i 列于表 6-12。

表 6-12 $\sigma\{u(x_i)\}/u(x_i)$ 与 ν_i 关系

$\sigma\{u(x_i)\}/u(x_i)$	0	0.10	0.20	0.25	0.30	0.40	0.50
ν_i	∞	50	12	8	6	3	2

注：当数显仪器量化误差和数据修约引起的不确定度计算，自由度可定为 ∞。

例 6-3 已知某元素的热膨胀系数为 $16.52\times10^{-6}\text{℃}^{-1}$，且表明其误差不超过 $\pm0.40\times10^{-6}\text{℃}^{-1}$，求该元素的标准不确定度。

解：根据手册提供的信息，$\alpha = 0.40 \times 10^{-6} \text{°C}^{-1}$，依据经验假设为等概率地落在区间内，即假设均匀分布，查表 6-11 得 $k = \sqrt{3}$。该元素的热膨胀系数的标准不确定度为

$$u(\alpha) = 0.40 \times 10^{-6} \text{°C}^{-1} / \sqrt{3} = 0.23 \times 10^{-6} \text{°C}^{-1}$$

5) A 类和 B 类测量不确定度评定的比较。表 6-13 对 A 类和 B 类测量不确定度评定进行了比较。

表 6-13 A 类和 B 类测量不确定度评定的联系与区别

	A 类不确定度评定	B 类不确定度评定
共同点	①两者都能以标准差来表示；②两者都可以用来对某个输入量进行评定，其关键在于评定者的条件；③它们都是将测量结果或误差作为随机变量研究其统计规律；④在合成时可以同等对待，都必须是标准不确定度	
不同点	要做复现性或重复性试验，结果得到一组或多组试验数据（观测列）	虽然可以不做试验，但因为没有试验得到的观测列，只能通过其他方法得出被评定变量变化范围的半宽；也可以通过试验找到变量的变化规律，找出半宽
	做复现性或重复性试验时，需要时可以综合各输入量的影响	只能对输入量一个接一个地去研究分析
	需要借助于参考标准或标准物质找出系统效应的输入量的系统偏差，检验其显著性，对测量值进行修正后才可评定，否则难以发现其影响	不管是随机效应还是系统效应都可以对其进行研究分析
	评定时直接得出标准差，进而计算不确定度，其属于正向运算	评定时，扩展不确定度就是所谓"变化范围的半宽"。所以要将其还原为标准不确定度，其属于逆向运算
	可信度高，客观性强	可信度与评定者的经验、能力等有较大关系，主观性较强

3. 合成标准不确定度的评定

（1）不确定度传播律 当被测量 Y 由 N 个其他的量 X_1，X_2，…，X_N 通过测量函数 f 确定时，被测量的估计值 y 为 $y = f(x_1, x_2, \cdots, x_N)$，则被测量的估计值 y 的合成标准不确定度 $u_c(y)$ 按下式计算：

$$u_c(y) = \sqrt{\sum_{i=1}^{N} \left(\frac{\partial f}{\partial x_i}\right)^2 u^2(x_i) + 2\sum_{i=1}^{N-1}\sum_{j=i+1}^{N} \frac{\partial f}{\partial x_i}\frac{\partial f}{\partial x_j} r(x_i, x_j) u(x_i) u(x_j)} \quad (6\text{-}34)$$

式中

y——被测量 Y 的估计值，又称输出量的估计值；

x_i——第 i 个输入量的估计值；

$\dfrac{\partial f}{\partial x_i}$——被测量 Y 与输入量 x_i 的偏导数，称为灵敏系数；

$u(x_i)$——输入量 x_i 的标准不确定度；

$r(x_i, x_j)$——输入量 x_i 与 x_j 的相关系数；

$u(x_i)u(x_j) = u(x_i, x_j)$——输入量 x_i 与 x_j 的协方差。

式 (6-34) 也称为不确定度传播律，是计算合成标准不确定度的通用公式，如果输入量间有关时，则需要考虑它们的协方差。当各输入量间都不相关时，相关系数则为零。被测量的估计值 y 的合成标准不确定度为

$$u_c(y) = \sqrt{\sum_{i=1}^{N} \left(\frac{\partial f}{\partial x_i}\right)^2 u^2(x_i)} \tag{6-35}$$

常用的合成标准不确定度计算流程图如图 6-5 所示。

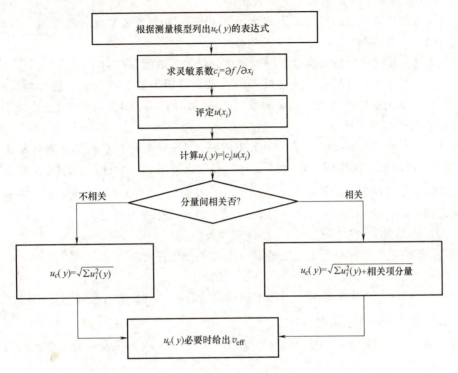

图 6-5 合成标准不确定度计算流程图

（2）在实际评定时不确定度传播律公式的简化形式

1）当输入量间不相关时，合成标准不确定度的计算。

对于每一个输入量的标准不确定度 $u(x_i)$，设 $u_i(y) = \left|\dfrac{\partial f}{\partial x_i}\right| u(x_i)$ 为与之对应的输出量的标准不确定度分量，当输入量间并不相关，即 $r(x_i, x_j) = 0$ 时，则式（6-34）可变换为

$$u_c(y) = \sqrt{\sum_{i=1}^{N} u_i^2(y)} \tag{6-36}$$

2）各输入量间正强相关，即相关系数为 1 时，合成标准不确定度，具体计算式为

$$u_c(y) = \sum_{i=1}^{N} \frac{\partial f}{\partial x_i} u(x_i) \tag{6-37}$$

若灵敏系数为 1，则式（6-37）变换为

$$u_c(y) = \sum_{i=1}^{N} u(x_i) \tag{6-38}$$

即当各输入量间为正强相关，即相关系数为 1 时，合成标准不确定度不是各标准不确定度分量的方和根，而是各分量的代数和。

（3）灵敏系数 灵敏系数一般是通过测量函数 f 在 $X_i = x_i$ 处取偏导数得到的。在 $X_i = x_i$

的偏导数 $\partial f/\partial x_i$ 就称为"灵敏系数",符号为 c_i,即 $c_i = \partial f/\partial x_i$。灵敏系数是一个有单位有符号的量值。灵敏系数描述输出量估计值 y 随输入量估计值 x_1,x_2,…,x_N 的变化而变化的灵敏程度。尤其是输入量估计值 x_i 的微小变化 Δx_i 引起 y 的变化,可用 $(\Delta y)_i = (\partial f/\partial x_i)\Delta x_i = c_i \Delta x_i$ 表示,其中灵敏系数可以通过以下方式获得:

1) 当输入量与输出量之间的关系用函数形式表示时,灵敏系数 c_i 通常是对测量函数 f 在 $X_i = x_i$ 处取偏导数得到。

2) 在简单直接测量中往往假设各不确定度分量的灵敏度系数为 1。

3) 在有些情况下,被测量与影响量间的关系难以用函数关系表示或测量模型太复杂,通过测量函数 f 求偏导计算难以得到灵敏系数,可以采用实验确定,即采用变化某个特定的 X_i,测量出因此引起的 Y 的变化。

例 6-4 一台数字电压表的技术说明书中说明:"在仪器校准后的两年内,示值的最大允许误差为 $\pm(14\times 10^{-6}\times$ 读数 $+2\times 10^{-6}\times$ 量程$)$",在校准后的 20 个月时,在 1V 量程上测量电压 V,一组独立重复观测值的算术平均值为 $\bar{V} = 0.928571V$,其重复性导致的标准不确定度由 A 类评定得到:$u_A(V) = 12\mu V$。求该电压测量结果的合成标准不确定。

解:测量模型为 $y = V$,测量不确定度评定如下:

1) 由重复性导致的标准不确定度分量,用 A 类方法评定:

$$u_A(V) = 12\mu V$$

2) 由所用数字电压表不准引入的标准不确定度分量,用 B 类方法评定:

读数:$\bar{V} = 0.928571V$,量程:1V,

区间半宽度:$a = 14\times 10^{-6} \times 0.928571V + 2\times 10^{-6} \times 1V = 15\mu V$,假设可能值在区间内为均匀分布,$k = \sqrt{3}$,则

$$u_B(V) = \frac{a}{k} = \frac{15\mu V}{\sqrt{3}} = 8.7\mu V$$

3) 合成标准不确定度:由于上述两个分量不相关,合成标准不确定度为

$$u_c(y) = \sqrt{u_A^2(V) + u_B^2(V)} = \sqrt{(12\mu V)^2 + (8.7\mu V)^2} = 15\mu V$$

所以,电压测量结果为:最佳估计值 0.928571V,其合成标准不确定度为 $15\mu V$。

例 6-5 某个被测量电压其已修正测量结果为 $U = \bar{U} + \Delta \bar{U}$,其中重复测量的算术平均值 $\bar{U} = 0.928572V$,其中 A 类标准不确定度为 $u_A = 12\mu V$。修正值 $\Delta \bar{U} = 0.02V$,修正值的标准不确定度可以用 B 类评定得到,即 $u_B = 2.7\mu V$。求测量结果 U 的合成标准不确定度。

解:电压测量结果的数学模型为

$$U = \bar{U} + \Delta \bar{U}$$

则电压的测量结果为

$$U = 0.928572V + 0.02V$$
$$= 0.948572V$$

$\bar{U}$ 的灵敏系数及标准不确定度分别为

$$c_1 = \frac{\partial U}{\partial \bar{U}} = 1, u_A = 12\mu V$$

$\Delta \bar{U}$ 的灵敏系数及标准不确定度为

$$c_2 = \frac{\partial U}{\partial \Delta U} = 1, u_B = 2.7\mu V$$

考虑 $\bar{U}$ 和 $\Delta \bar{U}$ 不相关，则测量结果 U 的合成标准不确定度为

$$u_c(U) = \sqrt{|c_1 u_A|^2 + |c_2 u_B|^2}$$
$$= \sqrt{12^2 + 2.7^2} \mu V = 12.3\mu V$$

取 $u_c(U) = 13\mu V$

测量结果 U 的相对合成标准不确定度为

$$u_{crel}(U) = \frac{u_c(U)}{U} = \frac{13 \times 10^{-6}}{0.948572 + 0.02} = 0.0014\%$$

4. 扩展不确定度

合成不确定度可广泛用于表示测量结果的不确定度，但由其表示的测量结果 $Y = y \pm u_c$，含被测量值的概率仅为68%，而在一些实际的测量过程中，如一些工业、商业、规范、安全及身体健康有关的测量，要求给出的测量结果能使得被测量值落在比较大的置信概率区间内。所以需要用扩展不确定度来表示测量结果。扩展不确定度是指被测量的可能取值区间的半宽度，该区间可望包含被测量之值的大部分。通常得到了测量结果时，就是报告扩展不确定度。

扩展不确定度的值为合成标准不确定度 u_c 与包含因子 k 的乘积，即

$$U = ku_c \tag{6-39}$$

测量结果可用式（6-40）表示：

$$Y = y \pm U \tag{6-40}$$

其中，y 为被测量 Y 的估计值，被测量 Y 的可能值有较高的概率处于 $[y-U, y+U]$ 区间内，也就是 $y-U \leq Y \leq y+U$。被测量的值处于包含区间内的置信概率决定于所采取的包含因子 k 的值。

为了反映置信概率，扩展不确定度常用下式表示：

$$U_p = k_p u_c \tag{6-41}$$

例如，当 p 为 0.99 和 0.95 时，分别表示为 U_{99} 和 U_{95} 其含义为可望有99%和95%的被测量之值落在包含区间内。k_p 是置信概率为 p 时的包含因子，具体表达式为

$$k_p = t_p(\nu_{eff}) \tag{6-42}$$

可以根据合成标准不确定度 u_c 的有效自由度 ν_{eff} 和需要的置信概率 p，查附录 M 可以得到 $t_p(\nu_{eff})$ 值，该值就是置信概率为 p 时的包含因子 k_p 值。

包含因子 k_p 值与有效自由度 ν_{eff} 有关。有效自由度 ν_{eff} 可以按照下式进行计算：

$$\nu_{eff} = \frac{u_c^4(y)}{\sum_{i=1}^{N} \frac{c_i^4 u^4(x_i)}{\nu_i}} \tag{6-43}$$

式中　$u_c(y)$——合成不确定度；
　　　c_i——灵敏系数；
　　　$u(x_i)$——输入量 x_i 的标准不确定度；

ν_i——$u(x_i)$ 的自由度。$u(x_i)$ 包含了不确定度的所有分量。当 $u(x_i)$ 由 A 类评定得到时，通过 n 次观测得到 $s(x)$ 或 $s(\bar{x})$，其自由度为 $\nu_i = n-1$；当 $u(x_i)$ 由 B 类评定得到时，用式（6-33）估计自由度 ν_i。

显然，只有各不确定度分量的自由度 ν_i 均已知时，才能由式（6-43）计算出合成不确定度的有效自由度 ν_{eff}，再由式（6-42）查 t 分布表得到包含因子 k_p 值。但由于缺少资料，难以得到每一分量的自由度 ν_i，这时就无法从式（6-43）得到 ν_{eff}，也不能按式（6-42）得到 k_p 值。在这种情况下，一般取 k_p 值在 2~3。

5. 不确定度报告及表示

（1）不确定度报告内容　为了说明对应的测量结果，在数据测量工作完成后，还需做出详细的报告。完整的测量结果报告应包含被测量的估计值和其测量不确定度以及其相关的信息。报告应该比较详细，方便其他使用者能正确地使用测量结果。测量不确定度分析报告通常应包括以下内容：

1）不确定度的来源。
2）被测量的测量模型。
3）输入量的标准不确定度 $u(x_i)$ 的值及其评定过程和评定方法。
4）灵敏系数 $c_i = \partial f / \partial x_i$。
5）输出量的标准不确定度分量 $u_i(y) = |c_i| u(x_i)$，需要时给出各分量的自由度 ν_i。
6）合成标准不确定度 u_c 及其计算过程，需要时给出有效自由度 ν_{eff}。
7）扩展不确定度 U 或 U_p 及其确定方法。
8）对所有相关的输入量给出其相关系数 r 或协方差。
9）报告测量结果应包含被测量的估计值及其测量不确定度。

一般测量不确定度分析报告除文字说明外，需要时应将上述主要内容做成表格。

（2）不确定度的表达　不确定度的表达一般有两种，一种是直接使用合成标准不确定度，另一种则是扩展不确定度。

1）合成标准不确定度的表达方式。一般在报告下列测量结果时，使用合成标准不确定度 $u_c(y)$，如果有需要还要给出有效自由度 ν_{eff}。

① 基本物理常量测量。
② 基础计量学研究。
③ 复现国际单位制单位的国际比对（根据相关国际规定，也可能采用 $k=2$ 的扩展不确定度）。

例如，一个质量为 m_s 的标准砝码，测量结果是 100.02147g，其合成标准不确定度 $u_c(m_s) = 0.35$mg，则表达方式为：

a. $m_s = 100.02147$g；合成标准不确定度 $u_c(m_s) = 0.35$mg。
b. $m_s = 100.02147(35)$g；括号内的数为合成标准不确定度的值，其末位应该与前面结果内的末位数对齐，此方式常用于公布常数、常量。
c. $m_s = 100.02147(0.00035)$g；括号内为合成标准不确定度的值，应和前面结果有相同计量单位。

为了不与扩展不确定度相混淆，合成标准不确定度的报告，一般不使用 $m_s = (100.02147 \pm 0.00035)$g 的形式。

2) 扩展不确定度的表达方式。除上述规定或有关各方约定采用合成标准不确定度外，一般在报告测量结果时都应该用扩展不确定度表示。当测量涉及商业、工业及健康和安全方面时，如果没有特别的要求，都报告扩展不确定度，一般取 $k=2$。

当使用扩展不确定度来报告测量结果的不确定度时：

① 应明确表明被测量 Y 的定义。

② 应给出被测量 Y 及其估计值 y、扩展不确定度及其单位。

③ 如果有需要也可给出相对扩展不确定度 U_{rel}。

④ 应给出 k 值、置信概率 p 和 ν_{eff}。

例如，标准砝码的质量为 m_s，被测量的估计值为 100.02147g，$u_c(y)=0.35\text{mg}$，取包含因子 $k=2$，$U=2\times0.35\text{mg}=0.70\text{mg}$，则表达方式可为下列四种形式之一：

① $m_s=100.02147\text{g}$，$U=0.70\text{mg}$；$k=2$。

② $m_s=(100.02147\pm0.00070)\text{g}$；$k=2$。

③ $m_s=100.02147(70)\text{g}$；括号内为 $k=2$ 的 U 值，其末位与前面结果内末位数对齐。

④ $m_s=100.02147(0.00070)\text{g}$；括号内为 $k=2$ 的 U 值，其和前面结果有一样的计量单位。

6. 测量不确定度评定示例

例 6-6 体积测量的不确定度计算：直接测量圆柱体的高度 h 和直径 D，由相应的函数关系式计算出圆柱体的体积 $V=\dfrac{\pi D^2}{4}h$，用分度值为 0.01mm 的测微仪连续 6 次测量直径 D 和高度 h，测得数据见表 6-14。

表 6-14 测量数据

i	1	2	3	4	5	6
D_i/mm	10.075	10.085	10.095	10.065	10.085	10.080
h_i/mm	10.105	10.115	10.115	10.110	10.110	10.115

解：$\overline{D}=10.080\text{mm}$，$\overline{h}=10.110\text{mm}$，$V=\dfrac{\pi D^2}{4}h=806.8\text{mm}^3$

由测量方法可以得到，体积 V 的测量不确定度影响来源主要是直径和高度的连续 6 次测量引起的不确定度 u_1、u_2 和测微仪示值误差引起的不确定度 u_3。分析其特征，可得到不确定度 u_1、u_2 应该使用 A 类评定方法，而不确定度 u_3 则应使用 B 类评定方法。

（1）直径 D 的重复性连续测量引起的不确定度分量

直径 D 的 6 次测量平均值的标准差：

$$s(\overline{D})=\frac{s(D)}{\sqrt{6}}=0.0048\text{mm}$$

直径 D 的灵敏系数：

$$\frac{\partial V}{\partial D}=\frac{\pi D}{2}h$$

直径 D 的重复性测量引起的不确定度分量：

$$u_1 = \left|\frac{\partial V}{\partial D}\right| s(\bar{D}) = 0.77\text{mm}^3$$

（2）高度 h 的重复性测量引起的不确定度分量

高度 h 的 6 次测量平均值的标准差：

$$s(\bar{h}) = \frac{s(h)}{\sqrt{6}} = 0.0026\text{mm}$$

高度 h 的灵敏系数：

$$\frac{\partial V}{\partial h} = \frac{\pi D^2}{4}$$

高度 h 的重复性测量引起的不确定度分量：

$$u_2 = \left|\frac{\partial V}{\partial h}\right| s(\bar{h}) = 0.21\text{mm}^3$$

（3）测微仪示值误差引起的不确定度分量

通过说明书可知测微仪的示值误差范围±0.01mm，采取均匀分布，其示值的标准不确定度

$$u_q = \frac{0.01}{\sqrt{3}} = 0.0058\text{mm}$$

由示值误差引起的直径测量的不确定度：

$$u_{3D} = \left|\frac{\partial V}{\partial D}\right| u_q$$

由示值误差引起的高度测量的不确定度：

$$u_{3h} = \left|\frac{\partial V}{\partial h}\right| u_q$$

由示值误差引起的体积测量的不确定度分量：

$$u_3 = \sqrt{(u_{3D})^2 + (u_{3h})^2} = 1.04\text{mm}^3$$

（4）合成不确定度评定

$$u_c = \sqrt{(u_1)^2 + (u_2)^2 + (u_3)^2} = 1.3\text{mm}^3$$

（5）扩展不确定度评定

当置信因子 $k=3$ 时，其体积测量的扩展不确定度为

$$U = ku_c = 3 \times 1.3\text{mm}^3 = 3.9\text{mm}^3$$

（6）测量结果报告

$$V = \bar{V} \pm U = (806.8 \pm 3.9)\text{mm}^3$$

习 题

6-1 我国法定计量机构包括哪些单位？

6-2 量值传递及量值溯源是什么？简述量值传递和量值溯源所遵循的基本原则。

6-3 简述校准和检定的主要区别。

6-4 什么是测量误差、系统误差、随机误差？

6-5 测量准确度、测量精密度有什么区别？

6-6 解释测量不确定度、标准不确定度、合成标准不确定度和扩展不确定度。

6-7 针对某企业生产的连接件进行检查，收集数据见表 6-15，请根据该数据分别采用均值极差法及方差分析法进行 R&R 分析。

表 6-15 零件数据表

特性		0.8±0.3					量具名称		带表卡尺		
公差		0.600					量具精度		0.01mm		
评价人	试验次数	零件									
		1	2	3	4	5	6	7	8	9	10
A	1	2.286	2.286	2.292	2.309	2.305	2.302	2.284	2.31	2.303	2.3
	2	2.285	2.300	2.285	2.291	2.302	2.284	2.286	2.285	2.293	2.31
	3	2.284	2.283	2.299	2.303	2.287	2.309	2.303	2.302	2.302	2.287
B	1	2.284	2.276	2.285	2.283	2.285	2.283	2.285	2.286	2.285	2.284
	2	2.279	2.275	2.287	2.285	2.286	2.283	2.286	2.281	2.279	2.282
	3	2.278	2.273	2.287	2.282	2.284	2.283	2.282	2.282	2.282	2.283
C	1	2.290	2.282	2.283	2.282	2.283	2.283	2.280	2.282	2.285	2.282
	2	2.289	2.285	2.282	2.282	2.283	2.282	2.282	2.280	2.283	2.283
	3	2.289	2.283	2.285	2.282	2.282	2.283	2.280	2.281	2.280	2.282

6-8 检定证书上给出的标称值为 1000g 的不锈钢标准砝码质量 m_s 的值为 1000.000325g，且其不确定度为 24μg（按三倍标准差计），求砝码的标准不确定度。

6-9 怎样算出 B 类标准不确定度的自由度？

6-10 $y = x_1 x_2 / x_3$，且各输入量各自独立，互无影响。已知：$x_1 = 20$，$x_2 = 40$，$x_3 = 80$；$u(x_1) = 1$，$u(x_2) = 2$，$u(x_3) = 1$。求合成标准不确定度 $u_c(y)$。

6-11 用一稳定性较好的天平，对某一物体的质量重复测量 10 次，得到的测量结果分别为：

10.01g 10.03g 9.99g 9.98g 10.02g 10.04g 10.00g 9.99g 10.01g 10.03g

（1）求 10 次测量结果的平均值；

（2）求上述平均值的标准不确定度；

（3）用同一天平对另一物体测量 2 次，测量结果分别为 10.05g 和 10.09g，求两次测量结果平均值的标准不确定度。

6-12 用某仪器直接测量某量，在重复性条件下独立测量 8 次得：

802.40mm 802.50mm 802.38mm 802.48mm 802.42mm 802.46mm 802.45mm 802.43mm 若所用仪器的最大允许误差为 ±0.003mm，忽略其他影响量，试评定测量结果的不确定度，并写出测量结果。

第 7 章 其他质量控制技术介绍

7.1 正交试验设计

7.1.1 概述

正交试验设计（Orthogonal Experimental Design），是指研究多因素多水平的一种试验设计方法。根据正交性从全面试验中挑选出部分有代表性的点进行试验，这些有代表性的点具备"均匀分散，齐整可比"的特点。

对试验有影响的因素往往是多方面的。正交试验设计是一种研究多因素试验的重要数理方法。为了对试验因素进行合理、有效的安排，同时最大限度地减少试验误差，该方法采用一套规范的表格对多因素、多水平及多指标进行试验设计，并利用统计分析方法来分析实验结果，使试验达到高效、快速、经济的目的。当试验涉及的因素在 3 个或 3 个以上，而且因素间可能有交互作用时，试验工作量就会变得很大，甚至难以实施。针对这个困扰，正交试验设计无疑是一种更好的选择。正交试验设计的主要工具是正交表，试验者可根据试验的因素数、因素的水平数以及是否具有交互作用等需求查找相应的正交表，再依托正交表的正交性，从全面试验中挑选出部分有代表性的点进行试验，可以实现以最少的试验次数达到与大量全面试验等效的结果。

7.1.2 设计过程

1）确定试验因素及水平数。
2）选用合适的正交表。
3）列出试验方案及试验结果。
4）对正交试验设计结果进行分析，包括极差分析和方差分析。
5）确定最优或较优因素水平组合。

7.1.3 认识正交表

在一个课题研究中，如涉及四个因素、三个水平的所有搭配都做试验的话，那么就要做 $3^4=81$ 次无重复试验，这样才能找到最佳的搭配条件。如果是六个因素、五个水平的无重复试验，那就要做 $5^6=15625$ 次，试验次数太多，一般是不可能做到的。

利用正交表安排试验，由于相互搭配均匀，不仅能把每个因素的作用分清楚，找出最佳的水平搭配，而且可大大地减少试验次数，假如对五个因素、四个水平的全面试验，那要做 1024 次试验，用正交表安排只做 16 次就能满足设计要求，提高工效 64 倍。

正交表是已经制作好的规格化表格，是进行数据统计分析的主要工具。正交表可分为同水平的和混水平的两大类。常用的同水平正交表有 2^n、3^n、4^n、5^n 四种类型，它们是

$L_4(2^3)$、$L_9(3^4)$、$L_{16}(4^5)$ 等，混水平的有 $L_8(4^1×2^4)$、$L_{16}(4^8×2^3)$ 等。通常每张正交表的表头都有一组符号表示，一般的写法是 $L_R(m^j)$，其中 L 代表正交表，L 下面的 R 表示无重复的试验次数，括号内的 m 表示各因素的水平数，指数 j 表示因素及其效应数（包括误差项），如正交表 $L_9(3^4)$ 表示作 9 次试验，试验最多可安排四个因素，每个因素取三个水平。此外，混水平的正交表可安排水平数不等的试验。

从表 7-1 所示的正交表中可以看出，每列中不同数字出现的次数相等，直列中 1、2、3 各出现 3 次，任意两列同一横行的两数字 1、1，1、2，1、3，2、3，2、1，2、3，2、3，3、1，3、2，3、3 出现的次数相同，都是一次，即任意两列的数字 1、2、3 间的搭配是均衡的，它们都具有"搭配均衡"的特性。它的均衡分散性和整齐可比性，在数学上称为正交性，也就是正交表的正交性含义。

表 7-1　正交表 $L_9(3^4)$

号列	1	2	3	4
1	1	1	3	2
2	2	1	1	1
3	3	1	2	3
4	1	2	2	1
5	2	2	3	3
6	3	2	1	2
7	1	3	1	2
8	2	3	2	2
9	3	3	3	1

7.1.4　建立正交表

利用正交试验设计，就是把本试验所涉及的诸因素和不可忽略的交互作用合理地安排到正交表的表头中去，设计后正交表是日后进行试验和统计分析的基础和依据，在进行表头设计之前，首先应根据实验设计要求，确定本试验需要考虑哪些因素，确定因素的水平数，以使在两大类正交表中选择其中某一类或考虑是否需要采取拟因子法设计，解决把水平数较多的因素排入水平数较少的正交表中去。

正交表的建立可按下列步骤：

1）根据课题研究内容，确定研究因素，并选出其中的主要因素。

2）确定每个因素变化的水平（每个因素的水平可以相等，也可不等），其主要因素的水平数可以多些，次要因素的水平数可以少些。

3）根据试验条件，决定试验次数。

4）综合上述情况选取正交表 L。

7.1.5　正交试验设计的注意点

1）关于因素，所谓因素即是影响试验结果的某种原因或要素，在正交试验时，没有必要对每种因素都加以考虑。

在正交试验时，如果漏掉主要因素，就可能大大地降低试验效果。

正交表是安排多因素试验的有力工具。在试验时，不怕因素多，有时增加一两个因素，也并不增加试验次数。

因此，在一般情况下，试验时可多考虑一些因素，凡是可能起作用的或情况不够、意见有分歧的因素都值得考虑。另外，有时可将区组因素加以考虑，可提高试验的精度。

2）关于水平，"数量因素"的水平数通常取 2~3 个，只是在有特殊要求的场合，才考虑取 4 个以上的水平。而对"质量因素"要选入的水平数常是预先定下来的。

因素水平的幅度如过窄，其结果可能得不到有用的信息；如过宽，会使试验无法进行下去。可以考虑在试验开始时就尽可能地把水平幅度取得宽些，随着试验的反复进行，试验数据的积累，再把水平幅度逐渐缩小。

3）关于试验数据的统计处理，因正交试验设计中所得数据来之不易，因此，在做数据处理时，要细心谨慎。

常用的试验数据统计处理方法有直观分析法和方差分析法。直观分析法是根据试验数据在多因素中找出何者为主，何者为次，它简单直观，计算量小，便于推广。在直观分析法中，没有把试验过程中由于试验条件改变所引起的数据波动与由试验误差所引起的数据波动严格地区分开来，没有提供一个标准用来判断所考察因素的作用是否显著，而用方差分析法却能弥补这一点。

7.1.6 正交试验设计举例

为提高某化工产品的转化率，选择了三个有关因素进行条件试验，反应温度（A）、反应时间（B）以及用碱量（C），并确定了它们的试验范围：

A：80~90℃

B：90~150min

C：5%~7%

试验目的是搞清楚因子 A、B、C 对转化率有什么影响，哪些是主要的，哪些是次要的，从而确定最适宜的生产条件，即温度、时间及用碱量各为多少才能使转化率高。试制定试验方案。

解：试验步骤如下：

（1）试验因素、水平和测试指标　对于因子 A、B 和 C 在试验范围内选了三个水平，分别如下：

A：$A_1 = 80℃$，$A_2 = 85℃$，$A_3 = 90℃$

B：$B_1 = 90min$，$B_2 = 120min$，$B_3 = 150min$

C：$C_1 = 5\%$，$C_2 = 6\%$，$C_3 = 7\%$

当然，在正交试验设计中，因子可以是定量的，也可以是定性的。而定量因子各水平间的距离可以相等，也可以不相等。

（2）制定试验方案　不考虑因素间的交互作用，首先选用合适的正交表，然后决定随机顺序。

1）正交表的选用。安排试验时，只要把所考察的每一个因子任意地对应于正交表的一列（一个因子对应一列，不能让两个因子对应同一列），然后把每列的数字"翻译"成所对应因子的水平。这样,每一行的各水平组合就构成了一个试验条件(不考虑没安排因子的列)。对于该题,因子 A、B、C 都是三水平的,试验次数要不少于 3×(3-1)+1=7(次)。可考虑选用 $L_9(3^4)$。因子 A、B、C 可任意地对应于 $L_9(3^4)$ 的某三列,例如 A、B、C 分别放在 1、2、3 列,然后试验按行进行,顺序不限,每一行中各因素的水平组合就是每一次的试验条件,从上到下就是这个正交试验的方案,见表 7-2。

表 7-2 某化工产品转化率试验方案

行号 列号	A 1	B 2	C 3	4	试验号	水平组合	试验条件 温度/℃	时间/min	加碱量(%)
1	1	1	1	1	1	A1B1C1	80	90	5
2	1	2	2	2	2	A1B2C2	80	120	6
3	1	3	3	3	3	A1B3C3	80	150	7
4	2	1	2	3	4	A2B1C2	85	90	6
5	2	2	3	1	5	A2B2C3	85	120	7
6	2	3	1	2	6	A2B3C1	85	150	5
7	3	1	3	2	7	A3B1C3	90	90	7
8	3	2	1	3	8	A3B2C1	90	120	5
9	3	3	2	1	9	A3B3C2	90	150	6

2) 试验数据统计。三个 3 水平的因子,做全面试验需要 $3^3=27$ 次试验,现用 $L_9(3^4)$ 来设计试验方案,只要做 9 次,工作量减少了 2/3,而在一定意义上代表了 27 次试验。再看一个用 $L_9(3^4)$ 安排四个 3 水平因子的例子。按照表 7-2 的试验方案进行试验,测得 9 个转化率数据,见表 7-3。

表 7-3 某化工产品转化率试验数据

试验号	因子				试验结果
	温度	时间	加碱量		
	水平				
	1	2	3	4	转化率(%)
1	1(80℃)	1(90min)	1(5%)	1	31
2	1(80℃)	2(120min)	2(6%)	2	54
3	1(80℃)	3(150min)	3(7%)	3	38
4	2(85℃)	1(90min)	2(6%)	3	53
5	2(85℃)	2(120min)	3(7%)	1	49
6	2(85℃)	3(150min)	1(5%)	2	42
7	3(90℃)	1(90min)	3(7%)	2	57
8	3(90℃)	2(120min)	1(5%)	3	62
9	3(90℃)	3(150min)	2(6%)	1	64

为了统计方便和直观分析，将正交表向下方延伸，增加一部分统计量，将统计结果填入对应因素列下方，见表7-4。

表7-4 转化率试验数据与计算分析

试验号	因子				试验结果
	温度	时间	加碱量		
	水平				
	1	2	3	4	转化率(%)
1	1(80℃)	1(90min)	1(5%)	1	31
2	1(80℃)	2(120min)	2(6%)	2	54
3	1(80℃)	3(150min)	3(7%)	3	38
4	2(85℃)	1(90min)	2(6%)	3	53
5	2(85℃)	2(120min)	3(7%)	1	49
6	2(85℃)	3(150min)	1(5%)	2	42
7	3(90℃)	1(90min)	3(7%)	2	57
8	3(90℃)	2(120min)	1(5%)	3	62
9	3(90℃)	3(150min)	2(6%)	1	64
K_1	123	141	135	144	
K_2	144	165	171	153	
K_3	183	144	144	153	
$\overline{K}_1$	41	47	45		$T=450$
$\overline{K}_2$	48	55	57		
$\overline{K}_3$	63	48	48		
R	20	8	12		
S	618	114	234	18	

先考虑温度对转化率的影响，但仅针对不同温度下的数据是不能比较的，因为造成数据差异的原因除温度外还有其他因素。但从整体上看，80℃时三种反应时间和三种用碱量全遇到了，85℃时、90℃时也是如此。这样，对于每种温度下的三个数据的综合数来说，反应时间与加碱量处于完全平等状态，这时温度就具有可比性。K_1、K_2、K_3 分别为各对应列（因子）上 1、2、3 水平效应的估计值，其计算式是

$$K_{Ai} = \sum_i^t x_{Ai} \tag{7-1}$$

其中，t 为水平重复试验次数，本例中 $t=3$。

本例中，算得三个温度下三次试验的转化率之和及平均值：

80℃：$K_{A1} = x_1 + x_2 + x_3 = 31+54+38 = 123, \overline{K}_1 = K_{A1}/3 = 41$

85℃：$K_{A2} = x_4 + x_5 + x_6 = 53+49+42 = 144, \overline{K}_2 = K_{A2}/3 = 48$

90℃：$K_{A3} = x_7 + x_8 + x_9 = 57+62+64 = 183, \overline{K}_3 = K_{A3}/3 = 63$

根据上述分析，分别填在表中相应栏目中。同样可算得三个"时间""加碱量"下的转化率之和，并列于表中。

对于精度要求不高的试验,根据水平极差 R 的大小就可以决定主要因素和次要因素,其中某因素的极差为

$$R = \frac{1}{r}(K_{\max} - K_{\min}) \tag{7-2}$$

其中,R 为极差,r 为水平数,本例中 r=3。以此为基础,计算各因素的极差,填入表中。极差 R 表明因子对结果的影响幅度。表中 S 表示各因素的离差平方和,具体计算可参考第 3.8 节。

由此分别得出结论:温度越高转化率越好,以 90℃ 为最好,但可以进一步探索温度更好的情况。反应时间以 120min 转化率最高。用碱量以 6% 转化率最高。所以最适水平是 A3B2C2。

*7.2 质量功能展开

7.2.1 概述

质量功能展开(Quality Function Deployment,QFD)是由日本学者水野滋(S. Mizuno)博士提出,经美国麻省理工学院的豪泽(Hauser)和唐·克劳辛(Don Clausing)教授潜心研究后,于 1966 年由水野滋博士本人正式命名,作为一种新产品开发的理念或方法而被企业所采用。

当时日本企业的发展正处在向产品自主创新战略转移的关键时期,日本企业在实施全面质量控制(Total Quality Control,TQC)的实践中,深刻意识到作为重要的质量保证点,仅将设计质量贯穿整个生产过程中,还不能完全适应质量的要求。三菱重工神户造船厂创造性地提出了确保最终产品设计质量的方法:将顾客需求同如何实现这些需求的控制因素联系起来,以此代替质量特性,并系统地把产品的质量特性(Quality Characteristics)分配到这一产品的所有零部件的质量上,提出了单个质量与工艺过程因素及其相互关系的方法。同时,将工业工程学的价值工程技术(Value Engineering,VE)融入其中。

QFD 是通过一定的市场调研方法了解顾客需求,将顾客需求分解到产品开发的各个阶段和各职能部门,对产品质量问题及产品开发过程系统化地达成共识(做什么?什么样的方法最好?技术条件如何制定才算合理?对员工与资源有什么要求?……),通过协调各部门的工作以保证最终产品质量,使设计和制造的产品能真正地满足顾客的需求。

QFD 把客户的要求转换成产品相应的技术要求,将顾客需求转化为产品功能,将产品的使用性能和产品制造时的技术条件联系起来,深入到产品开发和设计领域,将设计和制造过程全面整合。因此,QFD 既是一个技术问题又是一个管理问题。

浙江大学熊伟教授和日本的新藤久和(Hisakazu Shindo)博士提出了质量功能展开的概念模型,如图 7-1a 所示。把将要展开的产品作为立方体进行模型化,以此来形象化地解释质量功能展开的根本原理。

首先将顾客的需求整理、归纳到立方体的一个侧面上,可以考虑质量特性、成本、技术、可靠性等各种各样的侧面。用展开图的形式整理、归纳产品侧面的信息及相互关系,立方体的展开如图 7-1b 所示,展开的形式是灵活多样的,应该取什么样的侧面,采用何种形式,要根

据不同的目的选择最容易理解的形式。以这些展开图（二维表）为基础，对各侧面的信息及它们之间的关系进行研讨，再组合成一个整体，这样就合成了一个具有较高质量的产品。

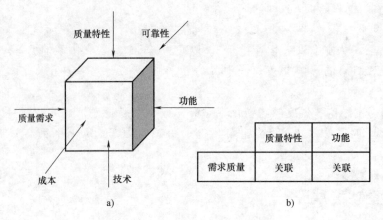

图 7-1　质量功能展开的概念模型
a) 产品立方体　b) 立方体的展开

7.2.2　QFD 的应用价值

自 20 世纪 80 年代以来，日本的相关组织就开始进行 QFD 的研讨，其主要的研究课题有研究辨识需求质量与营销关系的方法、质量展开的方法学、成本的分配、可靠性的展开配置、开发 QFD 的软件以及供新产品开发管理工程用的 QFD 等。

美国企业和各类组织直到 20 世纪 90 年代后期，才开始重视 QFD 的应用，但美国企业的应用水平很快超过了日本，特别是为在形成产品的差异性方面。而且美国公司格外强调为获得"更好的设计"和"更多的顾客满意"是应用 QFD 的最终目的，将获取"一种功能交叉的沟通与协调"和"缩短产品的生产周期"，作为应用 QFD 的目标。统计数据显示，它带来了几乎 50% 的产品变革，缩减了接近 60% 的初期开发成本，同时使得产品开发周期缩短了 30%～50%。

应用 QFD 的重要价值表现在以下 8 个方面：
1）激发创意概念的生成。
2）提高产品质量。
3）增加客户满意度。
4）提升公司业绩。
5）提高企业对市场的应变能力。
6）降低设计和制造成本。
7）减少设计中的修改。
8）提高产品的可靠性。

7.2.3　QFD 的基本原理

QFD 的基本原理可以通过"质量屋"清楚地表达。图 7-2 所示是 QFD 原理图。图中的"左墙"是一个顾客的世界，列出用户主要、次要及更次要等各种"什么？"的需求及其重要度；"右墙"是用户评估榜，显示与其他竞争对手的比较；"楼板"列出"如何?"为满足用户需求技术特性的设计要求；"房间"列出质量需求与质量特征的相关关系矩阵；"地基部分"列出"有多少?"质量设计技术竞争性指标及其重要度；"屋顶"列出质量特征相关关系矩阵。

7.2.4 建立 QFD 矩阵步骤

第一步：市场调查。

直接向用户了解：问卷调查、访谈研究；利用公司内的信息：用户意见或投诉、企业内信息、行业信息、法律法规要求。

第二步：绘制要求质量展开表，形成"左墙"。

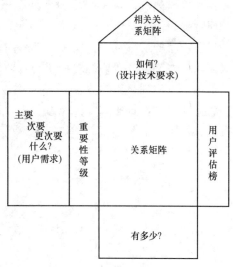

图 7-2 QFD 原理图

第三步：制作质量要素展开表，形成"天花板"。

1) 抽出质量要素（技术特性）。
2) 利用亲和图对质量要素进行分类。
3) 绘制质量要素展开表。

第四步：构造要求质量与质量要素的关系矩阵（房间）。

第五步：进行质量策划，形成"右墙"。

确定"要求质量"的重要度；开展标杆分析法，对本公司各项要求质量满足程度进行设定；求得水平提高率和卖点；计算绝对重要度和需求重要度。

第六步：用独立配点法求得质量要素重要度，形成"地下室"。

重要度的转换独立配点法：该方法是先将"要求质量"重要度与◎、○、△的值（经常用的值是◎5、○3、△1，也用 4∶2∶1 和 3∶2∶1）相乘，然后，纵向将这些值相加，得出质量要素重要度。

*7.3 稳健设计（田口方法）

稳健设计是一种降低生产成本、提高产品质量的统计分析设计方法。日本著名质量管理专家田口玄一于 20 世纪 70 年代提出的"三次设计法"，确立了稳健设计的基本原理，奠定了稳健设计的基础。应用实践证明，在产品开发和工艺设计等技术部门应用稳健设计方法，将促进产品和工艺设计质量水平的提高和成本的降低。

7.3.1 稳健设计的方法

与通常的质量概念不同，稳健设计的方法其主要观点是产品质量可用对顾客造成的损失来衡量，这种损失正比于产品的功能特性与其目标值之间的差距。因此，田口将质量理解为：为避免产品出厂后对社会造成损失的特性，可用"质量损失"来对产品质量进行定量描述。质量损失包括直接损失和间接损失。直接损失有污染治理费用和有害化学物品处理费用等；间接损失有顾客对产品的不满意以及由此而导致的市场损失、销售损失和附加的诉讼、保险费用等。田口玄一以货币为单位对质量进行度量，偏差越大给社会带来的损失越大，说明产品的质量越差；反之，产品质量就越好。对待偏差问题，传统的方法是通过产品检测剔除超差部分或严格控制材料、工艺以缩小偏差，但这种做法不仅不经济，而且有时在技术上也难以实现。田口方法是靠调整设计参数，使产品的功能、性能对偏差的起因不敏感，以提高产品自身的抗干扰能力。为了定量描述产品的质量损失，他提出了"损失函数"的概念，如图 7-3 所示。

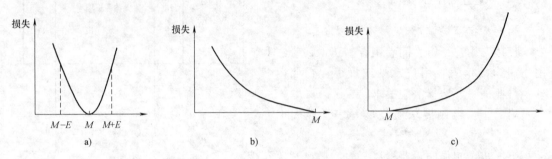

图 7-3　三种常用的质量损失函数
a) 确定目标值　b) 目标值越大越好　c) 目标值越小越好

以图 7-3a 为例，产品不符合性能要求会造成损失。在性能要求的范围（$M-E$，$M+E$）内，也会造成损失，只有严格控制在目标值 M 上的产品，其质量损失才会为零。随着产品性能偏离目标值的程度加大，质量损失按抛物线增加。

损失函数使对产品质量描述得更为精确，因而它使工程技术人员可以从技术和经济两方面，同时分析产品的设计和制造过程。质量不再只是质量部门、制造部门的话题，质量已渗透到产品生命周期的各个阶段和各个领域。

根据质量损失和损失函数的定义，质量损失是由于产品功能特性偏离目标值引起的，偏离越大造成的质量损失越大。减少偏差（对单个产品而言）和变差（对一批产品而言）是田口方法的根本宗旨。图 7-4 所示为产品质量损失因素图。引起产品质量偏差的因素可分为可控因素和噪声因素。可控因素是指易于控制的因素，如材料选用、结构形式、结构参数等。噪声因素是指难于控制、不可能控制或控制代价很高而对产品质量又有干扰的因素，如环境因素中的温度、湿度，人为因素中的员工情绪、身体状态等。

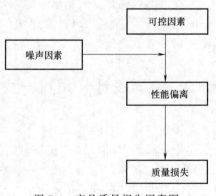

图 7-4　产品质量损失因素图

噪声因素通常是造成产品功能特性偏离的主导因素。它是产品生命周期中不可避免的因素。它与可控因素相互作用，使产品特性偏离目标值并造成损失。

田口方法的基本原理是通过控制可控因素的水平和配合，使产品和工艺对噪声因素的敏感度降低，从而使噪声因素对产品质量的影响减少或消除，以达到提高和稳定产品质量的目的。田口提出的"三次设计法"即分三个阶段对产品质量进行优化。

1) 系统设计：应用科学理论和工程知识对产品功能原型进行设计开发，在这一阶段完成了产品的配置和功能属性。

2) 参数设计：在系统结构确定后，进行参数设计。这一阶段以产品性能优化为目标确定产品参数水平和配置，使工程设计对干扰源的敏感性最低。

3) 容差设计：在参数确定的基础上，进一步确定这些参数的容差。

系统设计、参数设计、容差设计三方面内容，构成了田口方法的"线外质量管理"。参数设计是线外质量管理的核心，它通过试验优化方法确定系统参数的最优组合，使产品对环境条件和其他噪声因素的敏感性降低。最终效果是在不提高产品成本，甚至降低产品成本的情况下，使产品质量损失最小。可见，参数设计是获得高质量产品的关键，也是田口方法的核心内容，系统设计是线外质量设计的基础和前提。容差设计是对系统设计和参数设计的完善与提高。损失函数和安全系数是决定设计容差的要素。

7.3.2 主要分析技术

参数设计、容差设计技术与方法的主要内容有：
1) 因素水平的选择与分类。
2) 特性值的选择与分类。
3) 表头的设计与数据分析。
4) 正交设计技术。
5) 信噪比 S/N 的应用。

其中，1) ~4) 来源于正交试验设计，下面仅就信噪比 S/N 做简单介绍。根据损失函数的概念，只有当产品性能指标严格为标准值时，损失才为零，偏差越大损失越大。因此，产品质量的控制既要考虑平均值又要考虑其变化。为此，田口提出了评价指标——信噪比 S/N。同时对产品质量的平均值和偏差进行衡量。信噪比 S/N 的表达式随损失函数不同而变化。图 7-3 所示三种损失函数下的信噪比 S/N 的表达式列于表 7-5。为了得到质量稳定性好的产品设计，应尽可能增大 S/N 值。

表 7-5 三种常用信噪比 S/N 表达式

类型	S/N 表达式	说明
a	$10\lg(S_m - V_e)/N \times V_e$	用于确定目标值优化
b	$-10\lg(\sum y_i^2)/N$	越大越好
c	$S_m = (\sum y_i^2)/N$	越小越好

其中，平均值 $S_m = \sum y_i^2/N$；偏差 $V_e = (\sum y_i^2 - \sum y_i^2/N)/(N+1)$ y_i 表示试验观测值，$i = 1, 2, \cdots, n$。

习 题

7-1 解释 $L_R(m^j)$ 正交表每个字母在正交表中的物理含义及其在正交试验时的物理含义。

7-2 简述正交试验设计的基本步骤。

7-3 简述 QFD 的基本原理及操作步骤。

7-4 简述稳健性设计的基本方法。

第8章 可靠性工程基础

8.1 可靠性工程发展

现代科技迅速发展导致各种先进的设备和产品广泛应用于工农业、交通运输、科研、文教卫生等各个行业。各种设备和产品不断朝着高性能、高可靠性方向发展,而设备和产品的可靠性直接关系到人民群众的生活和国民经济建设,所以,深入研究产品可靠性的意义是非常重大的。

可靠性是产品质量的一个重要指标。产品的质量指标是产品技术性能指标和产品可靠性指标的综合。仅仅用产品技术性能指标不能反映产品质量的全貌。只有具备优良的技术性能指标同时又具备经久耐用、充分可靠、易维护、易使用等特点的产品,才称得上是一个高质量的产品。可靠性指标和技术性能指标最大的区别点在于:技术性能不涉及时间因素,它可以用仪器来测量;可靠性与时间紧密联系,它不能直接用仪器测量,要衡量产品的可靠性,必须进行大量的调查研究、试验分析、统计分析以及数学计算。

可靠性工程的诞生可以追溯到第二次世界大战期间。当时由于战争的需要,迫切要求对飞机、火箭及电子设备的可靠性进行研究,最早由德国科技人员提出了可靠性的理论。到了20世纪50年代,美国出于发展军事的需要,对军用电子设备可靠性的研究投入了大量的人力物力。在此期间,苏联为了保证人造地球卫星发射与运行的可靠性,日本为了提高产品的市场竞争力,也开展了可靠性研究。20世纪60年代,美国国家航空航天管理局(NASA)和美国国防部进一步发展了可靠性研究工作,使得美国航空航天事业迅速发展。20世纪70年代,随着计算机技术的迅猛发展,计算机软件的可靠性理论也获得了大力发展。我国从20世纪六七十年代首先在电子工业和国防部门开始进行可靠性的研究及普及。自20世纪80年代以来,可靠性工程的研究范围和深度日益发展,并将狭义可靠性发展到广义可靠性(包括维修性和有效性)的研究。可靠性工程已成为多学科交叉的边缘学科,并已从航空、航天、国防工业等领域,延伸到民用工业。

8.2 可靠性概念及指标

8.2.1 可靠性概念

1. 可靠性

可靠性是指产品在规定的条件下和规定的时间内,完成规定的功能的能力。定义中的"三个规定"是理解可靠性概念的关键。"规定的条件"包括产品使用时的环境条件(如温度、湿度、气压、盐雾、辐射等)和工作条件(如工作时间、使用频度、载荷和应力、储存条件和维修方式等)。产品的可靠性受条件影响非常显著,同一产品在不同的条件下工作会表现出不同的可靠性水平。例如，电子产品在高温或低温环境下使用，发生故障的概率明显增加，也就是说，产品使用环境条件越恶劣，产品可靠性越低。"规定的时间"是指完成规定功能的时间。产品的可靠性与工作时间密切相关，工作时间越长，可靠性越低。产品的可靠性和时间的关系呈递减函数关系。"规定的功能"是指产品的性能指标。所谓完成规定的功能是指完成所有规定功能的能力而不是一部分。在判断产品是否能完成规定功能时，一定要给出明确的故障判据，否则会引起争议。

产品的可靠性是产品抵抗外部条件的影响而保持正常工作的能力，是产品质量的时间性指标。任何产品最终都要发生故障，发生故障前的正常工作时间越长，可靠性越好。

产品的可靠性分为固有可靠性和使用可靠性。固有可靠性是产品在设计、制造中赋予的，是产品的一种固有特性，也是产品的设计开发者可以控制的。而使用可靠性则是产品在实际使用过程中表现出的一种性能的保持能力的特性。它除了考虑固有可靠性的影响因素之外，还要考虑产品包装、运输、储存、安装、操作、维修保障等方面因素的影响。

2. 故障

产品或产品的一部分不能或将不能完成预定功能的事件或状态称为故障。对不可修复产品（如电子元件）也称为失效。故障的表现形式称为故障模式。引起故障的物理、化学变化等内在原因，称为故障机理。

产品的故障按其故障的规律可以分为偶然故障和渐变故障两大类。偶然故障是由于偶然因素引起的故障，只能通过概率统计方法来预测。如三极管在使用过程中出现的击穿等。偶然故障的发生概率由产品本身的材料、工艺、设计决定。渐变故障是通过事前的检测或监测可以预测到的故障。它是由产品的规定性能随使用时间增加而逐渐衰退引起的。

8.2.2 可靠性指标

衡量产品可靠性的指标很多，各指标之间有着密切联系，其中最主要的有 6 个，即可靠度 $R(t)$、不可靠度（或称故障概率）$F(t)$、故障密度函数 $f(t)$、故障率 $\lambda(t)$、平均寿命 $MTTF$ 和有效度 $A(t)$。

1. 可靠度 $R(t)$

把产品在规定的条件下和规定的时间内，完成规定功能的概率定义为产品的"可靠度"，用 $R(t)$ 表示：

$$R(t) = P\{T>t\} \tag{8-1}$$

其中，$P\{T>t\}$ 就是产品使用时间 T 大于规定时间 t 的概率。

若受试验的样品数是 N_0 个，到 t 时刻未失效的有 $N_s(t)$ 个；失效的有 $N_f(t)$ 个，则没有失效的概率估计值，即可靠度的估计值为

$$R(t) = \frac{N_s(t)}{N_s(t)+N_f(t)} = \frac{N_s(t)}{N_0} = \frac{N_0-N_f(t)}{N_0} \tag{8-2}$$

例 8-1 不可维修产品红外灯管 100 只，工作到 1000h 失效 52 只，工作到 2000h 又失效 28 只。求 $t=1000$h 和 $t=2000$h 时的可靠度。

解：

$$R(t=1000) = \frac{100-52}{100} \times 100\% = 48\%, R(t=2000) = \frac{100-52-28}{100} \times 100\% = 20\%$$

2. 不可靠度

如果仍假定 t 为规定的工作时间，T 为产品故障前的时间，则产品在规定的条件下，在规定的时间内丧失规定的功能（即发生故障）的概率定义为不可靠度（或称为故障概率），用 $F(t)$ 表示：

$$F(t) = P\{T \leq t\} \tag{8-3}$$

同样，不可靠度的估计值为

$$F(t) = \frac{N_f(t)}{N_s(t) + N_f(t)} = \frac{N_f(t)}{N_0} = \frac{N_0 - N_s(t)}{N_0} \tag{8-4}$$

$F(t)$ 具有以下性质：$0 \leq F(t) \leq 1$，且为增函数。

由于发生故障和不发生故障这两个事件是对立的，所以

$$R(t) + F(t) = 1 \tag{8-5}$$

当 N_0 足够大时，就可以把频率作为概率的近似值。同时，可靠度是时间 t 的函数。因此 $R(t)$ 也称为可靠度函数。$R(t)$ 表示的是概率，因此有 $0 \leq R(t) \leq 1$。$R(t)$ 与 $F(t)$ 的性质见表 8-1。

表 8-1 $R(t)$ 与 $F(t)$ 性质

函数	$R(t)$	$F(t)$
取值范围	[0,1]	[0,1]
单调性	非增函数	非减函数
对偶性	$1-F(t)$	$1-R(t)$

3. 故障密度函数 $f(t)$

如果 N_0 是产品试验总数，ΔN_f 是时刻 $t \to t+\Delta t$ 时间间隔内产生的故障产品数，$\Delta N_f(t)/(N_0 \Delta t)$ 称为 $t \to t+\Delta t$ 时间间隔内的平均失效（故障）密度，表示这段时间内平均单位时间的故障频率，若 $N_0 \to \infty$，$\Delta t \to 0$，则频率 $\to$ 概率。即

$$f(t) = \lim_{N_0 \to \infty} \frac{1}{N_0} \frac{\mathrm{d}N_f}{\mathrm{d}t} \tag{8-6}$$

也可根据 $F(t)$ 的定义以及式（8-4）得到 $f(t)$，即

$$F(t) = \frac{N_f(t)}{N_0} = \int_0^t \frac{1}{N_0} \mathrm{d}N_f(t) = \int_0^t \frac{1}{N_0} \frac{\mathrm{d}N_f(t)}{\mathrm{d}t} \mathrm{d}t = \int_0^t f(t) \mathrm{d}t \tag{8-7}$$

由密度函数的性质：

$$\int_0^{+\infty} f(t) \mathrm{d}t = 1$$

$$R(t) = 1 - F(t) = 1 - \int_0^t f(t) \mathrm{d}t \tag{8-8}$$

$$= \int_t^{+\infty} f(t) \mathrm{d}t$$

可知 $R(t)$、$F(t)$ 与 $f(t)$ 之间的关系如图 8-1 所示。

4. 故障率 $\lambda(t)$

（1）故障率函数 产品工作到某个时刻或瞬间的失效

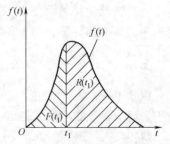

图 8-1 故障密度与可靠度、故障概率的关系

概率也是衡量产品可靠性的一个重要指标，它反映了产品失效或发生故障的强度。把这个指标称为瞬间失效率或故障率，用 $\lambda(t)$ 表示，其含义是产品工作到 t 时刻后的单位时间内发生故障的概率，即产品工作到 t 时刻后，在单位时间内发生故障的产品数与在时刻 t 时仍在正常工作的产品数之比。$\lambda(t)$ 可表示为

$$\lambda(t) = \frac{1}{N_s(t)} \frac{dN_f(t)}{dt} \tag{8-9}$$

式中　$dN_f(t)$——dt 时间内的故障产品数。

根据故障率大小随时间的变化情况，可将故障率类型分为递减型、恒定型、递增型。

1）递减型。开始时故障率高，这是因为一些产品存在失效的缺陷。但此故障率是随时间的增加逐渐减少，剩下的产品则不易失效，因而具有较高的可靠性。

2）恒定型。其特点是无论在何时，故障率始终是一恒定值。

3）递增型。它是故障率随时间的增加而逐渐上升的一种失效类型。因而在故障发生前更换零件便可免除故障发生。

故障率的基本类型及特征见表 8-2。

表 8-2　故障率的基本类型及特征

故障率类型	特征	维修效果	可靠度 $R(t)$	故障密度函数 $f(t)$	故障率 $\lambda(t)$
递减型	产品使用初期，例如许多电子元件开始使用的失效率多属于此类型	不进行预防维修，因随时间增加而变化，故筛选很有效			
恒定型	失效主要由偶然因素导致，失效随机发生，多见于比较复杂产品的最佳状态或稳定状态	预防维修不起作用	$R(t) = e^{-\lambda t}$	$f(t) = \lambda e^{-\lambda t}$	λ
递增型	产品使用后期，失效集中发生，多见于材料的机械磨损、腐蚀或老化等原因引起的失效	在失效集中发生前进行替换是有效的			

例 8-2　有 100 件电子产品进行寿命试验，在 100h 时间内已有 10 件失效，在 100~105h 时间内失效 1 件。试求 100h 时间内的故障密度与故障率。

解：据题意 $\Delta t = 105h - 100h = 5h$，$\Delta N_f(t) = 1$，$N_s(t=100) = 100 - 10 = 90$，则

$$f(t = 100) = \Delta N_f(t) / (N_0 \Delta t) = \frac{1}{100 \times 5} = 0.002$$

$$\lambda(t) = \frac{1}{N_s(t)} \frac{\Delta N_f(t)}{\Delta t} = \frac{1}{90 \times 5} = 0.0022$$

（2）故障率、故障密度函数及可靠度之间的关系　故障率、故障密度函数及可靠度之间存在一定的函数关系。当 $N_0 \to \infty$ 时，

$$\lambda(t) = \frac{\mathrm{d}N_f(t)}{N_s(t)\mathrm{d}t} = \frac{N_0 \mathrm{d}N_f(t)}{N_0 N_s(t)\mathrm{d}t} = \frac{\mathrm{d}N_f(t)}{N_0 \mathrm{d}t} \cdot \frac{N_0}{N_s(t)} \quad (8\text{-}10)$$

$$= f(t) \cdot \frac{1}{R(t)} = \frac{f(t)}{R(t)}$$

根据 $R(t)$、$F(t)$、$f(t)$、$\lambda(t)$ 的定义，还可以推导出

$$R(t) = \mathrm{e}^{-\int_0^t \lambda(t)\mathrm{d}t} = \exp\left[-\int_0^t \lambda(t)\mathrm{d}t\right] \quad (8\text{-}11)$$

因为

$$f(t) = -\frac{\mathrm{d}R(t)}{\mathrm{d}t}$$

由式（8-10）得

$$\lambda(t)\mathrm{d}t = \frac{f(t)}{R(t)}\mathrm{d}t = -\frac{\mathrm{d}R(t)}{R(t)}$$

所示

$$\int_0^t \lambda(t)\mathrm{d}t = -\ln R(t)\Big|_0^t, R(t) = \mathrm{e}^{-\int_0^t \lambda(t)\mathrm{d}t}$$

当产品故障服从指数分布时，$\lambda(t) = \lambda_0$ 为常数，则

$$R(t) = \mathrm{e}^{-\lambda_0 t} \quad (8\text{-}12)$$

值得注意的是，$\lambda(t)$ 和 $f(t)$ 虽然都是反映产品失效的概率，但它们的含义并不完全相同。$\lambda(t)$ 反映了产品故障强度，而 $f(t)$ 反映了产品的故障概率密度。

（3）故障率曲线　故障率曲线又称为失效率曲线。由于大多数产品的故障率随时间的变化曲线形似浴盆，故又称为"浴盆曲线"。故障率曲线反映产品总体寿命期失效率的情况。图 8-2 所示为故障率曲线的典型情况。由于产品故障机理的不同，故障率随时间变化可分为三段时期。

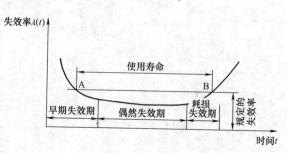

图 8-2　故障率曲线

1）早期失效期：在产品投入使用的初期，产品的故障率较高，且存在迅速下降的特征。产品早期故障反映了设计、制造、加工、装配等质量薄弱环节。早期失效期又称调整期或锻炼期，此种故障可用厂内试验的办法来消除。

2）偶然失效期：产品工作一段时间后，产品故障率逐渐降低到一个较低的值而且基本稳定在这个水平，此期间是产品工作的最好时期，又称正常工作期。在这期间内产品发生故障大多出于偶然因素，如突然过载、碰撞等，因此这个时期又称为偶然失效期。可靠性研究的重点，在于延长正常工作期的长度。

3）耗损失效期：其特点是在产品投入使用较长时间后，零件磨损、陈旧引起产品或设备故障率迅速上升，很快出现大批量的产品故障或报废。如能预知耗损开始的时间，通过加强维修，在此时间开始之前就及时将陈旧损坏的零件更换下来，可使故障率下降，也就是说

可延长可维修的设备与系统的有效寿命。

故障率的单位一般采用 $10^{-5}/h$ 或 $10^{-9}/h$（称 $10^{-9}/h$ 为 1fit）。故障率也可用工作次数、转速、距离等表示。

5. 平均寿命

平均寿命是指产品从投入运行到发生故障的平均工作时间。可以把产品分为可维修和不可维修两类。对于不可维修产品平均寿命又称失效前平均时间 $MTTF$（Mean Time To Failure），根据数学期望的定义，可得

$$MTTF = \int_0^x tf(t)\,\mathrm{d}t \tag{8-13}$$

推导过程如下。设 N_0 个不可修复产品，在同样条件下试验，测得全部故障时间 t_1，t_2，t_3，…，t_{N_0}，则有

$$MTTF = \frac{1}{N_0}\sum_{i=1}^{N_0}\mathrm{d}N_f(t_i)t_i = \frac{1}{N_0}\sum_{i=1}^{N_0}\mathrm{d}N_f(t_i)\frac{\Delta t}{\Delta t}t_i$$

$$= \sum_{i=1}^{N_0} f(t_i)\Delta t t_i$$

当 $N_0 \to \infty$ 时，

$$MTTF = \int_0^{+\infty} f(t)\cdot t\,\mathrm{d}t = -\int_0^{+\infty} t\cdot \mathrm{d}R(t) \tag{8-14}$$

$$= -[tR(t)]\big|_0^{+\infty} + \int_0^{+\infty} R(t)\,\mathrm{d}t = \int_0^{+\infty} R(t)\,\mathrm{d}t$$

当 $\lambda(t) = $ 常数时，$R(t)$ 服从指数分布（寿命服从指数分布）

$$R(t) = e^{-\lambda t}$$

$$MTTF = \int_0^{+\infty} e^{-\lambda t}\,\mathrm{d}t = \frac{1}{\lambda} \tag{8-15}$$

对于可维修产品而言，平均寿命指的是产品两次相邻故障间的平均工作时间，称为平均故障间隔时间 $MTBF$（Mean Time Between Failure），它和 $MTTF$ 有同样的数学表达式：

当 $\lambda(t) = $ 常数时，

$$MTBF = \int_0^{+\infty} R(t)\,\mathrm{d}t = \frac{1}{\lambda} \tag{8-16}$$

具体分析如下：

一个可修产品在使用过程中发生了 N_0 次故障，每次故障修复后又投入使用，测得每次工作持续时间为 t_1，t_2，…，t_{N_0}，则

$$MTBF = \frac{1}{N}\cdot \sum_{i=1}^{N_0} t_i = \frac{T}{N_0} \tag{8-17}$$

其中，T 为产品总的工作时间。$MTBF$ 与产品修复效果有关。产品的典型修复状态有基本修复和完全修复。

基本修复指产品修复后瞬间的故障率与故障前瞬间相同。

完全修复指产品修复后瞬间的故障率与新产品刚投入使用时的相同。

图 8-3 反映了两种修复状态的故障率变化曲线。

对于完全修复的产品因修复后的产品与新产品一样，一个产品发生了 N_0 次故障，相当

于 N_0 个新产品工作到首次故障。因此，

$$MTBF = MTTF = \int_0^{+\infty} R(t) dt \quad (8\text{-}18)$$

当产品寿命服从指数分布时，

$$MTBF = MTTF = \frac{1}{\lambda} \quad (8\text{-}19)$$

例 8-3 设有 5 个不可修复电子产品进行寿命试验，它们发生失效的时间分别是 2000h、1900h、2100h、2150h、1850h，问该产品的 $MTTF$ 观测值是多少？

解：

$$MTTF = (2000h + 1900h + 2100h + 2150h + 1850h)/5 = 2000h$$

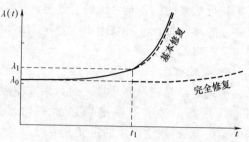

图 8-3 两种修复状态的故障率变化曲线

6. 有效度

（1）有效度函数 产品不可能一直正常可靠地工作，随着工作时间的延长，总是会出现故障。对于可修复产品，只考虑其发生故障的概率显然是不合适的，还应考虑出现故障后被修复的可能性，即维修性。维修性也是产品质量的一种特性。它是指产品在规定的条件下和规定的时间内，按规定的程序和方法进行维修时，保持或恢复执行规定状态的能力。衡量维修性的指标为维修度，用 $M(t)$ 表示。

维修度 $M(t)$ 是指产品在规定条件下进行修理时，在规定时间内完成修复的概率。在维修性工程中，还有维修密度函数 $m(t)$、维修率 $\mu(t)$，其相互关系有

$$M(t) = 1 - e^{-\int_0^t \mu(t) dt} \quad (8\text{-}20)$$

$$m(t) = \mu(t) e^{-\int_0^t \mu(t) dt} \quad (8\text{-}21)$$

平均修复时间（Mean Time To Repair，$MTTR$）为产品修复时间的数学期望，有

$$MTTR = \int_0^{+\infty} [1 - M(t)] dt \quad (8\text{-}22)$$

当 $\mu(t) = $ 常数时，

$$MTTR = \frac{1}{\mu}$$

对可修复系统，当考虑到可靠性和维修性时，综合评价的尺度就是有效度 $A(t)$，它表示产品在规定条件下保持规定功能的能力。由于实际研究的有效度是产品在长期使用中的有效度问题，所以有效度表示为

$$A(t) = \frac{可工作时间}{可工作时间 + 不能工作时间}$$

或

$$A(t) = \frac{MTBF}{MTBF + MTTR} \quad (8\text{-}23)$$

其中，$MTBF$ 反映了可靠性的含义，$MTTR$ 反映维修活动的一种能力，将两者结合在一起可以反映产品的固有有效度 $A(t)$。$A(t)$ 反映了产品处于可使用状态的概率，可维修产品的使用效率。对于不可修复产品，有效度就不受维修度的影响，有效度就等于可靠度。

当考虑后勤保障、服务质量时，那就应该考虑到维修前还存在一个等待时间，一般采用平均等待时间（Mean Wait Time，MWT）来衡量。如果从实际出发，将平均等待时间考虑进

来，实际有效度 A_0 应表示为

$$A_0 = \frac{MTBF}{MTBF + MTTR + MWT} \tag{8-24}$$

（2）可靠性和维修性特征量对应关系　可靠性是研究产品由正常状态转到故障状态之间时间 t 的分布及其平均时间（$MTTF$、$MTBF$）。维修性是研究产品由故障状态恢复到正常状态之间时间 τ 的分布及其平均时间（$MTTR$）。掌握可靠性和维修性特征量的对应关系，研究可靠性的统计分析方法就可同样用于研究维修性。可靠性与维修性对应关系见表 8-3。

表 8-3　可靠性与维修性对应关系

特征量	可靠性	维修性
累积分布函数	$F(t) = 1 - R(t) = \int_0^t f(x)\mathrm{d}x$	$M(\tau) = \int_0^\tau m(x)\mathrm{d}x$
概率密度函数（故障密度函数、维修密度函数）	$f(t) = \dfrac{\mathrm{d}F(t)}{\mathrm{d}t}$	$m(\tau) = \dfrac{\mathrm{d}M(\tau)}{\mathrm{d}\tau}$
故障率和维修率	$\lambda(t) = \dfrac{f(t)}{1-F(t)}$	$\mu(\tau) = \dfrac{m(\tau)}{1-M(\tau)}$
指数分布累积概率	$F(t) = 1 - e^{-\lambda t}$	$M(\tau) = 1 - e^{-\mu \tau}$
指数分布平均时间	$MTTF(MTBF) = \dfrac{1}{\lambda}$	$MTTR = \dfrac{1}{\mu}$

不可靠度与维修度函数如图 8-4 所示。其中 $F(t)$ 与 $M(\tau)$ 相对应，$F(t)$ 越高表示失效概率越高，$M(\tau)$ 越高表示修复概率越高。失效与修复，其效果是对立的，就广义可靠性而言，$F(t)$ 越低，$M(\tau)$ 越高，则可靠性越佳。平均修复时间、平均修复率等观测值与对应的平均寿命、平均失效率等观测值计算方法均类似。

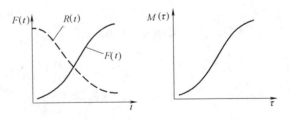

图 8-4　不可靠度与维修度函数

8.3　常用故障密度分布函数

产品的可靠性是一种随机现象，要确定产品的可靠度、失效率和平均寿命等可靠性的特征量，就要确定产品的故障密度函数，它与产品可靠性的特征量存在密切关系。如果知道了产品的故障密度函数便可求出可靠度、故障率和寿命等特征量。因此，在可靠性工程中，确定产品的故障密度函数是最基本的工作。在工程中常用的产品故障密度函数有指数分布、正态分布以及威布尔分布。

8.3.1 指数分布

在各种类型的分布中,指数分布是一种单参数分布类型,而且具有广泛的适用性,在可靠性领域里应用最多。从产品故障率函数曲线可以看出,当产品进入交付使用点后,产品的故障率可以看作常数,即可靠度是指数分布。若产品的寿命或某一特征值 t 的故障密度函数为

$$f(t) = \lambda e^{-\lambda t} \quad (\lambda > 0, t \geq 0) \tag{8-25}$$

则称 t 服从参数为 λ 的指数分布。在此基础上,可以得到指数分布对应的不可靠度函数、可靠度函数、故障率函数以及平均故障间隔时间。指数分布的故障密度函数曲线、可靠度函数曲线以及故障率曲线如图 8-5 所示。

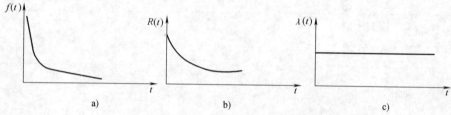

图 8-5 指数分布的可靠性特征量曲线
a) 故障密度函数曲线 b) 可靠度函数曲线 c) 故障率曲线

(1) 不可靠度 根据式 (8-7) 得

$$F(t) = \int_0^t f(t) dt = \int_0^t \lambda e^{-\lambda t} dt = 1 - e^{-\lambda t} \quad (t \geq 0) \tag{8-26}$$

(2) 可靠度 根据式 (8-5) 得

$$R(t) = 1 - F(t) = e^{-\lambda t} \quad (t \geq 0) \tag{8-27}$$

(3) 故障率 根据式 (8-10) 得

$$\lambda(t) = \frac{f(t)}{R(t)} = \lambda \tag{8-28}$$

(4) 平均故障间隔时间 根据式 (8-16) 得

$$MTBF = \frac{1}{\lambda} \tag{8-29}$$

例 8-4 一电子元件寿命服从指数分布,其平均寿命为 5000h,求故障率 λ 及可靠度 $R(500)$, $R(3000)$。

解:
$$\lambda = \frac{1}{MTBF} = \frac{1}{5000} = 2 \times 10^{-4} h^{-1}$$

$$R(500) = e^{-2 \times 10^{-4} \times 500} = e^{-0.1} = 0.90$$

$$R(3000) = e^{-2 \times 10^{-4} \times 3000} = e^{-0.6} = 0.55$$

此元件在 500h 时的可靠度为 0.90,而在 3000h 时的可靠度降为 0.55。

例 8-5 设某元件的寿命服从指数分布,它的平均寿命为 1000h,试求其失效率和使用 50h 后的可靠度。

解：根据题意得

$$MTBF = \frac{1}{\lambda} = 1000$$

所以失效率

$$\lambda = \frac{1}{1000} = 1 \times 10^{-3} \, \text{h}^{-1}$$

当 $t = 50\text{h}$ 时，$\lambda t = 50 \times 1 \times 10^{-3} = 0.05$

在 λt 较小时，$R(t) = \text{e}^{-\lambda t} \approx 1 - \lambda t$，所以

$$R(50) = 1 - 0.05 = 0.95$$

指数分布的一个重要性质是无记忆性。无记忆性是产品在经过一段时间工作之后的剩余寿命仍然具有原来工作寿命相同的分布，而与 t 无关（马尔可夫性）。这个性质说明，寿命分布为指数分布的产品，过去工作了多久对现在和将来的寿命分布不发生影响。在"浴盆曲线"中，它是属于偶然失效期这一时段的。

8.3.2 正态分布

正态分布是数理统计中的最基本的分布，是双参数分布即受均值及标准偏差影响的分布。微电子器件中某些特性（同一批电子器件的放大倍数波动和寿命波动）属于这种分布。它在机械可靠性设计中得到了大量应用，如材料强度、磨损寿命、齿轮轮齿弯曲、疲劳强度，以及难以判断其分布的场合。

若产品寿命或某特征值有故障密度函数

$$f(t) = \frac{1}{\sqrt{2\pi}\,\sigma} \text{e}^{-\frac{(t-\mu)^2}{2\sigma^2}} \quad (t \geq 0, \mu \geq 0, \sigma \geq 0) \tag{8-30}$$

则称 t 服从正态分布。同样可以通过计算得到：

1) 不可靠度：
$$F(t) = \int_0^t \frac{1}{\sqrt{2\pi}\,\sigma} \text{e}^{-\frac{(t-\mu)^2}{2\sigma^2}} \text{d}t \tag{8-31}$$

2) 可靠度：
$$R(t) = 1 - \int_0^t \frac{1}{\sqrt{2\pi}\,\sigma} \text{e}^{-\frac{(t-\mu)^2}{2\sigma^2}} \text{d}t \tag{8-32}$$

3) 故障率：
$$\lambda(t) = \frac{f(t)}{R(t)} \tag{8-33}$$

正态分布计算可用数学代换把式（8-30）变换成标准正态分布，查表简单计算得出各参数值（参考第 2 章）。正态分布的故障密度函数曲线、可靠度函数曲线、故障率曲线如图 8-6 所示。

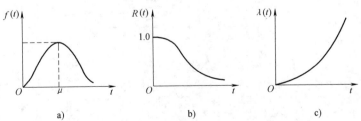

图 8-6 正态分布的可靠性特征量曲线
a）故障密度函数曲线　b）可靠度函数曲线　c）故障率曲线

例 8-6 有 5000 个电子零件,已知其故障密度函数为正态分布,寿命均值为 1000h,标准差为 30h,求 $t=900$h 时的可靠度和不可靠度(累积失效概率)。

解:
$$R(t=900) = P\{T \geq 900\} = 1 - \Phi\left(\frac{900-1000}{50}\right) = 1 - \Phi(-2)$$
$$= \Phi(2) = 0.9772$$
$$F(t=900) = 1 - R(t=900) = 1 - 0.9772 = 0.0228$$

8.3.3 威布尔分布

前面已介绍,产品的故障率可能递增,也可能递减,也可能是常数。威布尔分布中形状参数 β 取不同值时,可以得到故障率变化的各种情况。因此,这种分布可以反映故障率"浴盆曲线"的各个阶段。而且,当威布尔分布中的参数取不同值时,它还可以转化为指数分布、瑞利分布、正态分布。所以,威布尔分布是可靠性理论中应用和适用范围较广的一种分布。大量的实践说明,凡是因为某一局部失效或故障就会引起系统能停止运行的元件、器件、设备、系统等的寿命都是服从威布尔分布的,特别是在研究金属材料的疲劳寿命问题时,轴承、金属材料以及一些电子元件的寿命也都服从威布尔分布。实际上,威布尔分布就是从研究金属材料的疲劳寿命中获得的。

威布尔分布是三参数分布,这三个参数分别是尺度参数 α、形状参数 β 和位置参数 γ。α 决定了 $f(t)$ 曲线的陡度;β 决定了 $f(t)$ 曲线的形状;γ 决定了 $f(t)$ 曲线的起始位置,如图 8-7 所示。其故障密度函数为

$$f(t) = \alpha\beta(t-\gamma)^{\beta-1} e^{-\alpha(t-\gamma)^\beta} \quad (t \geq \gamma, \alpha > 0, \beta > 0) \tag{8-34}$$

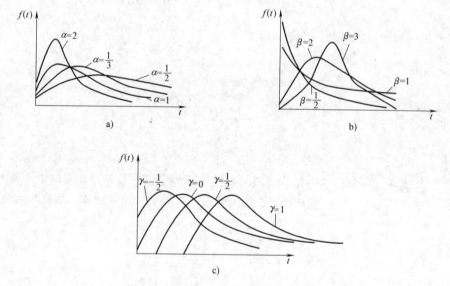

图 8-7 威布尔分布的可靠性特征曲线
a) 不同 α 值(尺度参数)($\beta=2$, $\gamma=0$) b) 不同 β 值(形状参数)($\alpha=1$, $\gamma=0$)
c) 不同 γ 值(位置参数)($\alpha=1$, $\beta=2$)

对于威布尔分布,同样可以通过计算得到:

1) 不可靠度:
$$F(t) = 1 - e^{-\alpha(t-\gamma)^\beta} \tag{8-35}$$

2) 可靠度：$$R(t) = e^{-\alpha(t-\gamma)^{\beta}} \quad (8-36)$$
3) 故障率：$$\lambda(t) = \alpha\beta(t-\gamma)^{\beta-1} \quad (8-37)$$

威布尔分布的故障密度函数曲线、可靠度函数曲线、故障率曲线如图8-8所示。

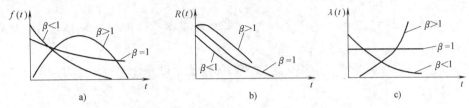

图 8-8 威布尔分布的可靠性特征量曲线
a) 故障密度函数曲线 b) 可靠度函数曲线 c) 故障率曲线

威布尔分布具有如下特点：

(1) 尺度参数 α 当 β 和 γ 不变时，威布尔分布曲线的形状不变，但分布曲线的高度及宽度均不同。随着 α 的减小，曲线由同一原点向右扩展，曲线的高度减小而宽度变大，曲线的基本形状不变。如图 8-7a 所示。

(2) 形状参数 β 当 α 和 γ 不变，β 变化时，曲线形状随 β 而变化。当 β 值约为 3~5 时，威布尔分布接近正态分布。当 $\beta>1$ 时，曲线随时间增加达到峰值而后下降，表示磨损失效；当 $\beta=1$ 时，曲线为指数曲线，表示恒定的随机失效率，这时 λ 为常数，此时若 $\gamma=0$，$f(t) = e^{-\alpha t}$ 为指数分布，其中 $1/\alpha$ 为平均寿命；当 $\beta<1$ 时，曲线随时间单调下降，表示早期失效。

(3) 位置参数 γ γ 决定了曲线的出发点。当 α 和 β 不变时，威布尔分布曲线的形状和尺度都不变，所不同的是曲线的起始位置随 γ 的增加而向右移动，如图 8-7c 所示。当 γ 为负值时，表示产品在开始工作时就已经有产品失效（例如在储存期间就已经失效），当 γ 为正值时，表明产品在开始工作的 $0 \sim \gamma$ 时间内，只要按规定的条件工作，就不会失效。因为在 $0 \sim \gamma$ 时间内 $f(t)$ 为 0。所以把此时的 γ 称为最小保证寿命。

以上对常用寿命分布的基本类型进行了讨论。由前述可知，指数分布是威布尔分布的特殊情况，在一定条件下，正态分布可近似用威布尔分布来替代。只要知道产品的失效分布类型，确定了分布参数，就可以计算产品的可靠性指标。

8.4 可靠性设计

产品的可靠性受到产品设计、制造、储存、交付、使用、维护等产品质量形成的各个阶段影响。其中设计是决定产品可靠性的重要环节。从某种角度讲，产品的可靠性是设计出来的。所谓可靠性设计就是将产品的可靠性定性要求、定量指标，通过调研、分析、评价、论证，以及可靠性设计技术转化到产品中，从而实现产品可靠性目标和要求。可靠性设计应覆盖产品设计、制造、使用、维护等产品生命周期的各阶段。

8.4.1 可靠性设计的基本原则

在可靠性设计过程中应遵循以下原则：
1) 应首先经综合权衡后确定明确的可靠性指标，并制定可靠性评估方案。

2）在产品功能设计的各环节，均应考虑进行可靠性设计。

3）在可靠性设计过程中，在满足基本功能的同时，还应考虑影响可靠性的各种因素。

4）应针对故障模式进行设计，最大限度地消除或控制产品在寿命周期内可能出现的故障。

5）应借鉴或采用以往成功的设计经验，并积极采纳先进的设计原理、可靠性设计技术，以及选用经试验可行的新技术、新工艺、新器材。

6）在进行可靠性设计时，应综合考虑产品的性能、可靠性、费用、时间等因素，以便获得最佳设计方案。

8.4.2 可靠性设计的主要技术和常用方法

在进行可靠性设计时，应根据设计对象的特点以及可能出现的故障影响程度等采用相应的设计方法。可靠性设计的主要技术有：①规定定性定量的可靠性要求；②建立可靠性模型；③可靠性预计；④可靠性分配；⑤可靠性分析；⑥可靠性试验；⑦可靠性评审或鉴定等。

产品系统结构复杂，可能包括成千上万个零部件，有些零部件发生故障后，会带来严重后果，直接影响产品的使用功能；而有些零部件的故障只会带来轻微的影响，并不影响产品的使用功能。在可靠性设计时，应根据产品及组成部分对故障的敏感程度，采取不同的设计方法。可靠性设计的常用方法有：

1）预防故障设计法：通过有效利用过去的经验与实验数据、简化结构，采用经过实践检验的标准化、通用化零件以及优化所用材料与关键零部件的可靠性等方法达到预防故障的设计方法。

2）储备设计法：通过功能的重复结构（在产品结构中，额外并联具有相同功能的备用部分）来确保局部发生故障时整机不丧失功能的设计方法。

3）减荷设计法：以载荷极限值为界限，将使用应力分成若干级进行减荷，以确保产品或系统可靠性要求的设计方法。

4）耐环境设计法：通过对产品在寿命周期内的环境条件进行充分耐力的设计，避免产品在未考虑的环境条件下工作时发生故障的设计方法。环境条件包括温度、湿度、振动等。

5）人机工程设计法：在可靠性设计中考虑人的因素，处理好人、机之间关系的设计方法。在人机工程设计中如果产品的结构容易使人疲劳，易产生误判，就会降低产品的可靠性。

6）安全性设计：通过提高产品或系统固有可靠性和固有安全性的设计方法。例如：异常警报装置设计，安全装置设计等。

8.4.3 可靠性设计的要求和任务

1. 定性和定量要求

可靠性要求是产品研制需要实现的目标，是进行可靠性分析、生产、试验及验收的依据。有了可靠性要求，开展可靠性设计才有目标，才能对可靠性工作进行监督、控制及考核。可靠性要求一般分为两类：

1）定性要求，即用一种非量化的形式来设计、评价和保证产品的可靠性。可靠性定性要求是根据产品使用需求及经费、进度的实际情况,由使用方提出产品研制过程中应开展的可靠性设计与分析要求,如制定可靠性设计准则、降额设计、环境防护设计、FMECA 等要求。

2) 定量要求,即产品的可靠性参数、指标和相应的验证方法。用定量方法进行设计分析、可靠性验证,从而保证产品的可靠性。对不同类型的产品或在不同环境下使用的产品,描述可靠性定量要求的可靠性参数与指标有所不同,应根据具体产品的实际情况而定。最常用的可靠性指标是平均故障间隔时间,即 $MTBF$,其次是使用寿命等。

2. 目的和任务

可靠性设计的目的就是在综合考虑产品的性能、可靠性、费用和时间等因素的基础上,通过采用相应的可靠性设计技术,使产品在寿命周期内符合所规定的可靠性要求。

可靠性设计的主要任务是:通过设计,基本实现系统固有可靠性。说"基本实现",是因为在以后的生产制造、储存、使用等过程中还会影响产品固有可靠性。该固有可靠性是系统所能达到的可靠性上限。所有其他因素(如维修性)只能保证系统的实际可靠性尽可能地接近固有可靠性。可靠性设计的任务就是实现产品可靠性设计的目标,预测和预防产品所有可能发生的故障,也就是挖掘和确保产品潜在的隐患和薄弱环节,通过设计预防和设计改进,有效地消除隐患和薄弱环节,从而使产品符合所规定的可靠性要求。

8.4.4 可靠性模型及其建立

1. 可靠性逻辑图和原理图

系统(或产品)是由具有特定功能的各单元构成的一个整体。在实际工作中经常采用不同的图示来描述产品或系统的特性,例如工作原理图、功能框图及功能流程图以及可靠性逻辑图等。其中,原理图描述了组成系统的各单元之间的物理关系;功能框图及功能流程图反映了各单元之间的功能关系;可靠性逻辑图反映了各单元之间的逻辑关系。可靠性模型指的是可靠性逻辑图及其数学模型,即用简明扼要的直观图示方法来表现可以使系统完成任务的各种串—并—旁联方框的组合。借助于可靠性框图可以精确地表示出各个功能单元在系统中的作用和相互之间的关系。

了解系统中各单元的功能、它们之间的相互联系以及对整个系统的作用和影响对建立系统的可靠性数学模型、完成系统的可靠性设计、分配和预测都具有重要意义。因此,系统的原理图和功能图是绘制可靠性框图的基础,但并不能将它们等同起来。逻辑图和原理图在联系形式和方框数目上都不一定相同,有时在原理图中是串联的,而在逻辑图中却是并联的;为了表达同一个特性,有时原理图中只需一个方框即可表示,而在可靠性逻辑图中却需要两个或更多方框才能表示出来。

例如,为了获得足够的电容量,常将三个电容器并联。假定选定故障模式是电容短路,则其中任何一个电容器短路都可使系统失效。因此,该系统的原理图是并联的,而逻辑图应是串联的,如图 8-9 所示。在建立可靠性逻辑图时,必须注意与工作原理图的区别。

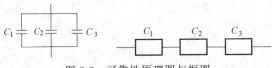

图 8-9　可靠性原理图与框图

2. 典型的系统可靠性模型

（1）串联模型 在组成系统的所有单元中，任一单元出现故障就会导致整个系统故障的系统称为串联系统。串联模型是最简单也是最常用的模型之一。它属于非贮备可靠性模型，其逻辑框图如图 8-10 所示。

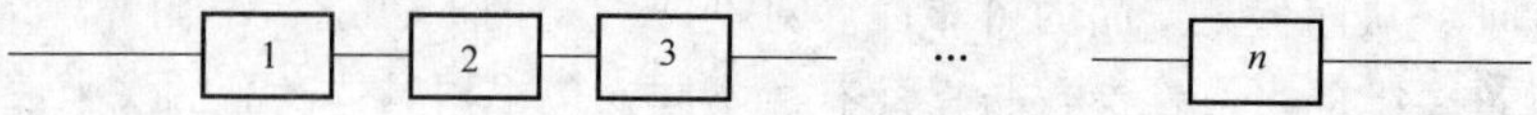

图 8-10 串联系统的逻辑框图

根据串联系统的定义及逻辑框图，其数学模型为

$$R_s(t) = \prod_{i=1}^{n} R_i(t) \tag{8-38}$$

式中 $R_s(t)$ ——系统的可靠度；
$R_i(t)$ ——第 i 个单元的可靠度。

若各单元的寿命分布均为指数分布，即 $R_i(t) = e^{-\lambda_i t}$，则

$$R_s(t) = \prod_{i=1}^{n} e^{-\lambda_i t} = e^{-\sum_{i=1}^{n} \lambda_i t} = e^{-\lambda_s t} \tag{8-39}$$

其中

$$\lambda_s = \sum_{i=1}^{n} \lambda_i \tag{8-40}$$

式中 λ_s ——系统的故障率；
λ_i ——各单元的故障率。

系统的平均故障间隔时间为

$$MTBF_s = \frac{1}{\lambda_s} = \frac{1}{\sum_{i=1}^{n} \lambda_i} \tag{8-41}$$

可见，串联系统中各单元的寿命为指数分布时，系统的寿命也为指数分布。由于 $R_i(t)$ 是个小于 1 的数值，它的连乘积就更小，所以串联的单元越多，系统可靠度越低，并且串联系统的可靠度低于各单元的可靠度。由式（8-41）可以看到，串联单元越多，则 $MTBF_s$ 也越小。

例 8-7 假设一个系统由 6 个部件串联组成，若每一个部件工作 5000h 的可靠度都为 0.95，求该系统工作 5000h 的可靠度。

解：对于串联系统，有

$$R_s(t) = \prod_{i=1}^{n} R_i(t) = \prod_{i=1}^{6} R_i(t = 5000) = 0.95^6 = 0.735$$

例 8-8 某电子系统由 3 个元件串联组成，3 个元件的故障率分别为 $\lambda_1 = 0.001h^{-1}$，$\lambda_2 = 0.002h^{-1}$，$\lambda_3 = 0.003h^{-1}$。求：
（1）系统的可靠度函数及故障率；
（2）求系统的 $MTBF$。

解：根据式（8-38）：
$$R_s(t) = \prod_{i=1}^{n} R_i(t)$$

每个元件的故障率为常数,故

$$R_s(t) = \prod_{i=1}^{n} R_i(t) = \prod_{i=1}^{3} R_i(t) = e^{-(\lambda_1+\lambda_2+\lambda_3)t} = e^{-0.006t}$$

系统的 MTBF 为

$$MTBF_s = MTTF_s = \frac{1}{\lambda} = \frac{1}{0.006} = 166.7\text{h}$$

(2) 并联模型 组成系统的所有单元都发生故障时,系统才发生故障的系统称为并联系统,它属于工作贮备模型。在并联系统中,只要任何一个单元正常工作,系统就不会失效。因此,并联系统可以提高系统可靠性。其逻辑框图如图 8-11 所示。

根据并联系统的定义及逻辑框图,其数学模型为

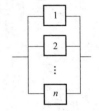

$$F_s(t) = \prod_{i=1}^{n} F_i(t) \tag{8-42}$$

图 8-11 并联系统的逻辑框图

式中 $F_s(t)$ ——系统的不可靠度;
$F_i(t)$ ——第 i 个单元的不可靠度。

并联系统的可靠度为

$$R_s(t) = 1 - F_s(t) = 1 - \prod_{i=1}^{n} F_i(t) = 1 - \prod_{i=1}^{n} [1 - R_i(t)] \tag{8-43}$$

当系统的各单元的寿命分布为指数分布,而且每个单元的故障率相同时,可以得到

$$R_s(t) = 1 - (1 - e^{-\lambda t})^n$$

则此时并联系统的 MTBF 为

$$MTBF_s = \int_0^{+\infty} R_s(t)\mathrm{d}t = \int_0^{+\infty} [1-(1-e^{-\lambda t})^n]\mathrm{d}t = \frac{1}{\lambda} + \frac{1}{2\lambda} + \frac{1}{3\lambda} + \cdots + \frac{1}{n\lambda} \tag{8-44}$$

(3) 混合式贮备模型 混合式贮备模型的可靠性逻辑框图如图 8-12 所示。混合式贮备模型可以分为并串联模型和串并联模型。其中,图 8-12a 所示是串并联模型,是由 n 个子系统串联而成,每个子系统又由 N 个单元并联而成。图 8-12b 所示是并串联模型,是由 N 个子系统并联而成,每个子系统又由 n 个单元串联而成。

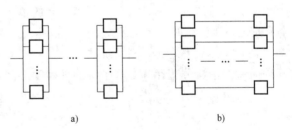

图 8-12 混合式贮备模型的可靠性逻辑框图
a) 串并联(N 个并联,n 个串联)模型
b) 并串联(n 个串联,N 个并联)模型

当各单元相同时,串并联模型的数学模型为

$$R_{sp}(t) = [1-(1-R(t))^N]^n \tag{8-45}$$

并串联模型的数学模型为

$$R_{ps}(t) = 1-[1-R^n(t)]^N \tag{8-46}$$

(4) n 中取 r 模型(r/n) 如果在由 n 个相互独立的单元组成的系统中,正常的单元数不少于 r(r 为介于 1 和 n 之间的某个数)个,系统就不会发生故障,这样的系统称为 (r/n) 系统。它属于工作贮备模型。如四台发动机的飞机,必须有两台或两台以上发动机正常工

作，飞机才能安全飞行，这就是 4 中取 2 系统。n 中取 r 模型（r/n）的逻辑框图如图 8-13 所示。

当 n 个单元都相同时，其可靠度可按二项展开式计算：

$$R_s(t)=\sum_{i=r}^{n}C_n^i R^i(t)\cdot[1-R(t)]^{n-i}=R^n(t)+C_n^1 R^{n-1}(t)\cdot[1-R(t)]+C_n^2 R^{n-2}(t)\cdot[1-R(t)]^2+\cdots+C_n^{n-r}R^r(t)\cdot[1-R(t)]^{n-r} \quad (8\text{-}47)$$

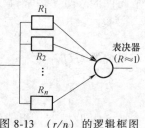

图 8-13 （r/n）的逻辑框图

式中　n——系统的单元数；
　　　r——系统正常工作所必需的最少单元数。

式中第一项 $R^n(t)$ 是 n 个单元都正常工作的概率；第二项是（$n-1$）个单元正常工作，一个单元故障的概率；$\cdots$；第 $r+1$ 项是（$n-r$）个单元正常工作 r 个单元故障的概率。从式 (8-47) 可看出，当 $r=1$ 时即为并联模型，当 $r=n$ 时即为串联模型。

当系统的各单元的寿命分布为指数分布，而且每个单元的故障率相同时，可以得到

$$MTBF_s=\int_0^{+\infty}R_s(t)\mathrm{d}t=\int_0^{+\infty}\left[\sum_{i=r}^{n}C_n^i e^{-i\lambda t}(1-e^{-\lambda t})^{n-i}\right]\mathrm{d}t=\sum_{i=r}^{n}\frac{1}{i\lambda} \quad (8\text{-}48)$$

（5）旁联系统　组成系统的 n 个单元只有 1 个单元工作，当工作单元发生故障时，通过转换装置接到另一个单元继续工作，直到所有单元都发生故障时，系统才发生故障，这样的系统称为旁联系统，又称为非工作储备系统。旁联系统和并联系统的区别是：旁联系统通常只有一个工作单元在工作，其他单元处于等待状态，而并联系统所有的单元同时处于工作状态，因此计算可靠度的方法不同。系统的可靠性框图如图 8-14 所示。

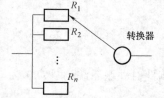

图 8-14 旁联系统的可靠性框图

根据旁联系统的工作方式可知，当所有的单元发生失效时，系统才失效，或者说是当第 n 个单元也发生失效时，系统才失效。所以系统的可靠度为系统处于有 $1,2,\cdots,n-1$ 个单元失效各状态的概率之和。当系统的各单元的寿命分布为指数分布，而且每个单元的故障率都相同时，用泊松分布计算旁联系统的可靠度。已知泊松分布如下：

$$P\{x=k\}=\frac{(\lambda t)^k}{k!}e^{-\lambda t}\quad(k=0,1,2,\cdots)$$

泊松分布的第 k 项（$k=0,1,2,\cdots$）表示到时刻 t 有 k 个单元失效的概率，所以旁联系统的可靠度是泊松分布前 n 项之和（从 $k=0$ 到 $n-1$），即

$$R_s(t)=e^{-\lambda t}\left[1+\lambda t+\frac{(\lambda t)^2}{2!}+\frac{(\lambda t)^3}{3!}+\cdots+\frac{(\lambda t)^{n-1}}{(n-1)!}\right] \quad (8\text{-}49)$$

$$=1-\frac{(\lambda t)^n}{n!}e^{-\lambda t}$$

显然旁联系统的 $MTBF$ 等于各单元的 $MTBF$ 之和。在各单元均服从相同的寿命指数分布时有

$$MTBF_s=\sum_{i=1}^{n}MTBF_i=\sum_{i=1}^{n}\frac{1}{\lambda_i}=\frac{n}{\lambda} \quad (8\text{-}50)$$

旁联系统的优点是能提高系统的可靠度，一般比并联系统、单个元件的可靠度高，其缺点是由于增加了故障监测及转换装置而提高了系统的复杂度，并且要求故障监测及转换装置的可靠度非常高。

以上介绍的是常见的系统可靠性模型，在实际工作中碰到的系统可能会复杂得多。如果系统可靠性框图不能分解成上述几种模型，可采用网络计算法、布尔真值表法等方法计算复杂系统的可靠度。

8.4.5 可靠性预计

可靠性预计与分配是可靠性设计的重要任务之一，它们在系统设计的各阶段（如方案论证、初步设计及详细设计阶段）要反复进行多次。

可靠性预计是在设计开发阶段对系统可靠性进行定量的估计，是根据相似产品可靠性数据、系统的构成和结构特点、系统的工作环境等因素来预测组成系统的部件及系统可能达到的可靠性。系统可靠性预计的顺序一般是由局部到整体、由小到大、由下到上，最后得到系统的可靠性估计值，所以它是一个归纳综合过程。可靠性预计的结果可以与要求的可靠性相比较，以评价设计是否满足要求。通过可靠性预计还可以发现组成系统的各单元中故障率高的单元，找到薄弱环节，采取措施进行改进。

可靠性性预计方法有许多，如元器件计数法、应力分析法、上下限法等。

（1）元器件计数法　元器件计数法适用于产品设计开发的早期，在这个阶段，元器件的种类和数量已大体确定，但某些工作环境条件还不确定。该方法不需要详细知道各元器件的应用及逻辑关系，就可以快速估计出产品的故障率，当然，估计的结果不太精确。使用该方法时，首先将各元器件的基本故障率求出来，然后乘以相应元器件的数目，进行累加得到总的故障率。对于给定的产品，其公式为

$$\lambda_s = \sum_{i=1}^{n} N_i \lambda_{Gi} \pi_{Qi} \tag{8-51}$$

式中　λ_s——产品的故障率；
　　　λ_{Gi}——第 i 种元器件的通用故障率；
　　　π_{Qi}——第 i 种元器件的质量系数；
　　　N_i——第 i 种元器件的数量；
　　　n——产品所用元器件的种类数目。

在元器件有关手册中规定了各种通用元器件在初步设计时采用的 λ_s、λ_{Gi}、π_{Qi} 等，为可靠性预计提供了数据。

（2）应力分析法　应力分析法适用于电子产品的详细设计阶段。在已具备了电应力比、环境温度等信息的前提下，通过大量的试验获得元器件的基本故障率，再根据元器件的质量等级、应力水平、环境条件，对基本故障率进行修正，得到元器件的工作故障率，再对所有元器件工作故障率求和得到产品的工作故障率。显然，这种方法比元器件计数法的结果要准确些。

从上面分析可知，应力分析法分三步求出：

1）先求出各种元器件的工作故障率：

$$\lambda_p = \lambda_b \pi_E K \tag{8-52}$$

式中 λ_p——元器件工作故障率；
　　　λ_b——元器件基本故障率；
　　　π_E——环境系数；
　　　K——降额因子，其值小于等于1，由设计根据使用范围选定应力等级后决定。

2）求产品的工作故障率：

$$\lambda_s = \sum_{i=1}^{n} N_i \lambda_{pi} \quad (8\text{-}53)$$

式中 λ_s——产品的工作故障率；
　　　λ_{pi}——第i种元器件的工作故障率；
　　　N_i——第i种元器件的数量；
　　　n——产品所用元器件的种类数目。

3）求产品的$MTBF$，则：

$$MTBF = \frac{1}{\lambda_s} \quad (8\text{-}54)$$

元器件基本故障率λ_b、环境系数π_E等可查相关标准获得。

(3) 上下限法　上下限法是指估计系统或产品可靠度的上下限边界值。在多数情况下，准确预测复杂系统或产品的可靠度是比较困难的，所以只能尽量对系统可靠性进行预测。为了快速获得预测值，可以采用近似方法，这种方法既有效又经济，是可靠性工程上通常采用的方法。该方法是在精确值难以获得的情况下，通过确定影响系统可靠性的主要因素，求得系统可靠度的边界值，进而估计系统可靠度。在估计系统可靠度上下限边界值时，充分考虑了串并联单元对可靠度的作用及影响（串联单元越多，系统可靠度越低；并联单元越多，系统可靠度越高），以修正系统可靠度的估计值，使之从上下限值逼近真正的可靠度。具体做法可参考有关文献。

8.4.6　可靠性分配

在设计的初级阶段，当产品或系统的可靠性指标确定后，需要将其分解到系统的各个组成单元，使各级设计人员明确可靠性设计目标，为产品或系统的生产过程提出可靠性要求，确保实现系统总的可靠性指标。所以，可靠性分配是在产品或系统设计时将总的可靠度指标分配给系统的各个分系统、部件及元器件的过程，前述介绍的可靠性预计是自下而上的归纳综合过程，而可靠性分配是自上而下的演绎分解过程，两者的关系如图8-15所示。可靠性分配过程往往需要经过多次反复，以尽量使得可靠性指标合理分配。

(1) 可靠性分配原则　进行产品可靠性分配时，应重点考虑下述原则：

1）通过可靠性指标的分配，要使产品或系统的可靠度达到最大的提高与合理化。

2）将可靠度指标分配给组成单元时，应满足下式要求：

$$f[R_1(t), R_2(t), \cdots, R_n(t)] \geq R_s(t) \quad (8\text{-}55)$$

式中 $R_1(t), R_2(t), \cdots, R_n(t)$——分配给系统组成单元的可靠度指标；
　　　$R_s(t)$——系统的可靠度总指标。

由式（8-55），对于串联系统，应满足：

$$R_1(t) R_2(t) \cdots R_n(t) \geq R_s(t) \quad (8\text{-}56)$$

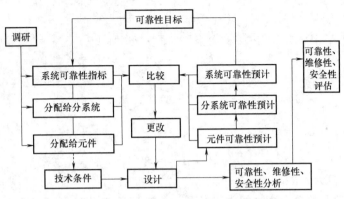

图 8-15 可靠性预计与可靠性分配关系图

3) 对于重要度高的组成单元，应分配较高的可靠度指标，重要度低的组成单元应分配较低的可靠度指标。

4) 对于复杂度高的组成单元，应分配较低的可靠度指标，因为可靠度越高越难制造。

5) 对于技术不成熟的组成单元，应分配较低的可靠度指标，否则会延长研制周期。

6) 对于工作在恶劣环境下的组成单元，应分配较低的可靠度指标，恶劣环境会导致故障率增加。

(2) 可靠性分配方法　常用的可靠性分配方法有等值分配法、评分分配法、重要度与复杂度分配法（AGREE）等方法。

1) 等值分配法。这是最简单的方法，也是派生其他方法的基础。在设计初期，系统结构还不十分明确，采用等分配法是常用的方法。等分配法认为系统的组成单元可靠度相等，即不考虑各组成单元重要度、复杂度的差别，把系统总的可靠度指标平均分配给各单元。等分配法适合于串联系统可靠度分配。例如，对一个由 n 个单元组成的串联系统，串联系统的可靠度 R_s 为

$$R_s = R_1 R_2 \cdots R_n = R^n \tag{8-57}$$

则各单元分配的可靠度指标为

$$R_i = R = \sqrt[n]{R_s} \tag{8-58}$$

例 8-9　某系统由 A、B、C、D 四个部件组成，其可靠性逻辑框图如图 8-16 所示，已知部件 A、D 的可靠度预测值均为 0.95，部件 B、C 的可靠度预测值均为 0.91，试预测该系统的可靠度值。若要求该系统的可靠为 0.95，采用等值分配法求各部件的可靠度。

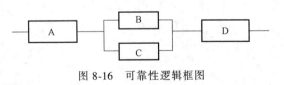

图 8-16 可靠性逻辑框图

解：部件 B 和 C 并联后，再与部件 A、D 串联，则该系统的可靠度预测值为

$$R_s = R_A R_D [1-(1-R_B)(1-R_C)] = 0.95^2 \times [1-(1-0.91)^2]$$
$$= 0.895$$

采用等值分配法确定各部件的可靠度，使系统的可靠度达到 0.95。部件 B 和 C 并联为一个单元，则对于整个系统，根据串联模型可靠度公式（8-38），得

$$R'_s = R_A R_{BC} R_D = 0.95$$

$$R_A = R_{BC} = R_D = 0.95^{\frac{1}{3}} = 0.983$$

由题意，部件 B、C 的可靠度预测值大小相等，即 $R_B = R_C$，根据式（8-42）得

$$F_{BC} = F_B \cdot F_C$$

即

$$1 - R_{BC} = (1 - R_B)(1 - R_C)$$

所以

$$1 - 0.983 = (1 - R_B)^2 = (1 - R_C)^2$$

$$R_B = R_C = 0.87$$

最后的分配结果为 $R_A = R_D = 0.983$，$R_B = R_C = 0.87$。

2）评分分配法。评分分配法是在设计的初步阶段采用的较灵活又非常实际的方法，是在缺乏可靠性数据的情况下，进行可靠度指标分配的初步而有效的方法。这种方法依据四个因素即复杂度、技术成熟度、环境条件和重要度，通过对各组成单元进行打分来进行可靠度指标分配。

① 复杂度：根据组成单元的零部件数量及它们组装调试的难易程度评定。最复杂的评 10 分，最简单的评 1 分。

② 技术成熟度：技术成熟度最低的 10 分，技术成熟度最高的 1 分。

③ 环境条件：工作环境条件恶劣的评 10 分，环境条件最好的 1 分。

④ 重要度：重要度（其定义见后面的内容）最低的 10 分，重要度最高的评 1 分。

按照这种评分方法，得分越高的单元，分配的可靠度越低，故障率越高。在已知故障率的情况下，根据分配参数，可求出每个组成单元的故障率。其公式为

$$\lambda_i = k_i \lambda_s \tag{8-59}$$

式中 λ_i——分配 i 单元的故障率；
k_i——分配 i 单元的分配系数；
λ_s——系统故障率。

分配系数为

$$k_i = \frac{\omega_i}{\omega} \tag{8-60}$$

式中 ω_i——第 i 个单元的评分数；
ω——系统的总评分数。

系统的总评分数为

$$\omega = \sum_{i=1}^{n} \omega_i \tag{8-61}$$

式中 n——分配单元的总数。

每个单元的评分数为

$$\omega_i = \prod_{j=1}^{4} r_{ij} \tag{8-62}$$

式中 r_{ij}——第 i 单元、第 j 个因素的评分数（$j=1$ 代表复杂度，$j=2$ 代表技术成熟度，$j=3$ 代表环境条件，$j=4$ 代表重要度）。

3）重要度与复杂度分配法（AGREE 法）。重要度与复杂度分配法是综合考虑了组成单

元的重要度与复杂度,以及工作时间等多种因素,因此,相对等值分配法、评分分配法,它是更为完善的方法。

单元的重要度是指单元的故障引起系统故障的概率,即

$$K_i = \frac{N_r}{f_i} \tag{8-63}$$

式中　K_i——第 i 个单元的重要度;
　　　N_r——第 i 个单元故障引起系统故障的次数;
　　　f_i——第 i 个单元故障的总次数。

单元的复杂度为单元中所含重要零部件数与系统中重要零部件总数之比,即

$$C_i = \frac{N_i}{N} = \frac{N_i}{\sum N_i} \tag{8-64}$$

式中　C_i——第 i 个单元的复杂度;
　　　N_i——第 i 个单元的重要零部件数;
　　　N——系统中重要零部件总数。

根据可靠性分配原则,以及重要度与复杂度的定义,可知分配到各单元的故障率与单元的复杂度成正比,而与重要度成反比,即

$$\lambda_i \propto \frac{C_i}{K_i}\lambda_s$$

式中　λ_i——分配给第 i 个单元的故障率;
　　　λ_s——系统的故障率。

一般情况下,可以认为

$$\lambda_i = \frac{C_i}{K_i}\lambda_s$$

对于系统的寿命服从指数分布即 $R_s = e^{-\lambda_s t}$,可以得到

$$\lambda_s = -\frac{\ln R_s}{t}$$

故

$$\lambda_i = -\frac{C_i \ln R_s}{K_i t} \tag{8-65}$$

例 8-10　某系统由三个单元串联而成,要求系统在工作时间内具有 0.90 的可靠度。假设单元 1 由 10 个零件组成,单元 2 由 20 个零件组成,单元 3 由 40 个零件组成。单元重要度 $K_1 = K_2 = K_3 = 1.0$,$t_1 = 50\text{h}$,$t_2 = 30\text{h}$,$t_3 = 50\text{h}$,试用 AGREE 分配法分配可靠度指标。

解:每个单元的复杂度为

$$C_1 = \frac{10}{10+20+40} = \frac{1}{7},\quad C_2 = \frac{20}{70} = \frac{2}{7},\quad C_3 = \frac{40}{70} = \frac{4}{7}$$

根据已知条件,由式(8-65)得

$$\lambda_1 = -\frac{1}{7} \times \frac{\ln 0.9}{1 \times 50} = 0.00030 \text{h}^{-1}$$

$$\lambda_2 = -\frac{2}{7} \times \frac{\ln 0.9}{1 \times 30} = 0.00100 \text{h}^{-1}$$

$$\lambda_3 = -\frac{4}{7} \times \frac{\ln 0.9}{1 \times 50} = 0.00120 \text{h}^{-1}$$

由指数分布 $R_i = e^{-\lambda_i t}$ 得

$R_1 = e^{-0.0003 \times 50} = 0.985$，$R_2 = e^{-0.001 \times 30} = 0.9703$，$R_3 = e^{-0.0012 \times 50} = 0.942$

分配后，系统可靠度：$R_s' = R_1 R_2 R_3 = 0.985 \times 0.9703 \times 0.942 = 0.9003 > R_s = 0.900$，满足要求。

8.5 可靠性分析

为了发现产品设计、生产中的薄弱环节，并加以改进，必须对产品的可靠性进行分析。产品可靠性分析的主要内容就是研究产品的故障（或失效）、故障模式、故障影响及危害、故障预防和消除，以提高产品的可靠性。作为可靠性分析的主要方法有故障模式、影响及危害分析（Failure Mode Effect and Criticality Analysis，FMECA）、故障树分析（Fault Tree Analysis，FTA）、事件树分析（Event Tree Analysis，ETA）等。

8.5.1 故障模式、影响及危害性分析

1. 概述

20世纪50年代初，美国格鲁门（Grumman）飞机公司在研制飞机操作系统时，首次应用故障模式影响分析（FMEA）进行设计分析，并取得良好的效果。20世纪60年代后期和70年代初期，FMEA方法开始广泛应用于航空、航天、舰船、兵器等军用领域。20世纪70年代中期有关FMEA的标准开始颁布，美国颁布了FMEA的军用标准。1985年，国际电工委员会（IEC）也颁布了FMEA的国际标准IEC812，我国等同采用了该标准即GB 7826—1987《系统可靠性分析技术、失效模式和效应分析（FMEA）程序》。20世纪80年代后期，FMEA方法逐渐渗透到民用产品领域，汽车行业首先应用FMEA技术。20世纪90年代后期，机械、医疗设备等民用工业领域也陆续开始采用FMEA技术。QS9000（现在为ISO/TS16949）是国际汽车行业的一个技术规范，规定FMEA技术是必须采用的技术之一。

早期的FMEA技术仅是一种研究故障模式对系统功能影响的定性分析方法，后来将故障模式发生概率、故障模式检测难度引进FMEA，形成了故障模式、影响及危害性分析（FMECA），丰富完善了FMEA。

FMECA是分析系统中每一个产品所有可能产生的故障模式及其对系统造成的所有可能影响，并按每一个故障模式的严重程度及其所发生的概率予以分类的一种归纳分析方法。FMECA的应用对象主要包括产品、生产过程的设计开发等。针对产品设计而进行的FMECA被定义为设计FMECA（即DFMECA），针对生产过程而进行的FMECA被定义为过程FMECA（即PFMECA）。实际上在产品的寿命周期内的不同阶段，都可以应用FMECA。FMECA的应用对象是各阶段的缺陷与薄弱环节，应用目的是为改进产品、工艺等提供依据。

进行系统的FMECA分析一般按图8-17所示的步骤进行。从确定分析范围或对象开始，对系统需要完成的任务要求及环境条件进行分析，在此基础上，分析系统中的子系

统、产品需要具备哪些功能才能确保任务的完成,从而确定发生故障导致任务失效的判定准则。在以上工作完成后,针对不同的设计阶段和目的,选择合适的 FMECA 分析方法,具体实施 FMECA 分析,获得分析结论,即确定主要的故障模式,采取应对措施,消除或降低风险,提高系统的可靠性。下面从 FMECA 分析开始,具体介绍 FMECA 分析的基本概念和过程。

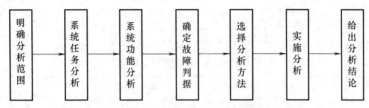

图 8-17 FMECA 实施步骤

2. FMEA 与 FMECA 分析

故障模式与影响分析(Failure Mode Effect Analysis)简称 FMEA,是一种定性的可靠性分析方法。故障模式影响分析一般包括故障模式分析、故障原因分析、故障影响分析、故障检测方法分析、补偿措施分析等内容。通常是采用 FMEA 表的形式将上述分析结果反映出来。在 FMEA 分析的基础上,增加危害性分析(CA)就形成故障模式、影响及危害性分析,即 FMECA 分析。所以,FMECA 分析包括 FMEA 分析和 CA 分析两个步骤,可以认为 FMECA 是 FMEA 的延伸和深化。FMECA 是一种定量的可靠性分析方法。

(1)故障模式分析 前面已经对故障的含义进行了解释,所谓故障是产品或产品的一部分不能或将不能完成预定功能的事件或状态(对不可修复的故障也称为失效)。而故障模式是故障的表现形式,如短路、开路、断裂、过度耗损等。产品的故障都是以一定的形式表现出来的,因此,分析故障的现象,可以了解故障的本质,从而确定产生故障的原因。所以故障模式分析是故障原因分析、故障影响分析的基础,也是 FMECA 分析的基础。在进行FMECA 分析时,首先要确定故障项目,再针对每一故障项目,确定和分析一切可能的故障模式。

(2)故障原因分析 对故障发生的原因进行分析,是为了采取措施,以消除或减少可能发生的故障。故障模式只是故障表现的形式,并不能揭示故障产生的原因。因此,为了提高产品的可靠性,还必须分析产生每一故障模式的所有可能原因。分析故障原因可以从设计缺陷、材料或元器件质量缺陷、制造过程、环境因素、人为因素等多方面考虑。同时,一个故障可能由多个原因导致,这时需要综合考虑,并采用试验设计等方法来确定主要原因,确定容易控制的原因。

(3)故障影响分析 故障影响分析就是针对每一故障模式分析和确定它对产品的使用、功能和状态产生的影响,并评价影响的严重程度即严酷度等级。产品或系统尤其是复杂产品或系统按其功能或结构往往会划分成不同的层次。因此,分析故障影响时,不仅要分析该单元的故障对同层次产品的影响即局部影响,同时还要分析对高一层次产品以及最终产品或整个系统的影响。不同的故障模式对最终产品产生的影响程度也不同,故障影响的程度如何可以采用严酷度来评价,所谓严酷度是指故障模式对最终产品产生后果的严重程度。一般分为四类,见表 8-4。

表 8-4 严酷度分类

严酷度类别	故障的严重程度
Ⅰ类（灾难的）	引起人员伤亡或系统毁坏的故障
Ⅱ类（致命的）	引起人员严重伤害、重大经济损失或导致任务失败的系统严重损坏
Ⅲ类（临界的）	引起人员的轻度伤害、一定的经济损失或导致任务延误或降级的系统轻度损坏
Ⅳ类（轻度的）	不足以导致人员伤害、一定的经济损失或系统损坏的故障，但它会导致非计划性维护或修理

例如，对于汽车产品故障的严重程度分类见表 8-5。

表 8-5 汽车产品故障严重程度定义

故障等级	故障的严重程度
Ⅰ级（致命故障）	危及人身安全，引起主要总成报废，造成重大经济损失，对周围环境造成严重危害
Ⅱ级（严重故障）	引起主要零部件、总成严重损坏或影响行车安全，不能在短时间内修复
Ⅲ级（一般故障）	不影响行车安全，非主要零部件故障，可在短时间内修复
Ⅳ级（轻微故障）	对汽车正常运行无影响，不需要更换零件，可在较短时间内修复

（4）故障检测方法分析 分析人员应根据确定的每一种故障模式分析检测故障的方法。检测方法可以是目视检测、原位检测以及离线检测等。检测方法的确定直接关系到后期的维修要求和测试性要求，同时对于 FMECA 分析中检测难度等级的评价也是非常重要的。

（5）补偿措施分析 进行故障模式影响分析的主要目的就是针对每一种可能的故障模式，确定其原因和影响，并针对原因采取适当的补偿措施，以消除或降低故障的影响，提高产品或系统的可靠度。因此，补偿措施的制定是进行故障模式影响分析的非常重要的内容。补偿措施应在已有的控制措施基础上提出，目的是对现有控制措施的补充和完善。补偿措施可以从设计（冗余设计、安全设计等）、工艺（工艺改进等）、操作（特殊的操作规范等）等方面来制定，并应该具有针对性和可操作性。

在完成了以上分析过程，并把分析结果全部填入事先设计的 FMEA 表格中（见表 8-6），FMEA 分析就基本结束了。但对于 FMECA 分析，在进行补偿措施分析之前，还要继续对故障的危害性进行分析，即 CA 分析。

表 8-6 典型的 FMEA 表　　　　　　第　页　共　页

系统名称					结构级别			规定功能			
参考图样					填表日期			分析人			
标号	产品或功能名称	功能	故障模式	故障原因	任务阶段与工作模式	故障影响			严酷度等级	检测方法	现有措施	补偿措施	备注
						局部影响	高一层次影响	最终影响					
审核					批准				日期			

3. 危害性分析

在进行 FMEA 分析时，对故障影响分析的重点是分析故障对最终产品会产生什么影响，以及影响的严酷度类别的划分，而没有拓展到对故障严重程度的细化，同时也未考虑故障模式发生的概率；对故障的检测也只是确定检测方法如何，而没有涉及检测的难易程度等。因此，仅仅进行 FMEA 分析，在某些应用场合就不够深入和细致。FMECA 分析是在 FMEA 的基础上，将危害性分析（CA）引进来。危害性分析就是按每一故障模式的严重程度及该故障模式发生的概率所产生的综合影响对故障模式进行分类，以便全面评价系统中可能出现的各种故障的影响。CA 是 FMEA 的补充或扩展，FMEA 和 CA 的结合就是 FMECA。

根据具体的情况，CA 可以是定性分析，也可以是定量分析。危害性分析（CA）常用的方法有两种，即风险优先数（Risk Priority Number，RPN）法和危害性矩阵法，前者主要用于汽车等民用工业领域，后者主要用于航空、航天等领域。在进行危害性分析时可根据具体情况选择一种方法。

（1）风险优先数法　风险优先数法是综合考虑故障模式发生的概率、故障的影响程度以及故障被检测出的难易程度这三个因素来评价故障的危害性。这三个因素分别命名为故障模式发生概率等级（Occurrence Probability Ranking，OPR）、影响严酷度等级（Effect Severity Ranking，ESR），以及检测难度等级（Detection Difficulty Ranking，DDR）。在进行危害性分析时，通过对某一故障的这三个"等级"具体评定，分别给予它们一定的量化数字或分值，将这些分值的乘积称为风险优先数 RPN。根据 RPN 值的大小，确定故障的危害性大小。

产品故障模式的风险优先数 RPN 为

$$RPN = OPR \times ESR \times DDR \tag{8-66}$$

1）发生概率等级：它是指某一特定的故障原因导致的某种故障模式实际发生的可能性大小或程度。发生概率等级的划分、等级分值以及故障发生的概率参考值，可参考表 8-7。

表 8-7　发生概率等级评分表

等级或分值	可能性	可能性描述	故障概率参考值
1	稀少	故障几乎不发生	$1/10^6$
2	低	故障很少发生	1/20000
3			1/4000
4	中等	故障偶尔发生	1/1000
5			1/400
6			1/80
7	高	故障经常发生	1/40
8			1/20
9	非常高	故障几乎不可避免	1/8
10			1/2

2）严酷度等级：如前所述，严酷度是指故障模式对最终产品影响的严重程度。因此，严酷度等级是指故障模式对整个系统的最终影响程度。严酷度等级的划分、等级分值以及故障影响的严重程度，可参考表 8-8。该表实际上是对表 8-4 的细化。

表 8-8　严酷度等级评分表

等级或分值	程度	严重程度描述
1	轻微	对系统的功能不会产生影响，顾客关注不到
2,3	低	对系统的功能产生轻微影响，顾客可能关注到

(续)

等级或分值	程度	严重程度描述
4,5,6	中等	系统能运行,但系统功能下降,顾客会感觉不满意
7,8	高	系统不能正常运行,基本丧失功能,顾客会感觉很不满意
9,10	非常高	严重影响系统的安全运行,引起生命、财产损失或违反法规

3) 检测难度等级: 检测难度等级是指采用现有的检测方法查出引起故障模式的各种原因的可能性或难易程度。检测难度等级的划分、等级分值,可参考表8-9。

表 8-9 检测难度等级评分表

等级或分值	检测难度	可检测性描述
1,2	非常低	可以检出
3,4	低	有较大的机会检出
5,6	中等	可能检出
7,8	高	不大可能检出
9,10	非常高	不可能检出

对上述三个因素等级的评分结果相乘后将得到 RPN 值,从而可对各故障模式进行相对的危害性评定。那些故障发生可能性高、故障严重程度高以及难以检出的故障模式,其 RPN 值较高,从而危害性较大,应首先采取措施消除或降低危害。

上述有关发生概率、严酷度、检测难度等级的划分并没有唯一的标准,可以根据企业自身的经验和产品的特点制定,但在同一企业内,相类似的产品之间,应采用统一的尺度,以保证相互间具有可比性。

(2) 危害性矩阵法 危害性矩阵法是危害性分析的另一种方法。它是通过确定故障模式的危害程度,并与其他故障模式进行比较,从而为采取补偿措施提供依据。这种方法是通过制作危害性矩阵图的方法来确定故障模式的危害性大小。危害性矩阵图是以故障模式的严酷度等级作为横坐标,纵坐标用故障模式发生的概率等级表示,或者采用产品危害度 C_r 或故障模式危害度 C_m 表示,如图 8-18 所示。对于任何一个故障模式,首先在纵坐标上找到与故

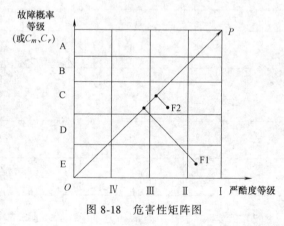

图 8-18 危害性矩阵图

障概率等级,或者 C_r、C_m 对应的点,从该点作一平行于横坐标的直线,该直线与在横坐标上找到代表该故障模式严酷度等级的直线相交,得到的交点就代表该故障模式,并用代码标注。对其他故障模式依次类推,可以获得产品故障模式的危害性矩阵图。在比较故障模式危害性大小时,采用下列方法: 从故障模式点向矩阵图的对角线 (图中 OP 线) 作垂线,垂线与对角线的交点到原点的距离越长,该故障模式的危害性就越大 (如图 8-18 中故障模式 F2 的危害性比 F1 的大),应首先采取补偿措施。危害性矩阵图反映了故障模式的分布状况,

应作为 FMECA 报告的一部分。

从上述分析可知,危害性矩阵法的关键是评定故障模式的发生概率等级,或者计算产品危害度 C_r 或故障模式危害度 C_m。若是通过评定故障模式出现的概率等级,并作为矩阵图的纵坐标进行危害性矩阵分析,这种方法称为定性分析法;若是通过计算故障模式的危害度和产品危害度,并作为矩阵图的纵坐标进行危害性矩阵分析,则称为定量分析法。一般而言,在不能获得准确的产品故障数据(如故障率 λ_p)时,应选择定性分析方法;在可以获得产品的较为准确的故障数据时,则应选择定量的分析方法。下面简单介绍这两种方法。

1) 定性分析方法。它是将每一个故障模式发生的可能性或概率大小分成若干个等级,然后根据所定义的概率级别对每一个故障模式进行评定分级。在国家军用标准 GJB 1391 中给出的一种故障概率等级定义,见表 8-10,它根据产品在使用期间内发生故障概率的大小,把故障模式划分为 5 个等级。

表 8-10 故障概率等级表

等级	故障发生的可能性	概率参考值
A 级	故障经常发生,即故障以大概率发生	大于 20%
B 级	故障有时发生,即故障以中等概率发生	10% ~ 20%
C 级	故障偶然发生,即故障以偶然概率发生	1% ~ 10%
D 级	故障很少发生,即故障以很小概率发生	0.1% ~ 1%
E 级	故障极少发生,即故障的发生概率基本为 0	小于 0.1%

由于通常情况下很难获得产品发生的概率值,因此,也可以参考风险优先数方法中采用绝对分值的方式来确定故障模式的等级。

2) 定量分析方法。如前所述,定量分析方法主要是计算故障模式的危害度 C_m 和产品的危害度 C_r。故障模式的危害度就是通过计算任一故障模式的危害度 $C_{mi}(j)$,来评价该故障模式的危害性:

$$C_{mi}(j) = \alpha_i \beta_i \lambda_p t \tag{8-67}$$

其中,$C_{mi}(j)$ 代表了产品在工作时间 t 内,以第 i 种故障模式发生第 j 类($j=$ Ⅰ、Ⅱ、Ⅲ、Ⅳ)严酷度类别的故障次数。α_i 是故障模式频数比,是产品以故障模式 i 发生故障的比率,可通过数据计算或分析评估得出;β_i 是故障影响概率,是指某一严酷度类别下的第 i 种故障模式发生时,导致这个系统最终影响的条件概率,可通过经验得出;λ_p 是产品的总故障率;t 是任务工作时间。

产品的危害度 $C_r(j)$ 是该产品在第 j 类($j=$ Ⅰ、Ⅱ、Ⅲ、Ⅳ)严酷度类别和特定的工作时间内,各种故障模式危害度 $C_{mi}(j)$ 的总和。所以 $C_r(j)$ 的计算方法如下:

$$C_r(j) = \sum_i^n C_{mi}(j) = \sum_i^n \alpha_i \beta_i \lambda_p t \tag{8-68}$$

其中,$i=1, 2, 3, \cdots, n$;n 为该产品在第 j 类严酷度类别下的故障模式总数;$C_r(j)$ 代表了某一产品在工作时间 t 内,产生的第 j 类($j=$ Ⅰ、Ⅱ、Ⅲ、Ⅳ)严酷度类别的故障次数。

故障模式的危害度 C_m 和产品的危害度 C_r 的计算都是在特定的任务工作时间内和针对特定的严酷度类别进行的,不同的严酷度类别应分别计算。危害性矩阵的定量分析法一般采用危害性分析表进行，见表 8-12。

4. FMECA 的实施步骤

FMECA 的实施与 FMEA 类似，也是通过表格的形式完成的。为了便于实际应用，以计算风险优先数 RPN 的 FMECA 分析为例，将 FMECA 的实施具体步骤列出，以供参考。

1）确定 FMECA 项目和团队。建立项目团队，是实施 FMECA 的重要保证。由于产品系统是一个复杂的结构，可能涉及材料、电子、机械、物理、化学等多种知识，因此，要识别产品的潜在故障，评估其影响的程度，并采取有效的补偿措施，需要各级各类专业人员参与，组成项目团队。

2）收集有关资料，掌握分析对象。FMECA 是否能取得预期的目的，取决于能否最大限度地收集资料，全面透彻地了解所分析的对象。这些资料包括工艺图样、技术文件、标准规范、有关的法律法规、顾客要求与反馈以及同类产品的技术参数和经验教训等。

3）分析故障模式、故障影响及其严酷度。首先应简单陈述被分析对象的功能要求，然后对照功能要求分析评估故障模式，并一一列出。这些故障模式是有可能发生的，如开路、短路、断裂、变形等。在此基础上，分析故障影响，包括对同一层次产品、上一级层次产品以及对整个系统的最终影响。例如丧失功能、噪声、误动作、无法安装、参数漂移、接触不良等。再确定故障模式的严酷度，通常采用分级评分方法描述，见表 8-8。一般最高 10 分，最低 1 分。越严重，分值越高。

4）分析故障原因及其发生的频度。对每一个故障模式在尽可能广的范围内列出每一个故障原因。若原因有多个，需明确主要原因以及容易控制的原因。在此基础上评估每个具体故障原因发生的概率，参考表 8-7。按等级评分，一般最高 10 分，最低 1 分。发生的越频繁，分值越高。

5）分析检测难度。检测难度等级的划分可参考表 8-9。检测难度等级可按此进行评分，一般最高 10 分，最低 1 分。越难检测到，分值越高。

6）计算风险优先数。将严酷度（ESR）、发生的频度（OPN）、检测难度（DDR）的分值代入式（8-66）计算 RPN 值，RPN 值高的故障模式意味着风险极大，必须采取补偿措施，减小 RPN 值。

7）现有控制措施及提出补偿措施。获得 RPN 值后，首先应对排在最前面和最关键的故障模式（例如 RPN 值超过预先规定的下限值，或者故障发生后会危害操作人员的故障模式）制定补偿措施，以降低故障风险。若缺乏有效的补偿措施，FMECA 分析的效果将受到很大影响。补偿措施是在考虑了现有控制措施的基础上来制定的。因此，分析人员应该先确定已经采取的控制措施有哪些，在此基础上，提出合理的补偿措施，包括能有效阻止故障模式发生、减少故障发生概率、减轻故障影响，以及能探测故障发生的控制措施。补偿措施应落实到责任部门和责任人，并且限定完成时间。

8）验证补偿措施的有效性。对于采取的补偿措施的实施情况要及时跟踪并验证其有效性。验证的方法是重新评估严酷度、发生的频度、检测难度，重新计算 RPN 值。补偿措施往往不能一次成功，需要不断调整改进，只有当 RPN 值下降到满意值时，FMECA 工作才告结束。

9）FMECA 报告。FMECA 工作的过程和结果应保持记录，形成 FMECA 报告。基于 RPN 的 FMECA 参考表见表 8-11。

表 8-11 FMECA 表（基于 RPN） 第 页 共 页

标号	产品或功能标志	功能	故障模式	故障原因	故障影响	现存条件				补偿措施	措施责任部门和完成时间	补偿措施验证	结果				备注
						控制措施	ESR	OPN	DDR	RPN				ESR	OPN	DDR	RPN	

| 审核 | | 批准 | | | 日期 | |

基于危害性矩阵定量分析法的 FMECA 分析表，见表 8-12。该表与表 8-11 类似，与表 8-6FMEA 表格的前部分栏目也是类似的，因为 FMECA 是在 FMEA 基础上完成的。在实际应用时，这些表格可根据具体情况适当调整，增加或减少不必要的栏目，以便于应用。

表 8-12 FMECA 表（基于危害性矩阵定量分析法） 第 页 共 页

标号	产品或功能名称	功能	故障模式	故障原因	任务阶段与工作模式	故障影响	严酷度类别	故障概率及故障率数据源	故障率 λ_p	故障模式频数比 α_i	故障影响概率 β_i	工作时间 t	故障模式危害度 C_m	产品危害度 C_r	备注

| 审核 | | 批准 | | | 日期 | |

在实施 FMECA 时应注意一些问题。FMECA 工作应由承担对应任务的人员在该工作任务实施阶段同步完成。例如，对于设计 FMECA，应由承担产品设计的人员来完成，并应与产品的设计同步进行，尤其应在设计的早期阶段就开始进行 FMECA，这将有助于及时发现设计中的薄弱环节并为确定补偿措施的先后顺序提供依据。针对方案论证、设计、制造、使用等不同阶段，应进行不同程度、不同层次的 FMECA 分析，并对 FMECA 的结果及时进行跟踪与分析，以验证其正确性和补偿措施的有效性。另外，在进行 FMECA 分析时，应与其他可靠性分析方法结合起来使用，而不能用 FMECA 分析方法代替其他可靠性分析方法。

5. 应用举例

例 8-11 表 8-13 是某产品主要零部件 FMECA 分析。

表 8-13 某产品主要零部件 FMECA 表（部分）

序号	产品或过程	功能	故障模式	故障原因	故障影响	现存条件				
						控制措施	OPN	ESR	DDR	RPN
1	法兰垫片	密封	开裂	材料低温脆裂	液体泄漏	抢修/巡检	7	10	5	350

(续)

序号	产品或过程	功能	故障模式	故障原因	故障影响	现存条件			
						控制措施	OPN	ESR	DDR	RPN
2	阀门	控制流体	阀门垫片磨损/开裂	材料弹性差/耐磨性差	液体泄漏	抢修/巡检	2	10	3	60
3	液位计	箱内液体计量	指针摆动	表针失效	计量不准	抢修/巡检	1.5	5	2	15
4	防爆膜	在额定压力下爆裂	低于额定压力爆裂	空气腐蚀	气体泄漏	抢修/巡检	1	7	4	28

从表 8-13 中看出法兰垫片开裂的故障模式危害性最大，针对此故障模式，选用了不易开裂的不锈钢缠绕式垫片，改进后的风险优先数 RPN 值由 350 降至 20。采取措施后的重新评估、重新计算在表中未列出。

例 8-12 表 8-14 是某焊接过程的 FMECA 分析（部分）。

表 8-14 某焊接过程 FMECA 表（部分）

序号	过程	功能	故障模式	故障原因	失效影响	现存条件			
						控制措施	OPN	ESR	DDR	RPN
1	焊接	连接	冷焊接	BTU 参数设置不连续	功能性失误	班次内剖面检查	1	8	1	8
				焊接胶水问题		原卡检查	2		2	32
			焊球	焊接胶水问题	可靠性降低	原卡检查	5	3	4	60
				过程控制问题		卡片在 1h 内必须回暖箱 1 次	5		3	45

例 8-13 表 8-15 是某分压器电路 FMECA 分析（部分）。

表 8-15 某分压器电路 FMECA 表（部分）

系统名称	分压器	结构级别	初始级	规定功能	分压
参考图样	DW001	填表日期	××年××月××日	分析人	×××

产品名称	故障模式	故障原因	故障影响			严酷度类别	危害性分析					补偿措施
			局部影响	上一级影响	最终影响		α	β	λ/h^{-1}	t/h	C_m	C_r	
电阻 1	开路	开焊	开路	无输出电压 $V_0=0V$	同左	Ⅲ	0.31	1.0	1.1×10^{-8}	80000	2.728×10^{-4}	$C_r(Ⅲ)=$ 8.536×10^{-4} $C_r(Ⅱ)=$ 2.11×10^{-5} $C_r(Ⅰ)=$ 5.28×10^{-6}	略
	短路	外部短路	短路	输出电压 $V_0=10V$	同左	Ⅱ	0.03	0.8	1.1×10^{-8}	80000	2.112×10^{-5}		
				烧坏分压器	同左	Ⅰ	0.03	0.2	1.1×10^{-8}	80000	5.28×10^{-6}		
	参数漂移	内部缺陷	参数漂移	在参数漂移 −50% 时输出 $V_0=0.26V$	同左	Ⅲ	0.66	1.0	1.1×10^{-8}	80000	5.808×10^{-4}		
电阻 2													

8.5.2 故障树分析

1. 基本概念

故障树分析（FTA）是一项可靠性评价分析技术，在航空航天、核能、国防等工业领域得到了广泛应用。它将产品故障作为分析目标,由总体至部分,按树枝状结构,自上而下逐层细化,分析产生故障的各种原因及逻辑关系,是一种图解技术,如图8-19所示。

在建立故障树时,一般将故障称为顶事件(T),最低层原因称为底事件(x),其他称为中间事件(M),使用标准符号描述各事件和FTA的逻辑关系,从而确定产品故障原因的各种可能组合,以便于分析。

故障树归纳起来可以描述为把一件不希望发生的事件作为顶事件(树根),引起顶事件的直接原因作为中间事件(树干),引起中间事件的直接原因作为次中间事件(树枝),引起次中间事件的直接原因作为底事件(树叶)。把这些事件及它们之间的逻辑关系用标准的符号画出来,就像一颗倒置的树,所以称为故障树,如图8-19所示。

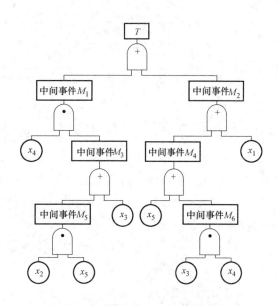

图 8-19 故障树示意图

2. 故障树中的符号

故障树中的符号有事件符号和逻辑符号两类,常用故障树符号见表8-16。

表 8-16 常用故障树符号

符号	名称	符号说明
(矩形)	事件	在矩形内注明故障定义,其下与逻辑门连接
(圆形)	基本事件(底事件)	在故障树中不可再分解,是在设计的运行条件下所发生的随机故障事件,一般来说它的概率分布是已知的
与门 $A,B \to X$	与门	若A、B为输入事件,两事件必须同时发生,才能导致X事件发生,即$X = A \cap B$
或门 $A,B \to X$	或门	若A、B为输入事件,两事件至少有一个事件发生,才能导致X事件发生,即$X = A \cup B$
(菱形)	省略事件	表示那些可能发生,但概率值较小,或者不需要进一步分析的故障事件
(六边形+条件)	禁止门	若给定条件满足,则输入事件A直接引起输出事件X发生,否则输出事件不发生。椭圆内注明限制条件

符号	名称	符号说明
△A	入三角门	位于故障树的底部，表示树的 A 部分分枝在另外的地方
△A	出三角门	位于故障树的顶部，表示树 A 是另外绘制的故障树的子树

3. 故障树的建树步骤

（1）收集资料　收集分析产品及其故障的有关技术资料，包括设计资料、试验资料、使用维护资料、故障信息等。

（2）选择和确定顶事件　把产品不希望出现的故障作为故障树的顶事件。在产品分析中，顶事件是已知的或设定的，故障树分析就是通过演绎法找出导致顶事件发生的原因。

（3）建立故障树

1）顶事件确定后，作为故障树的根，画在最上面。

2）然后找出导致顶事件的所有可能的直接原因，作为第一级中间事件。

3）根据顶事件和紧接的中间事件之间的逻辑关系，用适当的逻辑门把它们连接起来。

4）再把造成第一级中间事件的各种直接原因找出来，也用适当的逻辑门把它们连接起来。

如此一直逐级分析下去，一直追溯到那些原始的或故障规律已掌握的原因（即底事件或基本事件）为止，这样就得到了一棵倒置的故障树。

（4）简化故障树　故障树建立完成后，若故障树比较复杂，可以对所建故障树进行合理简化，以便进行定性和定量分析。简化可以应用模块分解法、逻辑简化法等方法。

以某电动机过热为顶事件来说明故障树的建立过程。电动机电路的原理图如图 8-20 所示。

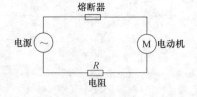

图 8-20　电动机电路原理图

在导线、接点都正常，而且无外力作用的条件下，如果选取电动机过热事件为顶事件，则电动机过热的直接原因可能是被卡死或电动机电流过大；而电动机电流过大（即为第一级中间事件），只有在回路电流过大，熔断器不起保护作用两种情况同时发生才会出现；回路电流过大（第二级中间事件）是因为电源电压过高或电阻短路才会出现，到此无须再继续追溯下去，即找到了底事件。根据以上分析的逻辑关系，用适当的逻辑符号连接这些事件就得到了电动机过热的故障树，如图 8-21所示。

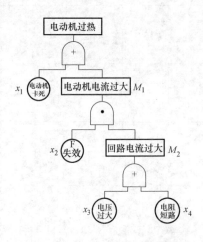

图 8-21　电动机过热的故障树

4. 故障树的定性分析

（1）割集和最小割集　故障树建立完成，必要时，经过简化以后，需要对故障树进行定性和定量分析。故障树的定性分析就是根据构成故障树的各事件的逻辑关系，找出导致顶事件发生的各种可能的原因事件及原因事件的组合。从数学上讲，就是求出故障树所有的割集和最小割集。所谓割集是指故障树中一些底事件的集合。当这些底事件同时发生时，顶事件必然发生。若将某个割集中所含的底事件任意去掉一个就不再成为割集了，这样的割集就是最小割集。可见，割集是顶事件发生的充分条件，最小割集是顶事件发生的充分必要条件。

（2）最小割集的求法　如果故障树的结构较复杂，引起顶事件的原因事件较多，在求最小割集的过程中，可能会涉及大量的分析和计算，一般需要计算机来完成，简单的故障树可以人工完成。求最小割集的方法很多，下行法和上行法是求最小割集的常用方法。

1) 下行法。它是从顶事件开始沿着故障树由上而下进行，先列出顶事件，再列出第一行事件，第二行事件，依次类推。在列出过程中，顺次将下一行事件代替上一行事件。代替的方式或列出的方式与上下这两行事件之间的逻辑关系有关。如果上下行事件之间是"与门"连接，即逻辑与关系，将下一行事件（与门的输入）横向并列写在上一行事件的右边，上下行事件之间用箭头连接；如果上下行事件之间是"或门"连接，即逻辑或关系，将下一行事件（或门的输入）竖向串列写在上一行事件的右边，上下行事件之间用箭头连接。按此方法逐行事件分析下去，直到全部事件都置换为底事件为止。这样得到的底事件的组合只是割集，还要用集合运算规则加以简化、吸收，才能得到全部最小割集。以图 8-19 所示的故障树为例，其置换线路图如图 8-22 所示，由顶事件 T 开始，遇"或门"，置换为 M_1、M_2 并沿竖直方向列出；M_1 下面为与门，将 M_1 置换为 $x_4 M_3$ 并横向列出；M_2 下面为或门，置换为 x_1、M_4 并沿竖直方向列出；依次类推得到割集：

$$\{x_4, x_3\}, \{x_4, x_2, x_5\}, \{x_1\}, \{x_5\}, \{x_3, x_4\}$$

通过集合运算吸收律规则，简化以上割集。因为

$$x_5 \cup x_4 x_2 x_5 = x_5$$

所以 $x_4 x_2 x_5$ 被吸收，得到全部最小割集

$$\{x_1\}, \{x_5\}, \{x_3, x_4\}$$

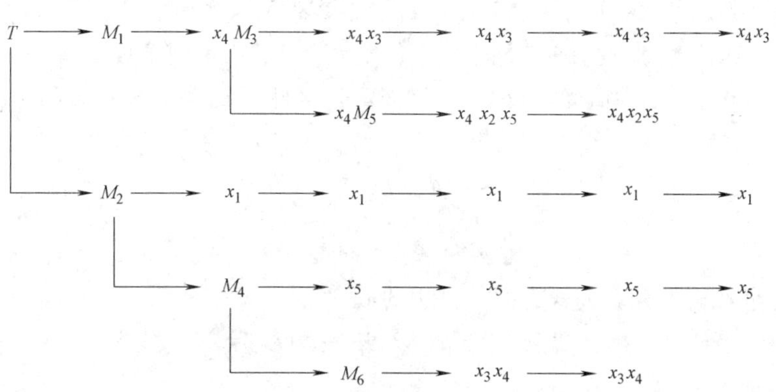

图 8-22　由故障树求最小割集置换路线图

再如，图 8-21 所示的故障树共有四个底事件，即电动机卡死事件 x_1、熔断器失效事件 x_2、电源电压过高事件 x_3、回路电阻短路事件 x_4。根据与、或门的性质和割集的定义，利用下行法可方便找出该故障树的割集 $\{x_1\}, \{x_2, x_3\}, \{x_2, x_4\}, \{x_2, x_3, x_4\}, \{x_1, x_2, x_3, x_4\}$ 等，

由于
$$x_1 \cup x_1x_2x_3x_4 = x_1, \quad x_2x_3 \cup x_2x_3x_4 = x_2x_3$$
所以只有 $\{x_1\}$，$\{x_2, x_3\}$，$\{x_2, x_4\}$ 是最小割集。

2）上行法。它是沿着故障树由下往上进行。从故障树的最下一行事件开始，按照故障树中的逻辑关系以及逻辑事件的运算规律，逐步将上一行事件用下一行事件表示，最后将顶事件表示成底事件乘积的和的形式，从而求得故障树的割集，再用集合运算规则加以简化、吸收，得到全部最小割集。以图 8-19 为例：

故障树的最下一行有 $M_5 = x_2x_5$，$M_6 = x_3x_4$

上一行有 $M_3 = x_3 + M_5$，$M_4 = x_5 + M_6$

再上一行有 $M_1 = x_4M_3$，$M_2 = x_1 + M_4$

最上一行有 $T = M_1 + M_2$

逐级代入，可以得到
$$T = M_1 + M_2 = x_3x_4 + x_2x_4x_5 + x_1 + x_5 + x_3x_4$$
通过集合运算吸收律规则简化，因为
$$x_5 \cup x_4x_2x_5 = x_5$$
得到
$$T = M_1 + M_2 = x_3x_4 + x_1 + x_5$$

上行法与下行法所得结果相同。但下行法采用图表的形式来求割集，直观易懂，步骤清晰，不易出错；上行法看起来简单，但迭代运算步骤较多，运算起来不是很方便，通常下行法用得较多。

5. 故障树的定量分析

故障树的定量分析主要是计算顶事件发生的概率，也就是系统的故障概率或不可靠度。只要知道各个底事件的概率，就可以利用最小割集计算顶事件产生的概率，即进行定量计算。这种计算一般假设各个底事件之间是相互独立的，而且底事件和顶事件只有发生和不发生（故障和正常）两种状态。若顶事件的状态用 ϕ 表示，底事件的状态用变量 x_i （$i = 1, 2, \cdots, n$）表示，x_i 的值为 0 和 1，分别表示底事件不发生、发生两种状态。则函数 $\phi(X) = \phi(x_1, x_2, \cdots, x_n)$ 表示顶事件 T 的状态，T 的值为 0 和 1，分别表示顶事件不发生和发生。若故障树有 k 个最小割集：
$$\boldsymbol{K} = (K_1, K_2, \cdots, K_k)$$
$$T = \phi(\boldsymbol{X}) = \bigcup_{j=1}^{k} K_j(\boldsymbol{X}) \tag{8-69}$$

根据相容事件概率计算公式，故障发生的概率
$$P(T) = P(K_1 + K_2 + \cdots + K_k) =$$
$$\sum_{i=1}^{k} P(K_i) - \sum_{i<j=2}^{k} P(K_iK_j) + \sum_{i<j<l=3}^{k} P(K_iK_jK_l) + \cdots + (-1)^{k-1} P(K_1K_2\cdots K_k) \tag{8-70}$$

在图 8-21 中，假定事件 x_1、x_2、x_3、x_4 出现的概率分别为 0.1、0.2、0.3、0.4，则电动机过热顶事件发生的概率计算如下：

顶事件 $T = x_1 + x_2x_3 + x_2x_4$，则
$$P(T) = P(x_1 + x_2x_3 + x_2x_4) = P(x_1) + P(x_2x_3) + P(x_2x_4)$$

$$-P(x_1x_2x_3)-P(x_1x_2x_4)-P(x_2x_3x_4)+P(x_1x_2x_3x_4)$$
$$=0.1+0.2\times0.3+0.2\times0.4-0.1\times0.2\times0.3-0.1\times0.2\times0.4$$
$$-0.2\times0.3\times0.4+0.1\times0.2\times0.3\times0.4=0.2044$$

采用式 (8-70) 计算顶事件的概率可以得到比较精确的结果，但计算量相当大，而且底事件的概率往往是通过统计计算得到的，本身也不是很准确，利用底事件概率数据来精确计算顶事件概率，没有实际意义，而且在实际工程应用中也没有必要。因此，通常采用式 (8-70) 的首项来近似计算顶事件的概率，即

$$P(T)=\sum_{i=1}^{k}P(K_i) \tag{8-71}$$

利用式 (8-71) 重新计算上例电动机过热顶事件发生的概率：
$$P(T)\approx P(x_1)+P(x_2x_3)+P(x_2x_4)=0.1+0.2\times0.3+0.2\times0.4=0.24$$

与精确计算结果相比相对误差在 17% 左右。如果取前两项计算，顶事件发生的概率约为 $P(T)=0.202$，相对误差在 1.2% 左右。该故障树的底事件的故障发生概率是相当高的，近似计算的误差尚且不算大，实际情况底事件的概率比较低，所以，近似计算一般能满足实际需要。

另外，实际工作中，底事件的概率数据往往比较缺乏或数据不太准确，进行故障树定量分析会存在一些困难。而故障树的定性分析，例如通过分析最小割集中底事件的数目、同一底事件出现在不同最小割集的次数等，往往可以为故障诊断与维修、系统改进提供依据。

6. 应用举例

例 8-14 静电引起 LPG 燃爆的故障树分析，如图 8-23 所示。

例 8-15 压力容器爆炸故障树分析，如图 8-24 所示。

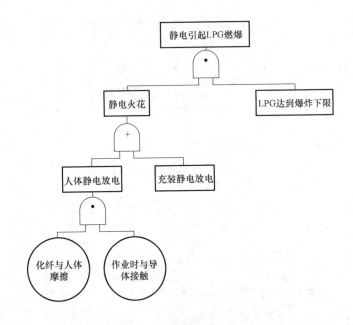

图 8-23 静电引起 LPG 燃爆的故障树

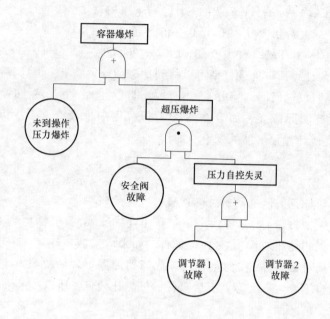

图 8-24 压力容器爆炸故障树

例 8-16 可锻铸铁灰点缺陷的故障树分析。

以可锻铸铁的铸态断面上常见的"灰点"缺陷为例,把它作为顶事件,依据传统形成机理及影响因素,做了系统分析,建成如图 8-25 所示的灰点缺陷故障树。

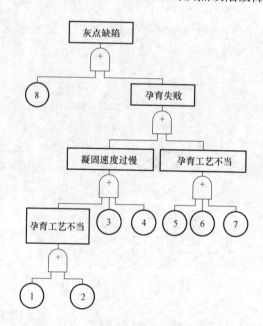

图 8-25 可锻铸铁灰点缺陷的故障树
1—壁厚过大 2—浇注系统及冒口设置不当形成热节 3—浇注温度偏高
4—铸型材料激冷能力较差 5—孕育剂成分不当 6—孕育剂加入量不足
7—孕育操作不当 8—铁水中碳、硅质量分数偏高

8.5.3 FMECA 与 FTA 比较

本节重点介绍了 FMECA 与 FTA 两种可靠性分析方法，这两种方法在可靠性工程领域都得到了广泛的应用。从以上叙述可知，这两种方法各有其特点。FMECA 方法是从系统中元件的故障模式、故障原因分析开始，确定故障对系统的危害或后果，是从故障原因到故障影响结果的一种分析方法，或者说是从下向上的分析方法。而 FTA 方法是从故障开始分析，追溯产生故障的直接原因，是一种从结果到原因的分析方法，或者说是从上到下的分析方法。如果将两种方法结合起来使用，两种方法的输入和输出可以互为应用，会起到更好的分析效果。FMECA 方法与 FTA 方法在产品寿命周期内的任何阶段都可以应用，两种方法都可以采用图表的形式来实施，直观清晰。FMECA 方法不需要太多的数学知识，便于企业一般的工程技术人员使用，而 FTA 方法的故障树建立、简化，以及定量计算较为复杂烦琐，但 FTA 方法由于反映了各事件之间的逻辑关系，可以通过计算故障的失效概率来计算系统的可靠性特征量，FMECA 方法在这方面比较欠缺。

另外，事件树分析法（ETA）也是可靠性工程中经常用到的分析方法。ETA 方法是一种给定一个初因事件（如缺陷）的前提下，分析初因事件可能导致的各种事件（后续事件）序列的结果即后果事件（如损伤、危害、风险度等），从而可以评价系统的可靠性与安全性。由于事件序列用图形表示，并且呈树状，故得名事件树。故障树分析与事件树分析两种方法的侧重点不同，故障树分析是从后果事件开始，分析原因，而事件树分析是从初因事件开始分析所有可能的后续事件及后果事件。在实际应用时可将两种方法综合应用，而且可以将 FMECA 方法结合进来，使问题的分析更透彻。有关事件树分析法在此不繁述。

*8.6 可靠性试验

可靠性试验是指为了评价或提高产品（包括系统、设备、元器件等）可靠性而进行的试验。在产品开发、生产的各环节都要安排一系列的可靠性试验，以获得可靠性数据，据此分析产品的可靠性，同时，通过对试验中发生故障的原因进行分析研究，采取纠正措施，提高产品的可靠性。因此，可靠性试验是调查、分析、评价和提高产品可靠性的重要手段。

根据不同的试验目的、不同的可靠性工程阶段、不同的试验条件等，可靠性试验有多种分类方法。可靠性试验按照国家军用标准，根据试验目的，将可靠性试验分为可靠性工程试验和可靠性统计试验。可靠性工程试验包括可靠性增长试验和环境应力筛选试验；可靠性统计试验，又称可靠性验证试验，包括可靠性鉴定试验和可靠性验收试验。此外，在生产过程中，为了保证产品可靠性而进行的老练试验和筛选试验，习惯上也统称为可靠性试验。

1. 可靠性工程试验

（1）可靠性增长试验　可靠性设计完成后，需要通过在规定的环境应力下进行试验，以暴露产品的薄弱环节，然后采取措施，防止薄弱环节或故障再现。这种为暴露产品的可靠性薄弱环节并证明改进措施能防止薄弱环节再现而进行的可靠性试验，称为可靠性增长试验。规定的环境应力可以是产品实际的环境应力、模拟环境应力或加速变化的环境应力。

试验本身并不能提高产品的可靠性，只有采取了有效的纠正措施来防止产品在试验过程中出现的故障之后，产品的可靠性才能真正提高。因此，产品研发和制造过程中都应促进可靠性增长，应制订可靠性增长计划。

（2）环境应力筛选试验　环境应力筛选试验是通过在产品上施加一定的环境应力，以剔除由不良零部件或工艺缺陷引起的产品早期故障的一种试验方法。这种早期故障通常用常规方法和目视检查等是无法发现的。环境应力不必准确模拟真实的环境条件，但不应超过产品设计能耐受的极限。

2. 可靠性验证试验

产品的可靠性设计完成后是否有效，其可靠性水平是否满足设计预定的目标或指标要求，需要通过试验加以验证。这种验证产品可靠性而进行的可靠性试验，称为可靠性验证试验。可靠性验证试验又可分为可靠性鉴定试验和可靠性验收试验。

可靠性鉴定试验是为了验证开发的产品的可靠性是否与规定的可靠性要求一致，选用具有代表性的产品在规定条件下所做的试验。它是设计定型阶段的可靠性验证试验，其目的是判断产品可靠性是否达到规定的指标要求，为设计定型提供依据。

可靠性验收试验就是生产交付阶段的可靠性验证试验，其目的是检验某批产品是否因生产过程中各种因素影响使可靠性降低，从而确定该批产品能否被接收。

可靠性工程是复杂的系统工程，除了上述介绍的可靠性设计、可靠性分析、可靠性试验以外，还有可靠性评审或鉴定、可靠性管理等工作。

习　题

8-1　描述可靠性的特征指标主要有哪些？
8-2　简述故障密度、可靠度、故障概率的定义及它们之间的关系。
8-3　故障率分为哪几类？各有什么特点？
8-4　画出故障率曲线并简述故障率曲线的三个阶段。
8-5　常用寿命分布函数有哪些？分别写出它们的故障密度函数。
8-6　可靠性设计的主要技术和方法有哪些？
8-7　写出串联和并联可靠性模型的可靠度计算公式。
8-8　简述可靠性预计的元器件计数法、应力分析法、上下限法。
8-9　简述可靠性分配的原则。
8-10　简述可靠性分配的等分配法、评分分配法、AGREE 方法。
8-11　比较可靠性预计与可靠性分配的区别。
8-12　简述 FMECA 实施步骤。
8-13　简述危害性分析的风险优先数方法。
8-14　简述故障树分析法的建树步骤。
8-15　可靠性试验分为哪几类？
8-16　已知某产品的故障率密度函数为 $f(t) = 0.002e^{-0.002t}$，试求在 $t=1000\text{h}$ 时的可靠度、失效率与平均寿命。
8-17　试求图 8-26 所示系统的可靠度函数及平均寿命。假设 A、B、C 各单元均服从指数分布，失效率 $\lambda_1 = \lambda_2 = 2\times10^{-3}\text{h}^{-1}$，$\lambda_3 = 1\times10^{-4}\text{h}^{-1}$。

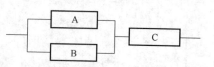

图 8-26　习题 8-17 可靠性框图

8-18 设一个电子产品由 17 个同等复杂且同等重要的部件串联组成，如果该电子产品的 C_p 要求达到 0.67，产品批量 $N=1000$，则

（1）产品不合格品率 p 不能大于多少？当对此要求选用抽样方案时（一次正常，$IL=\mathrm{II}$），求选用的 AQL（%）和抽样方案。

（2）部件的不合格品率要求不高于多少？当对部件的质量要求选用抽样方案时（一次正常，$IL=\mathrm{II}$），求选用的 AQL（%）和抽样方案。

8-19 设系统由 A、B、C 三个分系统串联组成。已知各分系统可靠度 $R_A=0.9$，$R_B=0.8$，$R_C=0.85$。若要求系统可靠度为 0.7，试采用等值分配法对三个分系统进行可靠度再分配。

第9章 质量认证

9.1 质量认证的起源与发展

认证是商品经济发展的产物,最早出现在 20 世纪初机器工业发达的英国,当时诸如锅炉等与人身和财产安全相关的工业产品不断出现严重质量事故,给社会和企业造成了很大损失。1903 年英国政府为了遏制伪劣工业产品,首先对锅炉产品实施以"认证"为必备过程的市场准入制度,凡生产制造的锅炉通过认证授予"BS"标志(风筝标志)才能进入市场。随着世界贸易的发展,产品认证制度在西方发达国家逐步推广。第二次世界大战期间,美国军需产品存在不少质量问题,如战斗机在使用中事故率高达 24%。美国国防部第一次对军需产品生产商提出了工厂质量体系的保证能力要求,由国防部官员和技术专家到生产供应商的工厂现场检查评价后,再在质量体系符合要求的供应商中选择军需产品生产供应者。这种方法在战争结束后为英国、加拿大等运用,成为后来的质量体系认证。

第二次世界大战结束后,世界经济复苏,西方发达国家间的贸易活跃起来,由于贸易不平衡而产生的贸易保护措施也随之增多,其中最主要的是关税壁垒和技术壁垒。在技术壁垒方面,就是用"标准"来限制他国产品输入。1928 年,"世界企业标准化联盟"成立,着力于产品标准的国际协调统一工作。1947 年这个组织更名为"国际标准化组织",即"ISO"。在此期间,另一个制定产品标准的组织——国际电工委员会(IEC)也建立起来。它们都是致力于建立国际协调统一的产品标准,促进世界贸易的国际民间组织,也是联合国的甲级咨询机构。

从 20 世纪初期至 80 年代初,世界上的认证都是产品认证,ISO 和 IEC 所制定的产品标准,给国际贸易中消除技术壁垒提供了很好的支持。ISO 在制定了 14000 多个产品标准后,面对越来越多的新产品,发现如果保证产品质量的管理基础不解决,不仅制定标准的任务越来越重,而且推广标准的难度也越来越大。

ISO 从 1979 年开始着手制定"管理标准",以英国 BS5750 标准和加拿大 CASZ299 标准为参照制定质量保证的要求。1987 年,ISO 发布了 ISO 9000 系列标准,即质量保证体系标准,到现在这套标准已经经过了 4 次修订(1994 年、2000 年、2008 年、2015 年),已成为各国企业的质量管理体系认证依据。

我国的认证工作是在改革开放以后,20 世纪 90 年代初期才开始的,随着经济社会的迅速发展和社会主义市场经济体制的逐步完善,认证事业也迅速发展,促进了我国企业素质和产品质量的提高,促进了国际和国内贸易的发展。

认证是市场经济条件下,维护公平和信用的一种重要手段,是促进产品质量和企业管理改善的一种有效途径,也是消除贸易技术壁垒,促进贸易发展,节约社会成本的有效方法。

从上叙过程可知,质量认证从认证对象的角度可分为产品质量认证和质量管理体系认证。

9.2 产品质量认证

产品认证是由可以充分信任的第三方证实某一产品或服务符合特定标准或其他技术规范的活动。

产品质量认证的对象是特定产品，包括服务。认证的依据或者说获准认证的条件是产品（服务）质量要符合指定的标准要求，质量体系要满足指定质量保证标准要求，证明获准认证的方式是通过颁发产品认证证书和认证标志。其认证标志可用于获准认证的产品上。产品质量认证又有两种：一种是安全性产品认证（即强制性产品认证），它通过法律、行政法规或规章规定强制执行认证；另一种是合格认证，属自愿性认证（即非强制性产品认证称为自愿性产品认证），是否申请认证，由企业自行决定。前者是强制性的，后者是自愿的，如输美产品的 UL 认证、输欧产品的 CE 认证等均属安全认证。

实行强制性监督管理的认证是法律、行政法规或联合规章规定强制执行的认证。凡属强制性认证范围的产品，企业必须取得认证资格，并在出厂合格的产品上或其包装上使用认证机构发给的特定认证标志。否则，不准生产、销售或进口和使用。因为这类产品涉及广大人民群众和用户的生命和财产安全。

9.2.1 我国强制性产品认证

安全认证在我国实行强制性监督管理。我国 2009 年制定发布了《强制性产品认证管理规定》。规定指出：国家对涉及人类健康和安全、动植物生命和健康，以及环境保护和公共安全的产品实行强制性认证制度。强制性认证模式是依据产品的性能，对人体健康、环境和公共安全等方面可能产生的危害程度、产品的生命周期特性等综合因素，按照科学、便利等原则予以确定。强制性产品认证可采用设计鉴定、型式试验、制造现场抽取样品检测或检查、市场抽样检测或企业质量管理体系审核、获得认证的后续跟踪检查等方式实施。

国家对强制性产品认证公布统一目录《中华人民共和国实施强制性产品认证的产品目录》，确定统一使用的国家标准、技术规则和实施程序，制定和发布统一的标志，规定统一的收费标准（即四个统一：统一目录、统一标准和技术规则及发布程序、统一标志、统一收费）。我国强制性产品认证标志——CCC 标志，是中国强制认证（China Compulsory Certification）的英文缩写。其部分认证标志如图 9-1 所示。

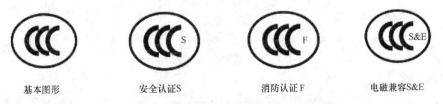

图 9-1 部分 3C 认证标志

需要注意的是，3C 标志并不是质量标志。3C 认证要求是产品最基本的技术标准，是从健康安全和环保方面对产品进行验证的。通过 3C 认证的产品，安全性、环保性是值得信赖的，并不证明该产品的质量 100% 符合标准和要求。

我国《第一批实施强制性产品认证的产品目录》见表 9-1。目录共有 19 类 132 种产品，2003 年 5 月 1 日开始实施。

表 9-1 第一批实施强制性产品认证的产品目录

序号	类别	产品种数	序号	类别	产品种数
1	电线电缆	5	11	电信终端设备	9
2	电路开关及保护或连接用电器装置	6	12	机动车辆及安全附件	4
3	低压电器	9	13	机动车辆轮胎	3
4	小功率电动机	1	14	安全玻璃	3
5	电动工具	16	15	农机产品	1
6	电焊机	15	16	乳胶制品	1
7	家用和类似用途设备	18	17	医疗器械产品	7
8	音视频设备类（不包括广播级音响设备和汽车音响设备）	16	18	消防产品	3
9	信息技术设备	12	19	安全技术防范产品	1
10	照明设备（不包括电压低于 36V 的照明设备）	2	—	—	—

9.2.2 国外部分产品认证介绍

世界大多数国家和地区设立了自己的产品认证机构，使用不同的认证标志来表明认证产品对相关标准的符合程度，如 UL 是美国保险商实验室安全试验和鉴定认证、CE 是欧盟安全认证、VDE 是德国电气工程师协会认证等。

(1) UL 认证　UL (Underwriter Laboratories Inc.) 采用科学的测试方法来研究确定各种材料、装置、产品、设备、建筑等对生命、财产有无危害和危害的程度；确定、编写、发行相应的标准和有助于减少及防止造成生命财产受到损失的资料，同时开展实情调研业务，UL 认证的标志如图 9-2a 所示。

(2) CE 认证　CE (Conformite Europeenne, 代表欧洲统一) 提供产品是否符合有关欧洲指令规定的主要要求。CE 认证标志（见图 9-2b）的使用现在越来越多，加贴 CE 标志的商品表示其符合安全、卫生、环保和消费者保护等一系列欧洲指令所要表达的要求。CE 只限于产品不危及人类、动物和货品的安全方面的基本安全要求，而不是一般质量要求，一般质量要求是产品标准的任务。

图 9-2　UL 认证与 CE 认证标志
a) UL 认证标志　b) CE 认证标志

(3) FCC 认证　FCC (Federal Communications Commission, 美国联邦通信委员会) 通过控制无线电广播、电视、电信、卫星和电缆来协调国内和国际的通信。许多无线电应用产品、通信产品和数字产品要进入美国市场，都要求 FCC 的认可。FCC 认证的标志如图 9-3a 所示。

(4) CSA 认证　CSA (Canadian Standards Association) 是加拿大的产品认证，对机械、

建材、电器、电脑设备、办公设备、环保、医疗防火安全、运动及娱乐等方面的所有类型的产品提供安全认证。CSA 认证的标志如图 9-3b 所示。

a)

b)

图 9-3 FCC 认证与 CSA 认证标志
a) FCC 认证标志 b) CSA 认证标志

图 9-4 RoHS 认证标志

（5）RoHS 认证　RoHS 认证的标志如图 9-4 所示。它是由欧盟立法制定的一项强制性标准，它的全称是《关于限制在电子电器设备中使用某些有害成分的指令》（The restriction of the use of certain hazardous substances in electrical and electronic equipment）。该标准已于 2006 年 7 月 1 日开始正式实施，主要用于规范电子电气产品的材料及工艺标准，使之更加有利于人体健康及环境保护。该标准的目的在于限制或消除电子电气产品中的汞、铅、镉、六价铬、多溴联苯和多溴二苯醚共 6 项物质，并重点规定了铅的含量不能超过 0.1%。规定的最高限量指标是：

镉：0.01%（100PPM）；

铅、汞、六价铬、多溴联苯、多溴二苯醚：0.1%（1000PPM）。

含有这些物质的产品列举如下：

1）汞（水银）：使用汞的例子如温控器、传感器、开关和继电器、灯泡。

2）铅：使用铅的例子如焊料、玻璃、PVC 稳定剂。

3）镉：使用镉的例子如开关、弹簧、连接器、外壳和 PCB、触点、电池。

4）铬（六价）：使用铬（六价）的例子如金属防腐蚀涂层。

5）多溴联苯（PBB）：使用多溴联苯的例子如阻燃剂、PCB、连接器、塑料外壳。

6）多溴二苯醚（PBDE）：使用多溴二苯醚的例子如阻燃剂、PCB、连接器、塑料外壳。

9.3　质量管理体系认证

9.3.1　ISO 9001 质量管理体系认证

质量管理体系认证（ISO 9001 认证）的对象是企业的质量体系，或者说是企业的质量管理能力。认证的根据或者说获准认证的条件，是企业的质量体系应符合申请的质量管理体系标准即 ISO 9001 标准和必要的补充要求。获准认证的证明方式是通过颁发具有认证标志的质量体系认证证书。但证书和标志都不能在产品上使用。质量体系认证都是自愿性的。不论是产品质量认证，还是质量体系认证都是第三方从事的活动，确保认证的公正性。

ISO 9001 质量管理体系标准是由 ISO 组织发布的关于企业质量管理的标准。ISO 是国际标准化组织（International Organization for Standardization）名称的英文缩写。国际标准化组织是由多国联合组成的非政府性国际标准化机构，1947 年成立于瑞士日内瓦，负责制定在世界范围内通用的国际标准，以推进国际贸易和科学技术的发展，加强国际经济合作。ISO 的技术工作是通过技术委员会（简称 TC：共 185 个技术委员会）来进行的。根据工作需要，每个技术委员会可以设若干分委员会（简称 SC：共 611 个）。TC 和 SC 下面还可设立若干工作组（简称 WG：共 2022 个），具体负责标准的起草。其中有关质量管理方面的标准由质量管理和质量保证技术委员会（TC176 技术委员会）制定。

1. ISO 9001 的发展过程

20 世纪 50 年代末，在采购军用物资过程中，美国颁布的 MIL-Q-9858A《质量大纲要求》提出了承包商要制定和保持一个与其经营管理、技术规程相一致的有效、经济的质量保证体系要求，对设计、制造、装配、检验、试验、防护、包装、运输、储存和安装等各个阶段做了规定。20 世纪 60 年代，北大西洋公约组织在美国质量管理军标的基础上，制定了"质量体系规范"（AQAP-1）和"检验系统规范"（AQAP-4 和 AQAP-9），英国国防部也以上述为基础制定了自己的系列质量保证标准 AQAP-SPECS。从 20 世纪 70 年代到 80 年代，西方各先进工业国家都纷纷制定了本国的质量保证、质量管理标准，为本国的经济和贸易服务。英国标准协会 1979 年发布了 BS5750 三个质量保证体系标准，即：BS5750：Part1—1979《质量体系——设计、制造和安装规范》、BS5750：Part2—1979《质量体系——制造和安装规范》，以及 BS5750：Part3—1979《质量体系——最终检验和试验规范》。由于各国实施的标准不一样，给国际贸易带来了障碍，质量管理和质量保证的国际化成为当时各国的迫切需要。1979 年，国际标准化组织（ISO）成立质量管理和质量保证技术委员会（TC176），负责制定质量管理和质量保证标准即 ISO 9000 系列标准。

ISO 9001 标准与其他质量管理体系标准构成了 ISO 9000 系列标准。该系列标准由 4 个核心标准、技术报告以及辅助性标准等构成。核心标准包括质量管理体系的基础和术语、要求、业绩改进指南以及审核指南方面的标准。ISO 9001 系列与其他国际标准一样会定期进行修订。从最初的 1987 版到现在的 2015 版，期间经历了多次修订和完善。

1) 1987 版 ISO 9000 系列标准于 1986 年由 ISO 发布，主要由 6 项标准构成：

ISO 8402　质量—术语；

ISO 9000　质量管理和质量保证标准—选择和使用指南；

ISO 9001　质量体系—设计开发、生产、安装和服务的质量保证模式；

ISO 9002　质量体系—生产和安装的质量保证模式；

ISO 9003　质量体系—最终检验和试验的质量保证模式；

ISO 9004　质量管理和质量体系要素—指南。

2) 1994 版 ISO 9000 系列标准。1990 年，ISO/TC176 质量管理和质量保证技术委员会决定对标准进行修订。1994 年，ISO/TC176 完成对标准的第一阶段修订工作，发布 1994 版的 ISO 8402、ISO 9000-1、ISO 9001、ISO 9002、ISO 9003、ISO 9004-1 共 6 项标准。1994 年主要是对质量保证要求（ISO 9001、ISO 9002、ISO 9003）和质量管理指南（ISO 9004）的技术内容做局部修改，标准总体结构和思路未变，引入了一些新概念和定义，如过程和过程网络、受益者、质量改进、产品等，为以后修改提供过渡的理论基础。

3) 2000 版 ISO 9000 系列标准。2000 年 12 月 15 日，ISO/TC176 正式发布 2000 版 ISO 9000 系列标准，完成对 1994 版标准的总体修改。2000 版标准更加强调顾客满意、领导作用、监视测量、持续改进的重要性，吸收了先进的质量管理理念，以八项质量管理原则作为理论基础。修改后更易于各类组织应用，表述通俗易懂，对体系文件要求趋于灵活。

4）2008版ISO 9000系列标准。2008年11月15日，ISO/TC176正式发布实施ISO 9001：2008标准。该标准对2000版标准进行了修订，使得标准的阐述更加清晰、明确，并且考虑了与其他管理体系标准的兼容性。2008版系列标准的核心标准构成如图9-5所示。

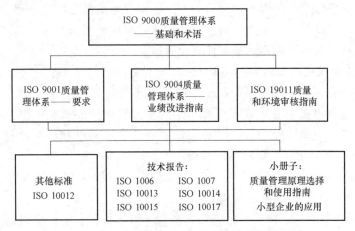

图9-5　2008版ISO 9000系列标准构成

5）2015版ISO 9000系列标准。2015年9月ISO组织发布了2015版ISO 9000系列标准。与2008版标准相比，2015版ISO 9000系列标准在结构和内容上发生了显著的变化。新版标准采用了管理体系的标准结构以及基于风险思维的过程方法，对质量管理体系的文件要求更加灵活，突出了质量管理体系的绩效和有效性等。新版标准为未来10年左右时间的质量管理体系标准确定了稳定的核心要求，将为质量管理的发展带来深远的影响。2015版ISO 9000系列标准的核心标准仍然是4个，即ISO 9000、ISO 9001、ISO 9004和ISO 19011。但其中的ISO 9004标准改为《追求组织的持续成功　质量管理方法》，为企业选择超出ISO 9001《质量管理体系要求》的要求提供了参考指南；另外，ISO 19011标准改为《管理体系审核指南》，该标准就管理体系的审核方案管理、审核策划和实施，以及审核员和审核组能力评价提供了指南。

2. 实施ISO 9001标准的意义

组织按照ISO 9001标准实施质量管理体系，具有以下潜在的益处及意义：

1）有利于稳定提供满足顾客要求以及适用法律法规要求的产品和服务的能力。
2）有利于促成增强顾客满意的机会。
3）有利于组织应对与环境及目标相关的风险和机遇。
4）有利于证实组织符合质量管理体系要求的能力。
5）有利于组织的持续改进和持续满足顾客的需求和期望。

3. ISO 9001的应用情况

ISO 9000系列标准，是在总结英国国家标准BS5750等国际先进标准的基础上，在考虑了世界发展的不平衡状况之后，结合当代信息论、控制论、系统论等先进的科学管理思想和当代管理经验，由100多位专家学者集体创作而成。作为当时唯一一部国际通用的管理类标准一经颁布，即刻得到了广泛的快速响应。到目前为止，已有150多个国家等同采用了这套管理标准。我国几乎同时等同采用并推广了ISO 9000系列标准。虽然这套标准源自于工业界（机械、电子、建筑、化工、矿产、钢铁、石化、船舶、航空航天、核工业等），但应用范围已开始向政府管理机构、学校、医院、民航业、旅游业、宾馆、饭店等领域迅速发展。

ISO 9001 标准的应用,导致了一些国家的国家采购商、跨国公司、先进企业等组织,在采购和寻求供应商的时候,均提出了 ISO 9001 认证证书的要求。综观国内外,ISO 9001 证书已成为经济贸易、技术合作、项目投标过程中"买方"对"卖方"的一种准入资格的基本要求。标准的应用,改善了组织的许多方面。特别明显的是在质量管理方面实行了严格的程序化管理;实现了以顾客为关注的焦点;实现了过程控制预防为主;提高了全员参与管理的意识;实现了质量目标管理和质量责任管理等。

4. ISO 9001 标准的主要内容

(1) 质量管理原则　质量管理原则是质量管理实践经验的高度概括和总结,是 ISO 9001 标准建立的重要基础。它吸收了近百年来质量管理理论的研究成果,汇集了世界上众多优秀组织管理实践的成功经验,参考了质量管理的先进标准和优秀质量管理模式。2008 版 ISO 9000 标准将质量管理原则归纳为八项:

1) 以顾客为关注焦点:组织依存于顾客。因此,组织应当理解顾客当前和未来的需求,满足顾客要求并争取超越顾客期望。

2) 领导作用:领导者应确立与组织的方略相一致的目标。他们应当创造并保持良好的内部环境,使员工能充分参与实现组织的目标。

3) 全员参与:各级人员都是组织之本,只有他们充分参与,才能使他们为组织的利益发挥其才干。

4) 过程方法:将活动和相关的资源作为过程进行管理,可以更高效地得到期望的结果。

5) 管理系统方法:将相互关联的过程作为系统加以识别、理解和管理,有助于组织提高实现目标的有效性和效率。

6) 持续改进:持续改进总体业绩应当是组织的一个永恒目标。

7) 基于事实的决策方法:有效决策建立在数据和信息分析的基础上。

8) 与供方互利的关系:组织与供方是相互依存的,互利的关系可增强双方创造价值的能力。

2015 版 ISO 9000 标准将"过程方法"与"管理的系统方法"合并为"过程方法",将质量管理原则浓缩成七项,突出了过程方法的思想。同时将"与供方互利的关系"拓展为与相关方的"关系管理"。其他部分原则与原来质量管理原则的叫法略有不同,其含义类似。新的七项质量管理原则为:①以顾客为关注焦点;②领导作用;③全员积极参与;④过程方法;⑤改进;⑥循环决策;⑦关系管理。

(2) 过程方法　"过程"在 GB/T 19000 中定义为:将输入转化为输出的相互关联或相互作用的一组活动。从定义可知,过程是由输入、输出、活动构成,是一组有相互关联的活动。过程强调的是输入、输出的转换。输入、输出是它的两个端点,也是监控点,依靠各过程两个端点的连接,形成了无间隙的过程系统或网络如图 9-6 所示,显示了产品实现的过程,并以此来实现其系统功能和过程预期的输出结果。

过程方法(Process Approach)是指为了产生期望的结果,系统地识别和管理组织所应用的过程,特别是这些过程之间的相互作用,称为"过程方法"。以过程为基础的质量管理体系管理模式,是以关注顾客要求为出发点,明确过程的绩效指标,策划过程的资源与责任,通过不断地监视这些指标所获得的信息来分析和改进该过程及绩效,增强顾客满意。

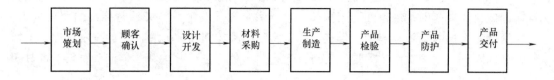

图 9-6 制造业产品实现过程方法

（3）PDCA 循环　PDCA 循环实际上是有效进行任何一项工作的合乎逻辑的工作程序。PDCA 方法可适用于所有过程，其基本含义简述如下：

P（Plan）策划：根据顾客的要求和组织的方针，为提供结果建立所必要的目标和过程。

D（Do）实施：实施过程。

C（Check）检查：根据方针、目标和产品要求，对过程和产品进行监视和测量，并报告结果。

A（Act）处置：采取措施，以持续改进过程业绩。

在质量管理中，PDCA 循环得到了广泛的应用，并取得了很好的效果，因此有人称 PDCA 循环是质量管理的基本方法。之所以将其称为 PDCA 循环，是因为这四个过程不是运行一次就完结，而是要周而复始地进行。一个循环完了，解决了一部分的问题，可能还有其他问题尚未解决，或者又出现了新的问题，通过再次策划，再进行下一次循环，其基本模型如图 9-7 所示。

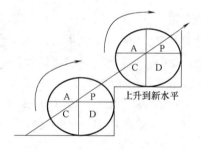

图 9-7　PDCA 循环

图 9-8 清晰地表明了 PDCA 循环是如何在 ISO 9001：2015 标准中得到应用的。从图中可看出，ISO 9001：2015 标准的构建是以领导作用为核心的 PDCA 循环过程。实际上，ISO 9001：2015 标准确定的质量管理体系应用了过程方法并结合了 PDCA 循环和基于风险的思维方式。

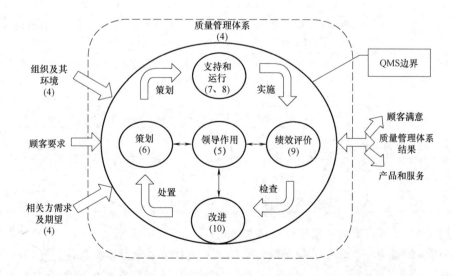

图 9-8　ISO 9001：2015 标准的结构在 PDCA 循环中的展示

（4）ISO 9001：2015 标准条款　ISO 9001：2015 标准由 10 个章节构成，前 3 章是任何标准的固定格式即范围、规范性引用文件、术语和定义。从第 4 章开始是标准的主要内容，它是按照过程方法的思想构建的，形成了一个完整的并体现了 PDCA 循环的逻辑过程，包括组织所处的环境、领导作用、策划、支持、运行、绩效评价、改进共 7 个章节。每个章节的具体内容列举如下：

第 1 章　范围。

第 2 章　规范性引用文件。

第 3 章　术语和定义。

第 4 章　组织所处的环境：4.1 理解组织及其所处的环境，4.2 理解利益相关方的需求和期望，4.3 确定质量管理体系的范围，4.4 质量管理体系及其过程。

第 5 章　领导作用：5.1 领导作用和承诺，5.2 方针，5.3 组织的岗位、职责和权限。

第 6 章　策划：6.1 应对风险和机遇的措施，6.2 质量目标及其实现的策划，6.3 变更的策划。

第 7 章　支持：7.1 资源，7.2 能力，7.3 意识，7.4 沟通，7.5 成文信息。

第 8 章　运行：8.1 运行的策划和控制，8.2 产品和服务的要求，8.3 产品和服务的设计与开发，8.4 外部提供的过程、产品和服务的控制，8.5 生产和服务提供，8.6 产品和服务的放行，8.7 不符合输出的控制。

第 9 章　绩效评价：9.1 监视、测量、分析和评价，9.2 内部审核，9.3 管理评审。

第 10 章　改进：10.1 总则，10.2 不合格和纠正措施，10.3 持续改进。

5. 企业建立 ISO 9001 质量管理体系的步骤

不同的企业在建立和实施质量管理体系时，可根据企业的产品和管理特点，结合 ISO 9001 标准的要求，采取不同的方法和步骤。但一般而言，可参考表 9-2 所列。

表 9-2　企业建立 ISO 9001 质量管理体系的一般步骤

序号	阶段	工作内容
1	决策与准备	①成立贯标领导小组和工作小组；②全体动员；③制订工作方案或计划
2	现状诊断与分析	①企业质量管理现状诊断与分析；②顾客、相关方需求及期望分析；③组织架构、职责权限梳理；④质量管理过程、业务流程分析；⑤文件、记录整理
3	体系设计与策划	①确定质量管理体系范围、过程；②确定风险与机会，以及对策；③确定组织架构、职责；④确定质量方针与目标；⑤确定体系文件结构、形式、格式；⑥确定体系文件、表格目录、数量及相互关系
4	培训	①ISO 9001 标准知识培训；②体系文件编写培训；③内审员培训
5	体系文件编制	①体系文件编写、讨论、修订、评审；②体系文件审批、发布
6	体系运行	①体系文件宣贯、学习；②体系试运行；③提出问题建议；④组织修订体系文件
7	体系评价	①内部审核；②管理评审
8	体系改进	①实施改进措施；②持续改进体系

6. ISO 9001 质量管理体系认证申请与审核

质量管理体系建立、实施和保持的符合性及有效性需要通过审核来进行评价。所谓审核是指为获得客观证据并对其进行客观的评价，以确定满足审核准则的程度所进行的系统的、独立的并形成文件的过程。审核可以是内部（第一方）审核，或外部（第二方或第三方）

审核，也可以是多体系审核或联合审核。

内部审核，有时称为第一方审核，由企业自己或以企业的名义进行，用于管理评审和其他内部目的，可作为企业自我合格声明的基础。可以由与正在被审核的活动无责任关系的人员进行，以证实独立性。

外部审核包括第二方和第三方审核。第二方审核由企业的相关方，如顾客或由其他人员以相关方的名义进行。第三方审核由外部独立的审核机构（认证机构）进行，如提供合格认证/注册的认证机构或政府机构。

第三方审核通常也称为认证审核。企业建立了 ISO 9001 质量管理体系并运行至少 3 个月以后，可向认证机构提出认证申请，认证机构审查认为符合受理条件的可接受申请，并组织认证审核。具体可参考表 9-3。为了便于理解，认证申请与初次审核，以及获证后的监督审核等实施步骤简介如下。

表 9-3 ISO 9001 质量管理体系认证申请与审核主要步骤（初次认证）

序号	步骤	申请方（受审核方）	认证机构
1	认证申请	填写认证申请材料 准备企业资质、质量手册、程序文件等文件资料	提供申请条件明细 指导申请材料的填报 组织进行受理评审
2	审核准备	提供审核安排 准备体系运行记录 准备审核现场	确定审核目的、范围、准则 组建审核组 体系文件审核 制定审核方案与审核计划
3	现场审核	接受现场审核 确认现场审核发现 参加首、末次会议 整改不符合项	进一步文件审核 召开首次会议 实施现场审核 现场审核结论 召开末次会议 编制审核报告
4	批准认证注册	提供不符合项整改材料 确认认证信息	不符合项整改验证 审核材料审定 批准认证 颁发证书 列入获证组织目录
5	获证后活动	持续运行和改进体系 合规使用证书和认证标志	监督审核 再认证

（1）认证申请与受理 受审核方按规定提交申请表、资质证明、体系文件等材料；认证机构对材料进行审查，对于符合条件的接受申请并签订认证合同。

（2）审核准备 认证机构组建审核组，指定审核组长。组长应准备审核材料、编制审核计划，必要时与受审核方沟通。审核计划应包括审核目的、审核范围、审核准则、审核方法、审核日程、审核组分工等内容，审核计划提前发至受审核方。

（3）初次认证审核的现场实施 对第一次申请认证的组织进行的认证称为初次认证审核。一般分两个阶段实施：第一阶段和第二阶段。第一阶段审核的目的是了解受审核方的基本信息、审核质量管理体系文件，识别任何引起关注的、在第二阶段审核中可能被判定为不符合的问题，为第二阶段审核提供关注点；第二阶段审核的目的是评价受审核方管理体系实施的符合性和有效性。

现场审核实施的主要步骤如下（第一阶段审核过程较下面略简单些）：

1）召开首次会议：审核组长组织召开并主持首次会议，由审核员、受审核方领导及各部门代表参加。会议内容是介绍审核人员、审核目的、方法、程序等，确认审核的安排、陪同人员、需配备的资源以及注意事项等。

2）审核实施：在首次会议后，审核组按照审核计划的安排实施审核，通过查阅受审核方的文件和记录，与过程和活动有关的岗位人员面谈、座谈，观察产品、服务形成过程和活动等适当方法，抽样收集并验证有关的信息，做好审核记录。在现场审核的同时，进一步评审体系文件的符合性和有效性。

3）审核沟通：审核计划应列出审核过程中审核组内部沟通和与受审核方沟通的安排。在审核过程中，审核组应召开小结会议，进行内部沟通，协调审核内容和进程，讨论、评审审核发现及不符合项、评价质量管理体系的符合性和有效性等；在审核过程中，审核组还应及时与受审核方沟通，通报审核进程、确认审核证据、解决分歧等。

4）形成审核发现：依据审核准则（即 GB/T 19001 标准，有关的法律法规标准、质量管理体系文件、合同要求）对获得的审核证据进行评价，形成审核发现，确认不符合情况，编写不符合项报告。不符合项一般分为严重不符合与一般不符合。

下列情况属于严重不符合：
① 严重不符合审核准则。
② 结果可导致体系失效。
③ 已导致了或可能导致严重后果。
④ 同类一般不符合项太多而造成系统失效等。

下列情况属于一般不符合：
① 轻微不符合审核准则。
② 孤立地、偶然地、轻微地违反要求。
③ 可能或已经造成的后果不严重，影响不大等。

审核发现中还有一种观察项。观察项是指证据还不够充分、不足以确认是否构成不符合项，但可能会造成不良后果的事实，在下次审核中应继续关注。一般不把观察项作为不符合项，也不编写成不符合项报告，而是以口头形式报告。

在描述不符合项时，应简单明了，描述清楚，便于理解，只陈述发现的客观事实，包含必要的细节，便于追溯，不分析、猜想、推测。下面是不符合项描述的举例：

在检验科审核时发现，三台编号为 01002、01003、01004 的 10kV 变压器于 2016 年 8 月 22 日在做耐压试验时，输入线圈被击穿，检验员换上新线圈后，未按检验规程重新检验，即传送到下道工序。以上事实不符合公司 0308《不合格品控制程序》第 6 条规定：返工和返修的不合格品应由检验科按检验规程重新进行检验，以及 ISO 9001：2015 标准第 8.7.1 条款"对不合格输出进行纠正之后应验证其是否符合要求"的规定。

抽查研发部 2016 年 10 月下达的 GBW800 型摆线针轮减速机设计开发任务书，设计和开发输入文件中未考虑减速机承载能力及可靠性失效的潜在后果。以上事实不符合公司《产品设计和开发控制程序》第 8.3 条，以及 ISO 9001：2015 标准第 8.3.3e）条款"……组织应考虑由产品和服务性质所导致的潜在的失效后果"的规定。

在实验室审核对检测仪器的使用和校准检定情况，发现编号为No.1006的电阻测试仪，已经使用了两年多，从未检查过它是否能精确地进行电阻测量。以上事实不符合公司《计量器具校准检定管理规定》第6条，以及ISO 9001：2015标准第7.1.5.2a）条款"……测量设备应对照能溯源到国际或国家标准的测量标准，按规定的时间间隔或在使用前进行校准和（或）检定……"的规定。

5）准备审核结论：审核组对照审核目的，对大量的审核发现进行分析、评价、归纳和总结，在此基础上得出对质量管理体系有效性的评价意见和结论。

6）召开末次会议：现场审核结束后，审核组完成汇总分析、不符合项报告编写、体系评价和审核结论后，审核组长主持召开末次会议，参加人员同首次会议。主要内容是通报审核情况，宣布不符合项及审核结论，要求受审核方确认发现的不符合项以及审核结论，并商定对不符合整改的后续措施的安排等。

7）编写审核报告：审核组长编制审核报告并提交受审核方，现场审核结束了。

（4）不符合项的整改与验证　受审核方应针对不符合项，分析原因，采取纠正措施，并按规定的时间（一般1个月内）提交审核组，审核组验证纠正措施的有效性。受审核方应妥善保管审核报告、不符合项报告及其纠正措施等相应材料。

（5）批准认证注册　认证机构对审核组提交的审核材料全面审查，经认证机构审定，认为认证申请方在认证范围内已满足批准认证资格的条件，同意批准认证注册，并向认证申请方颁发认证证书，证书的有效期一般为3年。获证组织应建立认证证书和认证标志的使用方案，获证后按规定正确使用认证证书和认证标志。

（6）监督审核　在证书有效期内，获证组织须接受监督审核。初次认证的第二阶段审核结束后，认证机构在12个月内进行第一次监督审核。此后每次监督审核的时间间隔宜不超过12个月。即正常情况，每年须接受一次监督审核。监督审核的步骤与初次认证审核类似。

（7）再认证　获证组织在证书有效期满前至少三个月，须提出再认证申请。再认证审核目的是验证获证组织管理体系全面的持续符合性和有效性，以及认证范围的持续相关性和适宜性。再认证审核的程序和要求与初次认证类似。

（8）保持认证资格的程序　监督审核后，经认证机构派出的审核组长确认，认为获证组织在认证范围内能持续满足保持认证资格的条件，同意保持认证资格，由认证机构签发确认证书并向获证组织发放。

（9）暂停、注销认证资格　获证组织不能持续符合有关法律法规、认证标准/规范性文件要求的，认证机构将暂停或注销获证组织的认证资格。

9.3.2　行业质量管理体系认证介绍

不少行业组织在ISO 9001质量管理体系标准的基础上，结合该行业产品和服务的特点，形成了相应的质量管理体系标准或规范，并依此进行质量管理体系认证，现列举如下：

1. GJB 9001B军品企业质量管理体系认证

GJB 9001B是原国防科学技术委员会制定的军工产品质量体系标准，其内容是在ISO 9001标准的基础上，增加了在军工产品方面的特点及要求。获得GJB 9001B质量管理体系认证，是作为申请《武器装备科研生产许可证》的必要条件之一，只有取得《武器装备科研生产许可证》才有资格承揽军工科研和生产任务。该标准在 ISO 9001 标准的基础上，增加产品研发的风险评价，推出了产品可靠性的严格要求。在采购、生产、交付、试验方面的要求比 ISO 9001 标准更加严格，确保了产品的质量。

2. ISO/TS 16949 汽车行业质量管理体系认证

美国三大汽车公司（通用汽车、福特和克莱斯勒）于 1994 年开始采用 QS—9000 作为其供应商统一的质量管理体系标准；同时，欧洲各国各自发布了相应的质量管理体系标准，如德国的 VDA6.1、意大利的 AVSQ94、法国的 EAQF 等。因美国和欧洲各国的汽车零部件供应商同时向各大整车厂提供产品，这就要求其必须既要满足 QS—9001，又要满足如 VDA6.1，造成各供应商针对不同标准的重复认证，急需出台一套国际通用的汽车行业质量体系标准，以同时满足各大整车厂要求，2002 年 ISO/TS 16949《质量管理体系——汽车行业生产件与相关服务件的组织实施 ISO 9001：2000 的特殊要求》就此应运而生。ISO/TS 16949 是对汽车生产和相关配件企业应用 ISO 9001 的特殊要求，即在 ISO 9001 基础上增加了汽车行业的特殊要求，其适用于汽车生产供应链的组织形式。目前，国内外各大整车厂均已要求其供应商进行 ISO/TS 16949 认证，确保各供应商具有高质量的运行业绩，并提供持续稳定的长期合作，以实现互惠互利。

3. ISO 22000 食品安全管理体系认证

ISO 22000 表达了食品安全管理中的共性要求，而不是针对食品链中任何一类组织的特定要求。从某种角度讲，可以把它看成是重点关注食品安全的质量管理体系。该标准适用于在食品链中所有希望建立保证食品安全体系的组织，无论其规模、类型和其所提供的产品。它适用于农产品生产厂商、动物饲料生产厂商、食品生产厂商、批发商和零售商。它也适用于与食品有关的设备供应厂商、物流供应商、包装材料供应厂商、农业化学品和食品添加剂供应厂商、涉及食品的服务供应商和餐厅。ISO 22000 采用了 ISO 9001 标准体系结构，将危害分析和临界控制点（Hazard Analysis and Critical Control Point, HACCP）原理作为方法应用于整个体系；明确了危害分析作为安全食品实现策划的核心。随着世界范围内食物中毒事件的显著增加，人们对食品安全卫生的日益关注，在美国、英国、澳大利亚和加拿大等国家，越来越多的消费者要求将食品安全管理体系的要求变为市场的准入要求。

除上述介绍的应用较广的行业质量管理体系认证外，还有 ISO 13485《医疗器械质量管理体系 用于法规的要求》、GMP《药品生产质量管理规范》、GB/T 50430《工程建设施工企业质量管理规范》、TL9000《通信业质量管理体系要求及测量指标》、ISO 20000《信息技术服务管理体系标准》等适用于不同行业的质量管理体系认证。

9.3.3 卓越绩效模式

1. 卓越绩效模式与质量奖

卓越绩效模式（Performance Excellence Model），是目前较高的企业质量管理要求。可以说是源自美国波多里奇质量奖评审标准，是 20 世纪 80 年代后期美国创建的一种世界级企业成功的管理模式，它以顾客为导向，追求卓越绩效管理理念，包括领导、战略、顾客和市场、测量分析改进、人力资源、过程管理、经营结果七个方面。该评奖标准后来逐步风行世界发达国家与地区，成为一种卓越的管理模式，即卓越绩效模式。它不是目标，而是提供一种评价方法，其核心是强化企业的顾客满意意识和创新活动，追求卓越的经营绩效。

近年来，许多国家都以卓越绩效模式为评价标准，设立国家质量奖。除美国、日本、欧盟各国、加拿大等发达国家和地区外，许多新兴的工业化国家和发展中国家也都设立和开展了国家质量奖。在全世界所有国家质量奖中，最为著名、影响最大的当推美国波多里奇国家质量奖（Malcolm Baldrige Award）、日本戴明质量奖（Edward Deming Prize）和欧洲质量奖（European Quality Award），这三大世界质量奖被称为卓越绩效模式的创造者和经济奇迹的助推器。许多著名企业和组织也纷纷主动引入并实施卓越绩效模式，作为提升企业的管理水平和提高产业竞争力的重要途径。其中施乐公司、通用公司、微软公司、摩托罗拉公司等世界级企业都是运用卓越绩效模式取得出色经营结果的典范。

我国自加入 WTO 以后，企业面临全新的市场竞争环境，如何进一步提高企业质量管理水平，从而在激烈的市场竞争中取得优势是摆在广大已通过 ISO 9000 质量体系认证企业面前的现实问题。卓越绩效模式是世界级成功企业公认的提升企业竞争力的有效方法，也是我国企业在新形势下经营管理的努力方向。

2001 年起，我国在研究借鉴卓越绩效模式的基础上，把美国波多里奇国家质量奖的评奖标准引进、消化和吸收，启动了全国质量管理奖评审，致力于在我国企业普及推广卓越绩效模式的先进理念和经营方法。全国质量奖代表了我国企业质量管理方面的最高荣誉。2004 年 8 月，国家发布了国家标准《卓越绩效评价准则》（GB/T 19580）和《卓越绩效评价准则实施指南》（GB/Z 19579），并且于 2012 年进行了修订。卓越绩效模式目前已经成为全国质量奖和各地方政府质量奖（包括省级政府质量奖、市级政府质量奖和县区级政府质量奖）的评审标准。

2. 《卓越绩效评价准则》介绍

九项基本理念如下：

1）远见卓识的领导：以前瞻性的视野、敏锐的洞察力，确立组织的使命、愿景和价值观，带领全体员工实现组织的发展战略和目标。

2）战略导向：以战略统领组织的管理活动，获得持续发展和成功。

3）顾客驱动：将顾客当前和未来的需求、期望和偏好作为改进产品和服务质量，提高管理水平及不断创新的动力，以提高顾客的满意和忠诚程度。

4）社会责任：为组织的决策和经营活动对社会的影响承担责任，促进社会的全面协调可持续发展。

5）以人为本：员工是组织之本，一切管理活动应当以激发和调动员工的主动性、积极性为中心，促进员工的发展，保障员工的权益，提高员工的满意程度。

6）合作共赢：与顾客、关键的供方及其他相关方建立长期伙伴关系，互相为对方创造价值，实现共同发展。

7）重视过程与关注结果：组织的绩效源于过程，体现于结果。因此，既要重视过程，更要关注结果；要通过有效的过程管理，实现卓越的结果。

8）学习、改进与创新：培育学习型组织和个人是组织追求卓越的基础，传承、改进和创新是组织持续发展的关键。

9）系统管理：将组织视为一个整体，以科学、有效的方法，实现组织经营管理的统筹规划、协调一致，提高组织管理的有效性和效率。

3. 《卓越绩效评价准则》的主要内容及分值

我国的卓越绩效模式评价标准与美国、日本等国家的卓越绩效评价标准略有不同。《卓越绩效评价准则》（GB/T 19580）的主要内容及分值如下：

1）领导（110）：高层领导的作用（50）；组织治理（30）；社会责任（30）。
2）战略（90）：战略制定（40）；战略部署（50）。
3）顾客与市场（90）：顾客和市场的了解（40）；顾客关系与顾客满意（50）。
4）资源（130）：人力资源（60）；财务资源（15）；信息和知识资源（20）；技术资源（15）；基础设施（10）；相关方关系（10）。
5）过程管理（100）：过程的识别与设计（50）；过程的实施与改进（50）。
6）测量、分析与改进（80）；测量与分析（40）；改进与创新（40）。
7）结果（400）：产品和服务的结果（80）；顾客和市场的结果（80）；财务结果（80）；资源结果（60）；过程有效性结果（50）；领导方面的结果（50）。

图 9-9 反映了卓越绩效评价准则各部分内容之间的关系。

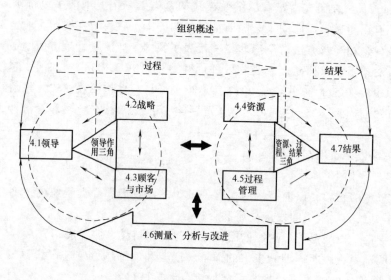

图 9-9　卓越绩效评价准则框架

4. 卓越绩效模式与质量管理体系的对比

卓越绩效模式是当前国际上广泛认同的一种组织综合绩效评测和管理的有效方法和工具，是当今世界上公认的最先进的经营管理框架；ISO 9001 是由国际标准化组织制定的质量管理体系认证标准，用于证实组织具有提供满足顾客要求和适用法规要求的产品和服务的能力，是迄今为止世界上最成熟的质量管理框架。

ISO 9001 主要是通过第三方认证来评定企业质量管理体系的符合性和有效性，只有合格与否；而卓越绩效模式主要通过企业自我评估，衡量管理的有效性和成熟度，确认优势和改进机会，持续改进追求卓越。卓越绩效模式总分 1000 分，以此来衡量组织管理的成熟度水平，一般来讲，以 ISO 9001 来规范管理的企业，若用卓越绩效模式来评价，只能达到 300

分的成熟度水平。ISO 9001 是对企业质量管理的基本要求，而卓越绩效模式的要求远高于 ISO 9001。

卓越绩效模式与 ISO 9001 质量管理体系的比较具体归纳于表 9-4。

表 9-4 卓越绩效模式与 ISO 9001 的对比

不同点	ISO 9001 标准	卓越绩效模式
类型	符合性的评价，规定性的框架	企业成熟度的评价/企业与标杆的水平对比，开放性的框架
目的	旨在使顾客满意	使顾客及其他相关方（股东、员工、供应商、社会）综合满意
范围	证实有能力稳定地提供满足顾客和适用法律法规的产品的质量管理体系	包含领导、战略等七大类目在内的全面的、综合的企业经营管理体系
重点	强调过程	强调卓越的结果来自于卓越的过程
主线	领导作用在于确定质量方针	领导作用在于明确发展方向和营造组织文化
关注对象	过程管理仅考虑顾客的要求	过程管理必须兼顾和平衡各相关方的要求
评审结果	合格性的审核，重在发现与规定要求的偏差，不涉及企业经营绩效；审核方法主观性强，无量化的数据、审核结果不会显示和优秀企业的差距之处	诊断式的评价，旨在发现组织之最强和最需要的改进；通过定量的评分来衡量企业管理的成熟度；可以通过评分和竞争对手/标杆进行比较

9.4 计量认证与实验室认可

9.4.1 计量认证

《中华人民共和国计量法》规定：为社会提供公证数据的产品质量检验机构，必须经省级以上人民政府计量行政部门对其计量检定、测试能力和可靠性考核合格，这种考核称为计量认证。计量认证是我国通过计量立法，对为社会出具公证数据的检验机构（实验室）进行强制考核的一种手段，也可以说是具有中国特点的政府对实验室的强制认可。经计量认证合格的产品质量检验机构所提供的数据，作为贸易出证、产品质量评价、成果鉴定的公证数据，具有法律效力。

取得计量认证合格证书的产品质量检验机构，可按证书上所限定的检验项目，在其产品检验报告上使用计量认证标志（见图 9-10），标志由 CMA 三个英文字母形成的图形和检验机构计量认证证书编号两部分组成。CMA 分别由英文 China Metrology Accreditation 三个词的第一个大写字母组成，意为"中国计量认证"。

图 9-10 计量认证标志

根据《中华人民共和国计量法》，为保证检测数据的准确性和公正性，所有向社会出具公证数据的产品质量检验机构必须获得"计量认证"资质，否则构成违法。

1. 基本概念

（1）计量认证 计量认证是我国通过计量立法，由政府计量行政主管部门对凡是为社会出具公证数据的检验机构（实验室）的计量检定和测试能力、可靠性和公正性进行强制考核的一种手段。

（2）审查认可（验收） 审查认可（验收）是政府质量管理部门对依法设置或授权承担产品质量检验任务的质检机构设立条件、界定任务范围、检验能力考核、最终授权（验收）的强制性管理手段。

（3）公证数据 公证数据是指面向社会从事检测工作的技术机构为他人做决定、仲裁、裁决所出具的可引起一定法律后果的数据，除了具有真实性和科学性外，还具有合法性。

2. 计量认证与审查认可的起源与发展

20世纪80年代，从国家到各行业、部门，从省（自治区、直辖市）到地市县相继成立了各级产（商）品质量监督机构。

1985年，《中华人民共和国计量法》颁布，规定了对检验机构的考核要求。

20世纪80年代中期，产（商）品质量抽查制度实施。

1986年，各地相继成立各类产品质量监督检验机构。

1987年，《中华人民共和国计量法实施细则》将对检验机构的考核称为计量认证。

1987年，开始对我国的检验机构实施计量认证考核。

1990年，《中华人民共和国标准化法实施条例》颁布，将规划、审查工作称为"审查认可（验收）"。

1990年，《国家产品质量监督检验中心审查认可细则》《产品质量监督检验所验收细则》《产品质量监督检验站审查认可细则》（三个细则参照采用ISO/IEC导则25—1982）颁布，开始了对各级产品质量监督检验机构的审查认可（验收）工作。

2000年10月24日发布"二合一"评审标准，即计量认证与实验室审查认可（验收）均采用《产品质量检验机构计量认证/审查认可（验收）评审准则》。

2007年1月1日国家质检总局发布《实验室资质认定评审准则》。

2016年5月31日正式公布2016版《检验检测机构资质认定评审准则》，代替《实验室资质认定评审准则》。

目前，计量认证已覆盖机械、电子、冶金、石油、化工、煤炭、地勘、航空、航天、船舶、建筑、水利、公安、公路、铁路、建材、医药、防疫、农药、种子、环保、节能等领域，承担了产品质量监督、质量仲裁检验、商贸验货检验、药品检验、防疫检验、环境监测、地质勘测、节能监测、进出口等机构的认证。计量认证CMA标志已经成为国内社会公认的评价检验机构的重要标志。在产品质量检验和检测等领域已将计量认证列为检验市场准入的必要条件。

3. 分级计量认证

计量认证分为"国家级"和"省级"两级，分别适用于国家级质量监督检测中心和省级质量监督检测中心。"计量认证资质"按国家和省两级由国家质量监督检验检疫总局或省技术监督主管部门分别监督管理。计量认证资质与实验室认可资质不同，它实际上源于政府授权，只对政府下属或具有独立法人性质的检测机构实施认证。

（1）国家计量认证（国家级计量认证） 它属于全国性的产品质量检验机构，向国务院计量行政部门申请计量认证；由国务院计量行政部门负责会同有关主管部门组织实施，行业评审组组织评审，发国家计量认证合格证书。

（2）地方计量认证（省级计量认证） 它属于地方性的产品质量检验机构，向所在省、自治区、直辖市人民政府计量行政部门申请，由省、自治区、直辖市人民政府计量行政部门负责会同有关主管部门组织实施，由省质量技术监督局发证。

4. 计量认证的评审准则和程序

（1）评审准则和内容 为贯彻实施《实验室和检查机构资质认定管理办法》，根据《中华人民共和国计量法》《中华人民共和国标准化法》《中华人民共和国产品质量法》《中华人民共和国认证认可条例》等有关法律、法规的规定，结合我国实验室的实际状况、国内外实验室管理经验和我国实验室评审工作的经验，国家认监委组织制订了2007版《实验室资质认定评审准则》，并于2016年修订为2016版《检验检测机构资质认定评审准则》。目前，计量认证是依据《检验检测机构资质认定评审准则》进行的。新版评审准则的结构有所调整，评审内容也有一定变化。评审准则分为6大部分，即法人或组织、检验检测技术人员和管理人员、工作场所和工作环境、检验检测设备设施、管理体系、符合法律法规及技术规范的特殊要求。其中管理体系又包含了涉及管理和技术要求的具体内容，包括质量方针和目标、文件控制、合同评审、检验检测分包、服务和供应品的采购、服务客户、处理投诉、不符合处理、纠正措施、记录、内部审核、管理评审、检验检测方法、测量不确定度评定、电子数据保护、抽样控制、样品管理、质量控制以及检验检测结果报告等。

（2）评审工作程序 评审工作程序包括以下步骤：申请与受理（提前6个月申请）、初审及预访问、现场评审、评审后上报材料、审批发证、监督评审（3年内实施1次）、扩项评审、复查换证评审（到期前6个月申请）、变更登记。

9.4.2 实验室认可

实验室认可是对校准和检测实验室有能力进行指定类型的校准和检测所作的一种正式承认。1994年原国家技术监督局成立中国实验室国家认可委员会（CNAL）（2006年后并入中国合格评定国家认可委员会），负责实验室认可工作，运作程序与国际通行做法一致。按国际惯例，申请实验室认可是实验室的自愿行为。实验室为完善内部质量体系和技术保证能力可向认可机构申请认可。实验室国家认可的标志如图9-11所示。

图9-11 实验室国家认可（CNAS）标志

（1）实验室国家认可的评审准则和内容 实验室国家认可是由中国合格评定国家认可委员会（CNAS）组织实施的。CNAS实验室认可准则的依据是ISO/IEC17025。它是国际通用的实验室质量和技术要求的标准。目前最新版本是2017年11月发布的，全称是ISO/IEC17025：2017《检测和校准实验室能力的通用要求》。ISO 17025标准是由国际标准化组织ISO/CASCO（国际标准化组织/合格评定委员会）制定的实验室管理标准，该标准的前身是ISO/IEC导则25：1990《校准和检测实验室能力的要求》。国际上对实验室认可进行管理的组织是"国际实验室认可合作组织（ILAC）"。实验室获得了CNAS的认可，就标志着其已经依据国际标准建立了一套质量管理体系，只要严格依据该体系开展工作，则实验室的技术能力就有了保障，那么实验室为顾客所提供的检测/校准服务就可以声称是符合国际标准要求的。

中国合格评定国家认可委员会是我国唯一的实验室认可机构，承担全国所有实验室的 ISO17025 标准认可。ISO17025：2017 标准内容分为通用要求、结构要求、资源要求、过程要求和管理体系要求 5 大部分。其中资源要求包括人员、设施和环境条件、设备、计量溯源性、外部提供的产品和服务 5 个方面；过程要求包括要求/标书/合同评审、方法选择/验证/确认、抽样、检验检测物品的处置、技术记录、测量不确定度的评定、确保结果的有效性、报告结果、投诉、不符合工作、数据控制和信息管理 11 个方面；管理体系要求包括文件、记录、应对风险和机遇、改进、纠正措施、内部审核、管理评审 7 个方面。

（2）实验室认可与计量认证的区别　实验室认可与计量认证的差异，具体见表 9-5。

表 9-5　计量认证与实验室认可的区别

类别	计量认证	实验室认可
依据	《实验室资质认定评审准则》	ISO/IEC 17025—2017《检测和校准实验室能力的通用要求》
国家要求	向社会出具公证数据的产品质检机构必须要办理	自愿性，实验室可根据自身的实际情况来申请
法律地位	独立法人性质或国家授权的法定质检机构	非歧视性原则，社会各界实验室
实施主体即管理部门	国家级质检中心、省级产品质检所的计量认证由国家认监委（2001 年 4 月国家质检总局、国家认监委成立前是国家质监局）实施；国家计量认证授权 26 个行业评审组组织实施评审；省级计量认证由各省质监局组织实施	由中国合格评定国家认可委员会（CNAS）秘书处组织实施。2006 年 9 月中国认证机构国家认可委员会（CNAB）和中国实验室国家认可委员会（CNAL）合并重组为中国合格评定国家认可委员会（CNAS）
发证	国家计量认证由国家认监委发证，省以下由各省质监局发证	中国合格评定国家认可委员会

实际上，计量认证的依据《检验检测机构资质认定评审准则》的制定参考了实验室认可标准 ISO/IEC17025《检测和校准实验室能力的通用要求》。两者结构虽有不同，但具体内容和要求是类似的。ISO/IEC17025《检测和校准实验室能力的通用要求》的制定又是建立在 ISO9001 质量管理体系标准基础上的。因此计量认证、实验室认可与质量管理体系认证有很多的共同之处，而且都属于管理体系认证。

9.5　认证与认可

9.5.1　认证与认可的概念

（1）认证　由认证机构证明产品、服务和管理体系符合相关技术规范及其强制性要求或标准的合格评定活动。

（2）认可　它指由认可机构对认证机构、检验机构、实验室以及从事评审、审核等认证活动人员的能力和执业资格予以承认的合格评定活动。

《中华人民共和国认证认可条例》规定，我国实行统一的认证认可管理制度，国家统一管理、监督协调，遵循客观独立、公开公正的原则。

9.5.2 认证认可有关机构

1) 中国国家认证认可监督管理委员会(中华人民共和国国家认证认可监督管理局)(Certification and Accreditation Administration of the People's Republic of China,CNCA),是国务院决定组建并授权,履行行政管理职能,统一管理、监督和综合协调全国认证认可工作的主管机构。

2) 中国认证认可协会(China Certification and Accreditation Association,CCAA),成立于2005年9月27日,是由认证认可行业的认可机构、认证机构、认证培训机构、认证咨询机构、实验室、检测机构和部分获得认证的组织等单位会员和个人会员组成的非营利性、全国性的行业组织。依法接受业务主管单位国家质量监督检验检疫总局、登记管理机关民政部的业务指导和监督管理。中国认证认可协会以推动中国认证认可行业发展为宗旨,为政府、行业、社会提供与认证认可行业相关的各种服务。主要业务包括认证人员注册、培训开发、会员服务、自律监管、技术标准和开展国内外认证认可业务交流合作等。

3) 中国合格评定国家认可委员会(CNAS)(China National Accreditation Service for Conformity Assessment,CNAS),是根据《中华人民共和国认证认可条例》的规定,由中国国家认证认可监督管理委员会批准设立并授权的国家认可机构,统一负责对认证机构、实验室和检查机构等相关机构的认可工作。中国合格评定国家认可委员会于2006年3月31日正式成立,是在原中国认证机构国家认可委员会(CNAB)和原中国实验室国家认可委员会(CNAL)基础上整合而成的。

9.5.3 认可领域

它包括以下方面认证机构的认可:质量管理体系认证机构认可;环境管理体系认证机构认可;职业健康安全管理体系认证机构认可;食品安全管理体系认证机构认可;软件过程及能力成熟度评估机构认可;产品认证机构认可;有机产品认证机构认可;人员认证机构认可;良好农业规范认证机构认可。

9.5.4 认可的国际互认

中国合格评定国家认可制度已经融入国际认可互认体系,并在国际认可互认体系中有着重要的地位,发挥着重要的作用。原中国认证机构国家认可委员会(CNAB)为国际认可论坛(IAF)、太平洋认可合作组织(PAC)正式成员并分别签署了IAF MLA(多边互认协议)和PAC MLA;原中国实验室国家认可委员会(CNAL)是国际实验室认可合作组织(ILAC)和亚太实验室认可合作组织(APLAC)正式成员并签署了ILAC MRA(多边互认协议)和APLAC MRA。目前我国已与其他国家和地区的35个质量管理体系认证和环境管理体系认证认可机构签署了互认协议,已与其他国家和地区的54个实验室认可机构签署了互认协议。中国合格评定国家认可委员会(CNAS)将继续保持原CNAB和原CNAL在IAF、ILAC、APLAC和PAC的正式成员和互认协议签署方地位。

习 题

9-1 我国产品认证的四个统一是什么?

9-2 ISO 9001 质量管理体系系列标准的核心标准是哪些？
9-3 简述质量管理体系的基本原则。
9-4 简述质量管理的 PDCA 方法。
9-5 企业建立 ISO 9001 质量管理体系的步骤有哪些？
9-6 认证机构实施质量管理体系现场审核的步骤有哪些？
9-7 卓越绩效模式的九项理念是什么？
9-8 卓越绩效模式与 ISO 9001 质量管理体系有何区别？
9-9 我国计量认证是如何分级实施的？
9-10 比较计量认证与实验室认可的区别。

附 录

附表 A 标准正态分布累积概率表

$$\Phi(x) = \int_{-\infty}^{x} \frac{1}{\sqrt{2\pi}} e^{-\frac{t^2}{2}} dt$$

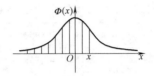

x	0	0.01	0.02	0.03	0.04	0.05	0.06	0.07	0.08	0.09
0	0.5	0.504	0.508	0.512	0.516	0.5199	0.5239	0.5279	0.5319	0.5359
0.1	0.5398	0.5438	0.5478	0.5517	0.5557	0.5596	0.5636	0.5675	0.5714	0.5753
0.2	0.5793	0.5832	0.5871	0.591	0.5948	0.5987	0.6026	0.6064	0.6103	0.6141
0.3	0.6179	0.6217	0.6255	0.6293	0.6331	0.6368	0.6406	0.6443	0.648	0.6517
0.4	0.6554	0.6591	0.6628	0.6664	0.67	0.6736	0.6772	0.6808	0.6844	0.6879
0.5	0.6915	0.695	0.6985	0.7019	0.7054	0.7088	0.7123	0.7157	0.719	0.7224
0.6	0.7257	0.7291	0.7324	0.7357	0.7389	0.7422	0.7454	0.7486	0.7517	0.7549
0.7	0.758	0.7611	0.7642	0.7673	0.7703	0.7734	0.7764	0.7794	0.7823	0.7852
0.8	0.7881	0.791	0.7939	0.7967	0.7995	0.8023	0.8051	0.8078	0.8106	0.8133
0.9	0.8159	0.8186	0.8212	0.8238	0.8264	0.8289	0.8315	0.834	0.8365	0.8389
1.0	0.8413	0.8438	0.8461	0.8485	0.8508	0.8531	0.8554	0.8577	0.8599	0.8621
1.1	0.8643	0.8665	0.8686	0.8708	0.8729	0.8749	0.877	0.879	0.881	0.883
1.2	0.8849	0.8869	0.8888	0.8907	0.8925	0.8944	0.8962	0.898	0.8997	0.9015
1.3	0.9032	0.9049	0.9066	0.9082	0.9099	0.9115	0.9131	0.9147	0.9162	0.9177
1.4	0.9192	0.9207	0.9222	0.9236	0.9251	0.9265	0.9278	0.9292	0.9306	0.9319
1.5	0.9332	0.9345	0.9357	0.937	0.9382	0.9394	0.9406	0.9418	0.943	0.9441
1.6	0.9452	0.9463	0.9474	0.9484	0.9495	0.9505	0.9515	0.9525	0.9535	0.9545
1.7	0.9554	0.9564	0.9573	0.9582	0.9591	0.9599	0.9608	0.9616	0.9625	0.9633
1.8	0.9641	0.9648	0.9656	0.9664	0.9671	0.9678	0.9686	0.9693	0.97	0.9706
1.9	0.9713	0.9719	0.9726	0.9732	0.9738	0.9744	0.975	0.9756	0.9762	0.9767

(续)

x	0	0.01	0.02	0.03	0.04	0.05	0.06	0.07	0.08	0.09
2.0	0.9772	0.9778	0.9783	0.9788	0.9793	0.9798	0.9803	0.9808	0.9812	0.9817
2.1	0.9821	0.9826	0.983	0.9834	0.9838	0.9842	0.9846	0.985	0.9854	0.9857
2.2	0.9861	0.9864	0.9868	0.9871	0.9874	0.9878	0.9881	0.9884	0.9887	0.989
2.3	0.9893	0.9896	0.9898	0.9901	0.9904	0.9906	0.9909	0.9911	0.9913	0.9916
2.4	0.9918	0.992	0.9922	0.9925	0.9927	0.9929	0.9931	0.9932	0.9934	0.9936
2.5	0.9938	0.994	0.9941	0.9943	0.9945	0.9946	0.9948	0.9949	0.9951	0.9952
2.6	0.9953	0.9955	0.9956	0.9957	0.9959	0.996	0.9961	0.9962	0.9963	0.9964
2.7	0.9965	0.9966	0.9967	0.9968	0.9969	0.997	0.9971	0.9972	0.9973	0.9974
2.8	0.9974	0.9975	0.9976	0.9977	0.9977	0.9978	0.9979	0.9979	0.998	0.9981
2.9	0.9981	0.9982	0.9982	0.9983	0.9984	0.9984	0.9985	0.9985	0.9986	0.9986
3.0	0.9987	0.999	0.9993	0.9995	0.9997	0.9998	0.9998	0.9999	0.9999	1.0000
3.1	0.999032	0.999065	0.999096	0.999126	0.999155	0.999184	0.999211	0.999238	0.999264	0.999289
3.2	0.999313	0.999336	0.999359	0.999381	0.999402	0.999423	0.999443	0.999462	0.999481	0.999499
3.3	0.999517	0.999534	0.999550	0.999566	0.999581	0.999596	0.999610	0.999624	0.999638	0.999660
3.4	0.999663	0.999675	0.999687	0.999698	0.999709	0.999720	0.999730	0.999740	0.999749	0.999760
3.5	0.999767	0.999776	0.999784	0.999792	0.999800	0.999807	0.999815	0.999822	0.999828	0.999885
3.6	0.999841	0.999847	0.999853	0.999858	0.999864	0.999869	0.999874	0.999879	0.999883	0.999880
3.7	0.999892	0.999896	0.999900	0.999904	0.999908	0.999912	0.999915	0.999918	0.999922	0.999926
3.8	0.999928	0.999931	0.999933	0.999936	0.999938	0.999941	0.999943	0.999946	0.999948	0.999950
3.9	0.999952	0.999954	0.999956	0.999958	0.999959	0.999961	0.999963	0.999964	0.999966	0.999967
4.0	0.999968	0.999970	0.999971	0.999972	0.999973	0.999974	0.999975	0.999976	0.999977	0.999978
4.1	0.999979	0.999980	0.999981	0.999982	0.999983	0.999983	0.999984	0.999985	0.999985	0.999986
4.2	0.999987	0.999987	0.999988	0.999988	0.999989	0.999989	0.999990	0.999990	0.999991	0.999991
4.3	0.999991	0.999992	0.999992	0.999930	0.999993	0.999993	0.999993	0.999994	0.999994	0.999994
4.4	0.999995	0.999995	0.999995	0.999995	0.999996	0.999996	0.999996	1.000000	0.999996	0.999996
4.5	0.999997	0.999997	0.999997	0.999997	0.999997	0.999997	0.999997	0.999998	0.999998	0.999998
4.6	0.999998	0.999998	0.999998	0.999998	0.999998	0.999998	0.999998	0.999998	0.999999	0.999999
4.7	0.999999	0.999999	0.999999	0.999999	0.999999	0.999999	0.999999	0.999999	0.999999	0.999999
4.8	0.999999	0.999999	0.999999	0.999999	0.999999	0.999999	0.999999	0.999999	0.999999	0.999999
4.9	1.000000	1.000000	1.000000	1.000000	1.000000	1.000000	1.000000	1.000000	1.000000	1.000000

附表 B　F 分布上侧分位数表

$$P\{F(n_1,n_2)>F_\alpha(n_1,n_2)\}=\alpha, \alpha=0.05$$

n_1 \ n_2	1	2	3	4	5	6	7	8	9	10	12	15	20	24	30	40	60	120	∞
1	161.4	199.5	215.7	224.6	230.2	234.0	236.8	238.9	240.5	241.9	243.9	245.9	248.0	249.1	250.1	251.1	252.2	253.3	254.3
2	18.51	19.00	19.16	19.25	19.30	19.33	19.35	19.37	19385	19.40	19.41	19.43	19.45	19.45	19.46	19.47	19.48	19.49	19.50
3	10.13	9.55	9.28	9.12	9.01	8.94	8.89	8.85	8.81	8.79	8.74	8.70	8.66	8.64	8.62	8.59	8.57	8.55	8.53
4	7.71	6.94	6.59	6.39	6.26	6.16	6.09	6.04	6.00	5.96	5.91	5.86	5.80	5.77	5.75	5.72	5.69	5.66	5.63
5	6.61	5.79	5.41	5.19	5.05	4.95	4.88	4.82	4.77	4.74	4.68	4.62	4.56	4.53	4.50	4.46	4.43	4.40	4.36
6	5.99	5.14	4.76	4.53	4.39	4.28	4.21	4.15	4.10	4.06	4.00	3.94	3.87	3.84	3.81	3.77	3.74	3.70	3.67
7	5.59	4.74	4.35	4.12	3.97	3.87	3.79	3.73	3.68	3.64	3.57	3.51	3.44	3.41	3.38	3.34	3.30	3.27	3.23
8	5.32	4.46	4.07	3.84	3.69	3.58	3.50	3.44	3.39	3.35	3.28	3.22	3.15	3.12	3.08	3.04	3.01	2.97	2.93
9	5.12	4.26	3.86	3.63	3.48	3.37	3.29	3.23	3.18	3.14	3.07	3.01	2.94	2.90	2.86	2.83	2.79	2.75	2.71
10	4.96	4.10	3.71	3.48	3.33	3.22	3.14	3.07	3.02	2.98	2.91	2.85	2.77	2.74	2.70	2.66	2.62	2.58	2.54
11	4.84	3.98	3.59	3.36	3.20	3.09	3.01	2.95	2.90	2.85	2.79	2.72	2.65	2.61	2.57	2.53	2.49	2.45	2.40
12	4.75	3.89	3.49	3.26	3.11	3.00	2.91	2.85	2.80	2.75	2.69	2.62	2.54	2.51	2.47	2.43	2.38	2.34	2.30
13	4.67	3.81	3.41	3.18	3.03	2.92	2.83	2.77	2.71	2.67	2.60	2.53	2.46	2.42	2.38	2.34	2.30	2.25	2.21
14	4.60	3.74	3.34	3.11	2.96	2.85	2.76	2.70	2.65	2.60	2.53	2.46	2.39	2.35	2.31	2.27	2.22	2.18	2.13
15	4.54	3.68	3.29	3.06	2.90	2.79	2.71	2.64	2.59	2.54	2.48	2.40	2.33	2.29	2.25	2.20	2.16	2.11	2.07
16	4.49	3.63	3.24	3.01	2.85	2.74	2.66	2.59	2.54	2.49	2.42	2.35	2.28	2.24	2.19	2.15	2.11	2.06	2.01
17	4.45	3.59	3.20	2.96	2.81	2.70	2.61	2.55	2.49	2.45	2.38	2.31	2.23	2.19	2.15	2.10	2.06	2.01	1.96
18	4.41	3.55	3.16	2.93	2.77	2.66	2.58	2.51	2.46	2.41	2.34	2.27	2.19	2.15	2.11	2.06	2.02	1.97	1.92

(续)

n_1 \ n_2	1	2	3	4	5	6	7	8	9	10	12	15	20	24	30	40	60	120	∞
19	4.38	3.52	3.13	2.90	2.74	2.63	2.54	2.48	2.42	2.38	2.31	2.23	2.16	2.11	2.07	2.03	1.98	1.93	1.99
20	4.35	3.49	3.10	2.87	2.71	2.60	2.51	2.45	2.39	2.35	2.28	2.20	2.12	2.08	2.04	1.99	1.95	1.90	1.84
21	4.32	3.47	3.07	2.84	2.68	2.57	2.49	2.42	2.37	2.32	2.25	2.18	2.10	2.05	2.01	1.96	1.92	1.87	1.81
22	4.30	3.44	3.05	2.82	2.66	2.55	2.46	2.40	2.34	2.30	2.23	2.15	2.07	2.03	1.98	1.94	1.89	1.84	1.78
23	4.28	3.42	3.03	2.80	2.64	2.53	2.44	2.37	2.32	2.27	2.20	2.13	2.05	2.01	1.96	1.91	1.86	1.81	1.76
24	4.26	3.40	3.01	2.78	2.62	2.51	2.42	2.36	2.30	2.25	2.18	2.11	2.03	1.98	1.94	1.89	1.84	1.79	1.73
25	4.24	3.39	2.99	2.76	2.60	2.49	2.40	2.34	2.28	2.24	2.16	2.09	2.01	1.96	1.92	1.87	1.82	1.77	1.71
26	4.23	3.37	2.98	2.74	2.59	2.47	2.39	2.32	2.27	2.22	2.15	2.07	1.99	1.95	1.90	1.85	1.80	1.75	1.69
27	4.21	3.35	2.96	2.73	2.57	2.46	2.37	2.31	2.25	2.20	2.13	2.06	1.97	1.93	1.88	1.84	1.79	1.73	1.67
28	4.20	3.34	2.95	2.71	2.56	2.45	2.36	2.29	2.24	2.19	2.12	2.04	1.96	1.91	1.87	1.82	1.77	1.71	1.65
29	4.18	3.33	2.93	2.70	2.55	2.43	2.35	2.28	2.22	2.18	2.10	2.03	1.94	1.90	1.85	1.81	1.75	1.70	1.64
30	4.17	3.32	2.92	2.69	2.53	2.42	2.33	2.27	2.21	2.16	2.09	2.01	1.93	1.89	1.84	1.79	1.74	1.68	1.62
40	4.08	3.23	2.84	2.61	2.45	2.34	2.25	2.18	2.12	2.08	2.00	1.92	1.84	1.79	1.74	1.69	1.64	1.58	1.51
60	4.00	3.15	2.76	2.53	2.37	2.25	2.17	2.10	2.04	1.99	1.92	1.84	1.75	1.70	1.65	1.59	1.53	1.47	1.39
120	3.92	3.07	2.68	2.45	2.29	2.17	2.09	2.02	1.96	1.91	1.83	1.75	1.66	1.61	1.55	1.50	1.43	1.35	1.25
∞	3.84	3.00	2.60	2.37	2.21	2.10	2.01	1.94	1.88	1.83	1.75	1.67	1.57	1.52	1.46	1.39	1.32	1.22	1.00

附表 C C_p 值与偏移系数 k 对应的不合格品率表（%）

C_p \ k	0	0.1	0.2	0.3	0.4	0.5	0.6	0.8	1.0
0.1	76.4	76.4	76.5	76.5	76.6	76.7	76.8	77.1	77.4
0.2	54.8	54.9	55.0	55.5	56.0	56.6	57.4	59.2	61.5
0.3	36.8	37.0	37.6	38.5	39.8	41.5	43.4	48.1	53.6
0.4	23.0	23.4	24.3	26.0	28.2	31.0	34.3	42.1	50.8
0.5	13.4	13.8	15.1	17.2	20.2	23.9	28.2	38.6	50.1
0.6	7.19	7.65	9.03	11.3	14.6	18.8	23.9	36.0	50.1
0.7	3.57	3.98	5.24	7.40	10.5	14.8	20.1	33.7	50.0
0.8	1.64	1.95	2.94	4.75	7.53	11.5	16.8	31.6	50.0
0.9	0.69	0.90	1.60	2.96	5.27	8.85	14.1	29.5	50.0
1.0	0.27	0.40	0.84	1.80	3.59	6.68	11.5	27.4	50.0
1.1	0.10	0.16	0.41	1.04	2.39	4.96	9.34	25.5	50.0
1.2	0.03	0.06	0.20	0.59	1.54	3.59	7.49	23.6	50.0
1.3	0.01	0.02	0.10	0.32	0.96	2.56	5.94	21.7	50.0
1.4	0.00	0.01	0.04	0.16	0.59	1.79	4.65	20.0	50.0
1.5	0.00	0.00	0.02	0.09	0.35	1.22	3.59	19.4	50.0
1.6	0.00	0.00	0.01	0.04	0.20	0.82	2.74	18.8	50.0
1.7	0.00	0.00	0.00	0.02	0.12	0.54	2.07	15.5	50.0
1.8	0.00	0.00	0.00	0.01	0.06	0.35	1.54	14.0	50.0
1.9	0.00	0.00	0.00	0.00	0.03	0.22	1.13	12.7	50.0
2.0	0.00	0.00	0.00	0.00	0.02	0.14	0.82	11.5	50.0

附表D 计量控制图控制限系数表

子组中观测样本数 n	均值控制图 控制限系数		中心线系数		标准差控制图 控制限系数				中心线系数		极差控制图 控制限系数				中位数控制图 控制限系数	
	A	A_2	A_3	C_4	$1/C_4$	B_3	B_4	B_5	B_6	d_2	$1/d_2$	d_3	D_1	D_2	D_3	D_4	M_3	M_3A_2
2	2.121	1.880	2.659	0.798	1.253	0	3.267	0	2.606	1.128	0.887	0.853	0	3.686	0	3.267	1.000	1.880
3	1.732	1.023	1.954	0.886	1.128	0	2.568	0	2.276	1.693	0.591	0.888	0	4.358	0	2.574	1.160	1.187
4	1.500	0.729	1.628	0.921	1.085	0	2.266	0	2.088	2.059	0.486	0.880	0	4.698	0	2.282	1.092	0.796
5	1.342	0.572	1.427	0.940	1.064	0	2.089	0	1.964	2.326	0.430	0.864	0	4.918	0	2.114	1.198	0.691
6	1.225	0.483	1.287	0.952	1.051	0.030	1.970	0.029	1.874	2.534	0.395	0.848	0	5.078	0	2.004	1.135	0.549
7	1.134	0.419	1.182	0.959	1.042	0.118	1.882	0.113	1.806	2.704	0.370	0.833	0.204	5.204	0.076	1.924	1.214	0.509
8	1.061	0.373	1.099	0.965	1.036	0.185	1.815	0.179	1.751	2.847	0.351	0.820	0.388	5.306	0.136	1.864	1.160	0.432
9	1.00	0.337	1.032	0.969	1.032	0.29	1.761	0.232	1.707	2.970	0.337	0.808	0.547	5.393	0.184	1.816	1.223	0.412
10	0.949	0.308	0.975	0.973	1.028	0.284	1.716	0.276	1.669	3.078	0.325	0.797	0.687	5.469	0.223	1.777	1.176	0.363
11	0.905	0.285	0.927	0.975	1.025	0.321	1.679	0.313	1.637	3.173	0.315	0.787	0.811	5.535	0.256	1.744		
12	0.886	0.266	0.886	0.978	1.023	0.354	1.646	0.346	1.610	3.258	0.307	0.778	0.922	5.594	0.283	1.717		
13	0.832	0.249	0.850	0.979	1.021	0.382	1.618	0.374	1.585	3.336	0.300	0.770	1.025	5.647	0.307	1.693		
14	0.802	0.235	0.817	0.981	1.019	0.406	1.594	0.399	1.563	3.407	0.294	0.763	1.118	5.696	0.328	1.672		
15	0.775	0.223	0.789	0.982	1.018	0.428	1.157	0.421	1.544	3.472	0.288	0.756	1.203	5.741	0.347	1.653		
16	0.750	0.212	0.763	0.984	1.017	0.448	1.552	0.440	1.526	3.532	0.283	0.750	1.282	5.782	0.363	1.637		
17	0.728	0.203	0.739	0.985	1.016	0.466	1.534	0.458	1.511	3.588	0.279	0.744	1.356	5.820	0.378	1.622		
18	0.707	0.194	0.718	0.985	1.015	0.482	1.518	0.475	1.496	3.640	0.275	0.739	1.424	5.856	0.391	1.608		
19	0.688	0.187	0.698	0.986	1.014	0.497	1.503	0.490	1.483	3.689	0.271	0.734	1.487	5.891	0.403	1.597		
20	0.671	0.180	0.680	0.987	1.013	0.510	1.490	0.504	1.470	3.735	0.268	0.729	1.549	5.921	0.415	1.585		
21	0.655	0.173	0.663	0.988	1.013	0.253	1.477	0.516	1.459	3.778	0.265	0.724	1.605	5.951	0.425	1.575		
22	0.640	0.167	0.647	0.988	1.012	0.534	1.466	0.528	1.448	3.819	0.262	0.720	1.659	5.979	0.434	1.566		
23	0.626	0.126	0.633	0.989	1.011	0.545	1.455	0.539	1.438	3.858	0.259	0.716	1.710	6.006	0.443	1.557		
24	0.612	0.157	0.619	0989	1.011	0.555	1.445	0.549	1.429	3.895	0.257	0.712	1.759	6.031	0.451	1.548		
25	0.600	0.153	0.606	0.990	1.011	0.565	1.435	0.559	1.420	3.931	0.254	0.708	1.806	6.056	0.459	1.541		

注：当 $n>25$ 时，$A=\dfrac{3}{\sqrt{n}}$，$A_3=\dfrac{3}{C_4\sqrt{n}}$，$C_4\approx\dfrac{4(n-1)}{4n-3}$，$B_3=1-\dfrac{3}{C_4\sqrt{2(n-1)}}$，$B_4=1+\dfrac{3}{C_4\sqrt{2(n-1)}}$。

附表 E 计数标准型一次抽样检查表——主表及辅助表

$p_0 \times 100$ \ $p_1 \times 100$	0.71~0.90	0.91~1.12	1.13~1.40	1.41~1.80	1.81~2.24	2.25~2.80	2.81~3.55	3.56~4.80	4.81~5.60	5.61~7.10	7.11~9.00	9.01~11.2	11.3~14.0	14.1~18.0	18.1~22.4	22.5~28.0	28.1~35.5
0.090~0.112	△	400,1	→	↓	↑	60,0	50,0	↓	→	→	→	↓	→	→	→	→	→
0.113~0.140	△	500,2	300,1	→	↑	↑	↑	40,0	30,0	→	→	→	→	→	→	→	→
0.141~0.180	△	△	→	250,1	↓	→	↑	→	↑	→	25,0	↓	→	→	→	→	→
0.181~0.224	△	△	100,2	→	200,1	↓	→	↓	→	→	→	20,0	↑	→	→	7,0	5,0
0.225~0.280	△	△	500,3	300,2	250,2	150,1	120,1	100,1	→	60,1	→	→	15,0	→	→	→	→
0.281~0.355	△	△	△	400,3	250,2	→	→	→	80,1	→	↓	↑	→	→	10,0	→	10,1
0.356~0.450	△	△	△	500,4	300,3	200,2	150,2	100,2	80,1	60,1	25,0	↑	15,0	15,1	→	→	→
0.451~0.560	△	△	△	△	400,4	250,3	200,3	120,2	100,2	80,2	↓	40,1	30,1	25,1	20,1	→	→
0.561~0.710	△	△	△	△	500,6	300,4	250,4	150,3	120,3	60,2	50,1	50,2	40,2	→	25,2	15,1	10,1
0.711~0.900	△	△	△	△	△	400,5	300,5	200,4	120,3	80,2	→	60,3	50,3	30,2	20,1	→	15,2
0.901~1.12	△	△	△	△	△	500,1	400,1	250,5	150,4	100,3	60,2	70,4	50,3	40,3	25,2	20,2	→
1.13~1.40	△	△	△	△	△	△	△	400,1	200,6	120,3	80,3	100,5	60,4	40,3	25,2	→	20,3
1.41~1.80		△	△	△	△	△	△	→	300,1	150,6	100,4	150,1	80,6	50,4	30,3	25,3	25,4
1.81~2.24			△	△	△	△	△	△	△	200,1	120,6	△	120,1	60,6	40,4	30,4	30,6
2.25~2.80				△	△	△	△	△	△	△	200,1	150,1	△	100,1	50,6	40,5	60,1
2.81~3.55					△	△	△	△	△	△	△	△	△	△	70,1	60,1	25,4
3.56~4.50						△	△	△	△	△	△	△	△	△	△	△	30,6
4.51~5.60							△	△	△	△	△	△	△	△	△	△	△
5.61~7.10								△	△	△	△	△	△	△	△	△	△
7.11~9.00									△	△	△	△	△	△	△	△	△
9.01~11.2										△	△	△	△	△	△	△	△

注：栏内为 n，Ac 值，$\alpha \approx 0.05$，$\beta \approx 0.10$。

辅助表

p_1/p_0	Ac	n	p_1/p_0	Ac	n
17 以上	0	$2.56/p_0+115/p_1$	2.8~3.5	6	$164/p_0+527/p_1$
7.9~16	1	$17.8/p_0+194/p_1$	2.3~2.7	10	$308/p_0+770/p_1$
5.6~7.8	2	$40.9/p_0+266/p_1$	2.0~2.2	15	$520/p_0+1065/p_1$
4.4~5.5	3	$68.5/p_0+344/p_1$	1.86~1.99	20	$704/p_0+1350/p_1$
3.6~4.3	4	$98.5/p_0+400/p_1$			

注：在辅助表中，当 $p_1/p_0<1.86$ 时，计算的 n 值太大，一般不宜使用抽样调查，故未列出计算式。如果一定要采用抽样检查，可按有关公式计算 n、Ac 值。

附表 F 计数挑选型抽样方案 SL 表（$p_1=3\%$）

N \ $\bar{p}\times 100$	0~0.055 n Ac AOQL×100	0.056~0.077 n Ac AOQL×100	0.078~0.11 n Ac AOQL×100	0.12~0.22 n Ac AOQL×100	0.23~0.33 n Ac AOQL×100
48 以下	全数 0 0	全数 0 0	全数 0 0	全数 0 0	全数 0 0
49~70	48 0 0.45	48 0 0.45	48 0 0.45	48 0 0.45	48 0 0.45
71~100	55 0 0.46	55 0 0.46	55 0 0.46	55 0 0.46	55 0 0.46
101~200	65 0 0.48	65 0 0.48	65 0 0.48	65 0 0.48	65 0 0.48
201~300	65 0 0.48	65 0 0.48	65 0 0.48	65 0 0.48	125 1 0.67
301~500	125 1 0.67	125 1 0.67	125 1 0.67	125 1 0.67	175 2 0.78
501~700	125 1 0.67	125 1 0.67	175 2 0.78	175 2 0.78	220 3 0.59
701~1000	125 1 0.67	125 1 0.67	175 2 0.78	220 3 0.59	260 4 0.98
1001~2000	125 1 0.67	175 2 0.78	220 3 0.59	260 4 0.98	305 5 1.0
2001~3000	175 2 0.78	220 3 0.59	260 4 0.98	305 5 1.0	390 7 1.2

（续）

N \ $\bar{p}\times 100$	0~0.055 n Ac AOQL×100	0.056~0.077 n Ac AOQL×100	0.078~0.11 n Ac AOQL×100	0.12~0.22 n Ac AOQL×100	0.23~0.33 n Ac AOQL×100
3001~5000	175 2 0.78	220 3 0.59	260 4 0.98	345 6 1.1	430 8 1.2
5001~7000	175 2 0.78	220 3 0.59	260 4 0.98	345 6 1.1	510 10 1.3
7001~10000	175 2 0.78	220 3 0.59	305 5 1.0	345 6 1.1	550 11 1.3
10001~20000	220 3 0.88	260 4 0.98	345 6 1.1	390 7 1.2	625 13 1.4
20001~30000	220 3 0.88	260 4 0.98	345 6 1.1	430 8 1.2	665 14 1.4
30001~50000	220 3 0.88	305 5 1.0	390 7 1.2	510 10 1.3	935 13 0.93

SA 表（AOQL=2%）

N \ $\bar{p}\times 100$	0~0.22 n Ac $p_1\times 100$	0.23~0.33 n Ac $p_1\times 100$	0.34~0.55 n Ac $p_1\times 100$	0.56~0.77 n Ac $p_1\times 100$	0.78~1.1 n Ac $p_1\times 100$
16 以下	全数 0 —	全数 0 —	全数 0 —	全数 0 —	全数 0 —
17~70	16 0 12.0	16 0 12.0	16 0 12.0	16 0 12.0	16 0 12.0
71~100	17 0 11.6	17 0 11.6	17 0 11.6	17 0 11.6	17 0 11.6
101~200	18 0 11.5	18 0 11.5	18 0 11.5	18 0 11.5	18 0 11.5

(续)

N \ $\bar{p}\times100$	0~0.22 n / Ac / $p_1\times100$	0.23~0.33 n / Ac / $p_1\times100$	0.34~0.55 n / Ac / $p_1\times100$	0.56~0.77 n / Ac / $p_1\times100$	0.78~1.1 n / Ac / $p_1\times100$
201~500	18 / 0 / 11.7	18 / 0 / 11.7	42 / 1 / 8.7	42 / 1 / 8.7	42 / 1 / 8.7
501~700	18 / 0 / 11.9	42 / 1 / 8.7	42 / 1 / 8.7	42 / 1 / 8.7	70 / 2 / 7.2
701~1000	42 / 1 / 8.9	42 / 1 / 8.8	42 / 1 / 8.8	42 / 1 / 8.8	70 / 2 / 7.3
1001~2000	42 / 1 / 8.9	42 / 1 / 8.9	70 / 2 / 7.4	70 / 2 / 7.4	70 / 2 / 7.4
2001~3000	42 / 1 / 8.9	42 / 1 / 8.9	70 / 2 / 7.4	70 / 2 / 7.4	95 / 3 / 6.9
3001~5000	42 / 1 / 8.9	70 / 2 / 7.4	70 / 2 / 7.4	95 / 3 / 6.9	95 / 3 / 6.9
5001~7000	70 / 2 / 7.4	70 / 2 / 7.4	70 / 2 / 7.4	95 / 3 / 6.9	125 / 4 / 6.3
7001~10000	70 / 2 / 7.4	70 / 2 / 7.4	95 / 3 / 6.9	95 / 3 / 6.9	155 / 5 / 5.9
10001~20000	70 / 2 / 7.4	70 / 2 / 7.4	95 / 3 / 6.9	125 / 4 / 6.3	190 / 6 / 5.6
20001~30000	70 / 2 / 7.4	70 / 2 / 7.4	95 / 3 / 6.9	155 / 5 / 5.9	220 / 7 / 5.5
30001~50000	70 / 2 / 7.4	95 / 3 / 6.0	125 / 4 / 6.3	155 / 5 / 5.9	255 / 8 / 5.4

附录 261

附表 G 正常检验一次抽样方案（主表）

样本量字码	样本量	接收质量限(AQL) 0.010		0.015		0.025		0.040		0.065		0.10		0.15		0.25		0.40		0.65		1.0		1.5		2.5		4.0		6.5		10		15		25		40		65		100		150		250		400		650		1000	
		Ac	Re	Ac	Re	Ac	Re	Ac	Re	Ac	Re	Ac	Re	Ac	Re	Ac	Re	Ac	Re	Ac	Re	Ac	Re	Ac	Re	Ac	Re	Ac	Re	Ac	Re	Ac	Re	Ac	Re	Ac	Re	Ac	Re	Ac	Re	Ac	Re	Ac	Re	Ac	Re	Ac	Re	Ac	Re
A	2																															↓				1 2		2 3	3 4		5 6		7 8		10 11		14 15		21 22		30 31		44 45	
B	3																													↓				1 2		2 3		3 4		5 6		7 8		10 11		14 15		21 22		30 31		44 45		←	
C	5																											↓				1 2		2 3		3 4		5 6		7 8		10 11		14 15		21 22		30 31		44 45		←			
D	8																									↓				1 2		2 3		3 4		5 6		7 8		10 11		14 15		21 22		30 31		44 45		←					
E	13																							↓				1 2		2 3		3 4		5 6		7 8		10 11		14 15		21 22		30 31		44 45		←							
F	20																					↓				1 2		2 3		3 4		5 6		7 8		10 11		14 15		21 22		←											
G	32																			↓				1 2		2 3		3 4		5 6		7 8		10 11		14 15		21 22		←													
H	50																	↓				1 2		2 3		3 4		5 6		7 8		10 11		14 15		21 22		←															
J	80															↓				1 2		2 3		3 4		5 6		7 8		10 11		14 15		21 22		←																	
K	125													↓				1 2		2 3		3 4		5 6		7 8		10 11		14 15		21 22		←																			
L	200											↓				1 2		2 3		3 4		5 6		7 8		10 11		14 15		21 22		←																					
M	315									↓				1 2		2 3		3 4		5 6		7 8		10 11		14 15		21 22		←																							
N	500							↓				1 2		2 3		3 4		5 6		7 8		10 11		14 15		21 22		←																									
P	800					↓				1 2		2 3		3 4		5 6		7 8		10 11		14 15		21 22		←																											
Q	1250			↓				1 2		2 3		3 4		5 6		7 8		10 11		14 15		21 22		←																													
R	2000	↓				1 2		2 3		3 4		5 6		7 8		10 11		14 15		21 22		←																															

注: 1. ↓—使用箭头下面的第一个抽样方案。如果样本量等于或超过批量，执行100%检验。
2. ↑—使用箭头上面的第一个抽样方案。
3. Ac—接收数。
4. Re—拒收数。

附表 H 加严检验一次抽样方案（主表）

样本量字码	样本量	接收质量限 (AQL) 0.010 Ac Re	0.015 Ac Re	0.025 Ac Re	0.040 Ac Re	0.065 Ac Re	0.10 Ac Re	0.15 Ac Re	0.25 Ac Re	0.40 Ac Re	0.65 Ac Re	1.0 Ac Re	1.5 Ac Re	2.5 Ac Re	4.0 Ac Re	6.5 Ac Re	10 Ac Re	15 Ac Re	25 Ac Re	40 Ac Re	65 Ac Re	100 Ac Re	150 Ac Re	250 Ac Re	400 Ac Re	650 Ac Re	1000 Ac Re
A	2	→	→	→	→	→	→	→	→	→	→	→	→	→	→	→	→	→	→	↑	1 2	2 3	3 4	5 6	8 9	12 13	18 19
B	3	→	→	→	→	→	→	→	→	→	→	→	→	→	→	→	→	→	↑	1 2	2 3	3 4	5 6	8 9	12 13	18 19	27 28
C	5	→	→	→	→	→	→	→	→	→	→	→	→	→	→	→	→	↑	1 2	2 3	3 4	5 6	8 9	12 13	18 19	27 28	41 42
D	8	→	→	→	→	→	→	→	→	→	→	→	→	→	→	→	↑	1 2	2 3	3 4	5 6	8 9	12 13	18 19	27 28	41 42	
E	13	→	→	→	→	→	→	→	→	→	→	→	→	→	→	↑	1 2	2 3	3 4	5 6	8 9	12 13	18 19	27 28	41 42		
F	20	→	→	→	→	→	→	→	→	→	→	→	→	→	↑	1 2	2 3	3 4	5 6	8 9	12 13	18 19	←				
G	32	→	→	→	→	→	→	→	→	→	→	→	→	↑	1 2	2 3	3 4	5 6	8 9	12 13	18 19	←					
H	50	→	→	→	→	→	→	→	→	→	→	→	↑	1 2	2 3	3 4	5 6	8 9	12 13	18 19	←						
J	80	→	→	→	→	→	→	→	→	→	→	↑	1 2	2 3	3 4	5 6	8 9	12 13	18 19	←							
K	125	→	→	→	→	→	→	→	→	→	↑	1 2	2 3	3 4	5 6	8 9	12 13	18 19	←								
L	200	→	→	→	→	→	→	→	→	0 1	↑	1 2	2 3	3 4	5 6	8 9	12 13	18 19									
M	315	→	→	→	→	→	→	→	0 1	↑	1 2	2 3	3 4	5 6	8 9	12 13	18 19										
N	500	→	→	→	→	→	→	0 1	↑	1 2	2 3	3 4	5 6	8 9	12 13	18 19	←										
P	800	→	→	→	→	→	0 1	↑	1 2	2 3	3 4	5 6	8 9	12 13	18 19	←											
Q	1250	→	→	→	→	0 1	↑	1 2	2 3	3 4	5 6	8 9	12 13	18 19	←												
R	2000	→	→	→	0 1	1 2																					
S	3150	→	→	0 1	↑																						

注：1. ↓—使用箭头下面的第一个抽样方案。如果样本量等于或超过批量，执行100%检验。
2. ↑—使用箭头上面的第一个抽样方案。Ac—接收数。Re—拒收数。

附表1 放宽检验一次抽样方案（主表）

样本量字码	样本量	接收质量限(AQL)																										
		0.10	0.015	0.025	0.40	0.065	0.10	0.15	0.25	0.40	0.65	1.0	1.5	2.5	4.0	6.5	10	15	25	40	65	100	150	250	400	650	1000
		Ac Re	Ac Re	Ac Re	Ac Re	Ac Re	Ac Re	Ac Re	Ac Re	Ac Re	Ac Re	Ac Re	Ac Re	Ac Re	Ac Re	Ac Re	Ac Re	Ac Re	Ac Re	Ac Re	Ac Re	Ac Re	Ac Re	Ac Re	Ac Re	Ac Re	Ac Re
A	2	⇒	⇒	⇒	⇒	⇒	⇒	⇒	⇒	⇒	⇒	⇒	⇒	⇒	⇒	0 1	⇐	⇒	1 2	2 3	3 4	5 6	7 8	10 11	14 15	21 22	30 31
B	2														0 1	⇐	⇒	1 2	2 3	3 4	5 6	7 8	10 11	14 15	21 22	30 31	
C	2													0 1	⇐	⇒	1 2	2 3	3 4	5 6	6 7	8 9	10 11	14 15	21 22		
D	3												0 1	⇐	⇒	1 2	2 3	3 4	5 6	6 7	8 9	10 11	14 15	21 22			
E	5											0 1	⇐	⇒	1 2	2 3	3 4	5 6	6 7	8 9	10 11						
F	8										0 1	⇐	⇒	1 2	2 3	3 4	5 6	6 7	8 9	10 11							
G	13									0 1	⇐	⇒	1 2	2 3	3 4	5 6	6 7	8 9	10 11								
H	20								0 1	⇐	⇒	1 2	2 3	3 4	5 6	6 7	8 9	10 11									
J	32							0 1	⇐	⇒	1 2	2 3	3 4	5 6	6 7	8 9	10 11										
K	50						0 1	⇐	⇒	1 2	2 3	3 4	5 6	6 7	8 9	10 11											
L	80					0 1	⇐	⇒	1 2	2 3	3 4	5 6	6 7	8 9	10 11												
M	125				0 1	⇐	⇒	1 2	2 3	3 4	5 6	6 7	8 9	10 11													
N	200			0 1	⇐	⇒	1 2	2 3	3 4	5 6	6 7	8 9	10 11														
P	315		0 1	⇐	⇒	1 2	2 3	3 4	5 6	6 7	8 9	10 11															
Q	500	0 1	⇐	⇒	1 2	2 3	3 4	5 6	6 7	8 9	10 11																
R	800	⇐																									

注：相关标注同上表。

附表 J 正常检验二次抽样方案（主表）

样本量字码	样本	样本量	累计量	接收质量限 (AQL)																							
				0.010	0.015	0.025	0.040	0.065	0.10	0.15	0.25	0.40	0.65	1.0	1.5	2.5	4.0	6.5	10	15	25	40	65	100	250	400	650	1000
				Ac Re	Ac Re	Ac Re	Ac Re	Ac Re	Ac Re	Ac Re	Ac Re	Ac Re	Ac Re	Ac Re	Ac Re	Ac Re	Ac Re	Ac Re	Ac Re	Ac Re	Ac Re	Ac Re	Ac Re	Ac Re	Ac Re	Ac Re	Ac Re	Ac Re
A																												
B	第一 第二	2 2	2 4																↓	*	0 2 1 2	0 3 3 4	1 3 4 5	2 5 6 7	3 6 9 10	5 9 12 13	7 11 18 19	11 16 26 27	17 22 37 38	25 31 56 57
C	第一 第二	3 3	3 6															↓	*	0 2 1 2	0 3 3 4	1 3 4 5	2 5 6 7	3 6 9 10	5 9 12 13	7 11 18 19	11 16 26 27	17 22 37 38	25 31 56 57	↑
D	第一 第二	5 5	5 10														↓	*	0 2 1 2	0 3 3 4	1 3 4 5	2 5 6 7	3 6 9 10	5 9 12 13	7 11 18 19	11 16 26 27	17 22 37 38	25 31 56 57	↑	
E	第一 第二	8 8	8 16													↓	*	0 2 1 2	0 3 3 4	1 3 4 5	2 5 6 7	3 6 9 10	5 9 12 13	7 11 18 19	11 16 26 27	17 22 37 38	25 31 56 57	↑		
F	第一 第二	13 13	13 26												↓	*	0 2 1 2	0 3 3 4	1 3 4 5	2 5 6 7	3 6 9 10	5 9 12 13	7 11 18 19	11 16 26 27	↑				
G	第一 第二	20 20	20 40											↓	*	0 2 1 2	0 3 3 4	1 3 4 5	2 5 6 7	3 6 9 10	5 9 12 13	7 11 18 19	11 16 26 27	↑					
H	第一 第二	32 32	32 64										↓	*	0 2 1 2	0 3 3 4	1 3 4 5	2 5 6 7	3 6 9 10	5 9 12 13	7 11 18 19	11 16 26 27	↑						
J	第一 第二	50 50	50 100									↓	*	0 2 1 2	0 3 3 4	1 3 4 5	2 5 6 7	3 6 9 10	5 9 12 13	7 11 18 19	11 16 26 27	↑							
K	第一 第二	80 80	80 160								↓	*	0 2 1 2	0 3 3 4	1 3 4 5	2 5 6 7	3 6 9 10	5 9 12 13	7 11 18 19	11 16 26 27	↑								
L	第一 第二	125 125	125 250							↓	*	0 2 1 2	0 3 3 4	1 3 4 5	2 5 6 7	3 6 9 10	5 9 12 13	7 11 18 19	11 16 26 27	↑									
M	第一 第二	125 125	125 250						↓	*	0 2 1 2	0 3 3 4	1 3 4 5	2 5 6 7	3 6 9 10	5 9 12 13	7 11 18 19	11 16 26 27	↑										
N	第一 第二	200 200	200 400					↓	*	0 2 1 2	0 3 3 4	1 3 4 5	2 5 6 7	3 6 9 10	5 9 12 13	7 11 18 19	11 16 26 27	↑											
P	第一 第二	500 500	500 1000				↓	*	0 2 1 2	0 3 3 4	1 3 4 5	2 5 6 7	3 6 9 10	5 9 12 13	7 11 18 19	11 16 26 27	↑												
Q	第一 第二	800 800	800 1600			↓	*	0 2 1 2	0 3 3 4	1 3 4 5	2 5 6 7	3 6 9 10	5 9 12 13	7 11 18 19	11 16 26 27	↑													
R	第一 第二	1250 1250	1250 2500		↓	*	0 2 1 2	0 3 3 4	1 3 4 5	2 5 6 7	3 6 9 10	5 9 12 13	7 11 18 19	11 16 26 27	↑														

注：1. ↓ —使用箭头下面的第一个抽检方案，如果样本量等于或超过批量，则执行100%检验。
2. ↑ —使用箭头上面的第一个抽检方案。
3. Ac —接收数。
4. Re —拒收数。
5. * —使用对应的一次抽样方案（或者使用下面适用的二次抽检方案）。

附表 K　加严检验二次抽样方案（主表）

附表 L 放宽检验二次抽样方案（主表）

样本量字码	样本	样本量	累计样本量	接收质量限 (AQL)																				
				0.010	0.015	0.025	0.040	0.065	0.10	0.15	0.25	0.40	0.65	1.0	1.5	2.5	4.0	6.5	10	15	25	40	65	100	150	250	400	650	1000
				Ac Re	Ac Re	Ac Re	Ac Re	Ac Re	Ac Re	Ac Re	Ac Re	Ac Re	Ac Re	Ac Re	Ac Re	Ac Re	Ac Re	Ac Re	Ac Re	Ac Re	Ac Re	Ac Re	Ac Re	Ac Re	Ac Re	Ac Re	Ac Re	Ac Re	Ac Re
A																												*	*
B																									*	*	*	*	
C																							*	*	*	*			
D	第一 第二	2 2	2 4																	*	*	0 3 1 4	3 4 4 5	6 4 7 7	7 5 8 10	11 12 11 13	16 27 19			
E	第一 第二	3 3	3 6																	*	0 3 1 4	3 4 4 5	3 2 5 6	4 3 5 7	7 5 8 10	11 12 11 13	16 27 19			
F	第一 第二	5 5	5 10															*	0 2 1 3	0 3 2 4	3 2 4 5	3 2 5 6	4 3 6 7	6 4 7 7	7 5 8 10	9 13 11 12			
G	第一 第二	8 8	8 16														*	0 2 1 3	0 3 2 4	3 1 3 4	3 2 4 5	3 2 5 6	4 3 6 7	6 4 7 7	7 5 8 10	9 13 11 12			
H	第一 第二	13 13	13 26													*	0 2 1 3	0 3 2 4	3 1 3 4	3 2 4 5	3 2 5 6	4 3 6 7	6 4 7 7	7 5 8 10	9 13 11 12				
J	第一 第二	20 20	20 40												*	0 2 1 3	0 3 2 4	3 1 3 4	3 2 4 5	3 2 5 6	4 3 6 7	6 4 7 7	7 5 8 10	9 13 11 12					
K	第一 第二	32 32	32 64											*	0 2 1 3	0 3 2 4	3 1 3 4	3 2 4 5	3 2 5 6	4 3 6 7	6 4 7 7	7 5 8 10	9 13 11 12						
L	第一 第二	50 50	50 100										*	0 2 1 3	0 3 2 4	3 1 3 4	3 2 4 5	3 2 5 6	4 3 6 7	6 4 7 7	7 5 8 10	9 13 11 12							
M	第一 第二	80 80	80 160									*	0 2 1 3	0 3 2 4	3 1 3 4	3 2 4 5	3 2 5 6	4 3 6 7	6 4 7 7	7 5 8 10	9 13 11 12								
N	第一 第二	125 125	125 250								*	0 2 1 3	0 3 2 4	3 1 3 4	3 2 4 5	3 2 5 6	4 3 6 7	6 4 7 7	7 5 8 10	9 13 11 12									
P	第一 第二	200 200	200 400							*	0 2 1 3	0 3 2 4	3 1 3 4	3 2 4 5	3 2 5 6	4 3 6 7	6 4 7 7	7 5 8 10	9 13 11 12										
Q	第一 第二	315 315	315 630						*	0 2 1 3	0 3 2 4	3 1 3 4	3 2 4 5	3 2 5 6	4 3 6 7	6 4 7 7	7 5 8 10	9 13 11 12											
R	第一 第二	500 500	500 1000					*	0 2 1 3	0 3 2 4	3 1 3 4	3 2 4 5	3 2 5 6	4 3 6 7	6 4 7 7	7 5 8 10	9 13 11 12												

注：1. ↓—使用箭头下面的第一个抽样方案，↑—使用箭头上面的第一个抽样方案；如果样本量等于或超过批量，则执行100%检验。
2. Ac—接收数，Re—拒收数。
3. *—使用对应的一次抽样方案（或者使用下面适用的二次抽样方案）。

附表M　t分布在不同置信概率 p 与自由度 ν 时的 $t_p(\nu)$ 值（t 值）

自由度 ν	$p(\%)$					
	68.27[①]	90	95	95.45[①]	99	99.73[①]
1	1.84	6.31	12.71	13.97	63.66	235.80
2	1.32	2.92	4.30	4.53	9.92	19.21
3	1.20	2.35	3.18	3.31	5.84	9.22
4	1.14	2.13	2.78	2.87	4.60	6.62
5	1.11	2.02	2.57	2.65	4.03	5.51
6	1.09	1.94	2.45	2.52	3.71	4.90
7	1.08	1.89	2.36	2.43	3.50	4.53
8	1.07	1.86	2.31	2.37	3.36	4.28
9	1.06	1.93	2.26	2.32	3.25	4.09
10	1.05	1.81	2.23	2.28	3.17	3.96
11	1.05	1.80	2.20	2.25	3.11	3.85
12	1.04	1.78	2.18	2.23	3.05	3.76
13	1.04	1.77	2.16	2.21	3.01	3.69
14	1.04	1.76	2.14	2.20	2.98	3.64
15	1.03	1.75	2.13	2.18	2.95	3.59
16	1.03	1.75	2.12	2.17	2.92	3.54
17	1.03	1.74	2.11	2.16	2.90	3.51
18	1.03	1.73	2.10	2.15	2.88	2.48
19	1.03	1.73	2.09	2.14	2.86	3.45
20	1.03	1.72	2.09	2.13	2.85	3.42
25	1.02	1.71	2.06	2.11	2.79	3.33
30	1.02	1.70	2.04	2.09	2.75	3.27
35	1.01	1.70	2.03	2.07	2.72	3.23
40	1.01	1.68	2.02	2.06	2.70	3.20
45	1.01	1.68	2.01	2.06	2.69	3.18
50	1.01	1.68	2.01	2.05	2.68	3.16
100	1.005	1.66	1.984	2.025	2.626	3.077
∞	1.000	1.645	1.960	2.000	2.576	3.000

注：如果自由度较小却又想得到较高准确度时，非整数的自由度用下列两种方法，内插计算 t 值：

1. 按非整 ν 内插求 $t_p(\nu)$。

例：对 $\nu=6.5$，$p=0.9973$，由 $t_p(6)=4.90$，$t_p(7)=4.53$ 得 $t_p(6.5)=4.53+(4.90-4.53)\times(6.5-7)/(6-7)=4.72$

2. 按非整 ν 由 ν^{-1} 内插求 $t_p(\nu)$。

例：对 $\nu=6.5$，$p=0.9973$，由 $t_p(6)=4.90$，$t_p(7)=4.53$ 得 $t_p(6.5)=4.53+(4.90-4.53)\times(1/6.5-1/7)/(1/6-1/7)=4.70$

以上两种方法中，第二种方法更为准确。

[①] 对期望 μ，总体标准偏差 σ 的正态分布描述某量 z，当 $k=1,2,3$ 时，区间 $\mu\pm k\sigma$ 分别包含分布的 68.27%，95.45%，99.73%。

参 考 文 献

[1] 杨晓英，王会良，张霖，等. 质量工程［M］. 北京：清华大学出版社，2010.
[2] 贾新章，李京苑. 统计过程控制与评价［M］. 北京：电子工业出版社，2004.
[3] 杨永发. 概率论与数理统计教程［M］. 2 版. 天津：南开大学出版社，2001.
[4] 张根保，何桢，刘英. 质量管理与可靠性［M］. 北京：中国科学技术出版社，2009.
[5] 信海红. 抽样检验技术［M］. 2 版. 北京：中国计量出版社，2015.
[6] 费业泰. 误差理论与数据处理［M］. 7 版. 北京：机械工业出版社，2017.
[7] 王中宇，刘智敏，夏新涛，等. 测量误差与不确定度评定［M］. 北京：科学出版社，2008.
[8] 仝卫国，苏杰，赵文杰. 计量技术与应用［M］. 北京：中国质检出版社，2015.
[9] 叶德培. 测量不确定度理解评定与应用［M］. 北京：中国质检出版社，2013.
[10] 王福彦. 医学计量资料统计方法［M］. 北京：人民军医出版社，2011.
[11] 韩之俊，许前，钟晓芳. 质量管理［M］. 4 版. 北京：科学出版社，2018.
[12] 曾声奎，赵廷弟，张建国，等. 系统可靠性设计分析教程［M］. 北京：北京航空航天大学出版社，2006.
[13] 国家质量监督检验检疫总局质量管理司. 质量专业理论与实务（中级）［M］. 北京：中国人事出版社，2002.
[14] 张凤荣. 质量管理与控制［M］. 2 版. 北京：机械工业出版社，2011.
[15] 全国质量管理和质量保证标准化技术委员会. 质量管理体系　要求：GB/T 19001—2016［S］. 北京：中国标准出版社，2016.